感谢大自然保护协会（The Nature Conservancy）和 TNC 可持续农业示范项目对本书出版的支持，本支持不构成协会对本书明示或暗示的保荐。

Managing Cover Crops Profitably
（Third Edition）

覆盖作物高效管理
（第三版修订版）

[美] SARE（美国可持续农业研究与教育中心） 著

王显国　刘忠宽　等译

电子工业出版社

Publishing House of Electronics Industry

北京·BEIJING

内容简介

本书译自美国可持续农业研究与教育中心编著的 *Managing Cover Crops Profitably*（*Third Edition*）。本书系统地介绍了美国主要覆盖作物及其管理与利用方式，内容首先系统概述了覆盖作物的作用：提高土壤肥力与耕性，防治有害生物；其次介绍了覆盖作物的选择方法、覆盖作物在轮作制和保护耕作制中的利用方式；最后按种（或类别）具体描述了各种覆盖作物的适宜区域、作用与功能、建植与管理措施、适宜的农作制度及与其他种类的对比特性。

本书可作为农作物、果蔬及牧草生产、植物保护、水土保持与土壤修复等领域从业人员的参考书。

未经许可，不得以任何方式复制或抄袭本书之部分或全部内容。
版权所有，侵权必究。

版权贸易合同登记号　图字：01-2013-7394

图书在版编目（CIP）数据

覆盖作物高效管理：第三版：修订版/美国可持续农业研究与教育中心（SARE）著；
王显国等译. —北京：电子工业出版社，2020.9
书名原文：Managing Cover Crops Profitably（Third Edition）
ISBN 978-7-121-39368-6

Ⅰ.①覆… Ⅱ.①美… ②王… Ⅲ.①保护地栽培 Ⅳ.①S316

中国版本图书馆 CIP 数据核字（2020）第 147475 号

责任编辑：邓茗幻　　文字编辑：缪晓红
印　　刷：天津嘉恒印务有限公司
装　　订：天津嘉恒印务有限公司
出版发行：电子工业出版社
　　　　　北京市海淀区万寿路 173 信箱　邮编：100036
开　　本：787×1 092　1/16　印张：18　字数：425 千字
版　　次：2016 年 3 月第 1 版（原著第 3 版）
　　　　　2020 年 9 月第 2 版
印　　次：2020 年 9 月第 1 次印刷
定　　价：119.00 元

凡所购买电子工业出版社图书有缺损问题，请向购买书店调换。若书店售缺，请与本社发行部联系，联系及邮购电话：（010）88254888，88258888。
质量投诉请发邮件至 zlts@phei.com.cn，盗版侵权举报请发邮件至 dbqq@phei.com.cn。
本书咨询联系方式：（010）88254760，mxh@phei.com.cn。

译　者：王显国（中国农业大学）
　　　　刘忠宽（河北省农林科学院）
　　　　陆　艳（中国农业大学）
　　　　吴菲菲（中国农业大学）
　　　　韩云华（兰州大学）
　　　　高　秋（全国畜牧总站）
　　　　王建丽（黑龙江省农业科学院）
　　　　于合兴（黄骅市农业局）
　　　　秦文利（河北省农林科学院）
　　　　冯　伟（河北省农林科学院）
　　　　刘振宇（河北省农林科学院）
　　　　宁亚明（中国农业大学）
　　　　张玉霞（内蒙古民族大学）
　　　　刘庭玉（内蒙古民族大学）
　　　　梁庆伟（赤峰市农牧科学研究院）
　　　　张卫国（内蒙古民族大学）

主　审：李　颖（大自然保护协会（美国）北京代表处）
　　　　张英俊（中国农业大学）
　　　　陈　谷（百绿国际草业（北京）有限公司）

序一

覆盖作物，英文为 cover crop，是典型的"舶来词"，但就其内涵来说，我们并不陌生，比如覆盖作物通常用作绿肥和水土保持，原著作者 Andy Clark 博士也说覆盖作物可能起源于中国。

绿肥耕翻入土，可以显著地提高土壤有机质含量，改善土壤结构，特别是豆科绿肥如苜蓿、紫云英、三叶草等作物的高效固氮作用（与根瘤菌共生固氮能力）也早已得到证实。遗憾的是，种植绿肥这一优良传统在我国没能得到很好的传承，倒是在美国等国家得到了"发扬光大"，如今已经从"绿肥"逐步发展成了以地表覆盖、保持水土为核心功能的覆盖作物了。覆盖作物不仅可以用作绿肥、牧草，还可以减缓土壤侵蚀、改善土壤质量、提高养分和水分的利用率。此外，它还能有效抑制杂草、防控病虫害，因而成为有机农业生产系统中的重要环节。

当前我国农业生产中存在两个突出问题：一是过分依赖化肥，而施入土壤中的大部分氮肥未被作物利用；二是作物重茬，病虫害严重，滥施农药。化肥农药已造成水体、空气、土壤和食品污染，威胁人、畜健康；土壤结构遭到破坏，肥力低下，降低自然界生物多样性和生态稳定性。我们认为解决的办法主要有两个：一是充分利用有机肥，与无机肥结合使用；二是高效发挥豆科植物——根瘤菌的共生固氮作用，尽可能做到豆科与其他作物间套轮作，发挥作物互惠共高产的作用。这都是覆盖作物可以充分发挥作用的领域，从而大幅减少化肥、农药的用量，并有效地改造我国的盐碱沙荒地带，实现我国生态农业的持续发展。

"他山之石，可以攻玉"。《覆盖作物高效管理》（第三版修订版）总结了过去几十年，美国在覆盖作物利用领域所取得的成功经验和做法，希望本书的出版能给我国农业可持续发展提供很好的思路和技术借鉴。

本书翻译工作在两位青年学者的主持下，全体译者辛勤劳动，历时近三年完成；通过"译者序"也可看出译者对我国农业可持续发展的关切和认真思考，这样的努力无疑是值得赞赏和鼓励的，因此我乐意推荐本书，相信阅读者有所补益。

2015 年 11 月于北京

序二

中国农业大学王显国副教授和河北省农林科学院刘忠宽研究员组织翻译了美国出版的《覆盖作物高效管理》（第三版修订版）一书。成书之际，邀我作序。读罢样书，联想颇多，择其要者，见诸笔端，是以为序。

这是一部译著，通过翻译与出版，将他国的科学与技术介绍到我国，为我所用，这是促进我国科技事业加速发展的重要途径之一。我国的科技翻译工作可能始于明末清初，在当时的封建专制制度下，我国逐渐失去了国际强国和世界科技的领导地位，而西方资本主义国家生产力迅速发展，科技突飞猛进。在中西方文化交流中，我国由文化输出国，成为文化输入国。西学东渐，翻译事业逐渐兴起，久盛不衰，对介绍先进的科学知识，推动我国科技与生产力的发展起到了重要而积极的作用。笔者在20世纪70年代初就读于甘肃农业大学草原系时，曾有幸在校图书馆处理的旧书中购得财政经济出版社1954年出版的、苏联科学家安德烈·米哈依洛维奇·德米特里耶夫著作的、蔡元定和章祖同翻译的《草地经营附草地学基础》。之后又在旧书摊上淘到科学出版社1956年出版的、苏联科学家马克西莫夫等主编、江幼农翻译的《草田农作制问题》。并经常读到任继周先生借予的《畜牧学文摘》，该刊物由中国科技文献出版社重庆分社出版，其中"牧草学专栏"由任继周先生组织翻译。当时仍处于"文革"当中，科技书刊十分稀少，上述译著和刊物，使我在学习我国草原学的同时，也初步知晓了英美和苏联的科学成就。1978年，改革开放成为国策，初开大门的国人，面对西方科技，大有眼花缭乱、无所适从之感。国家及时组织出版了《国外畜牧学》《国外农学》等以刊登译文为主的系列学术刊物，介绍发达国家的先进成果。笔者作为改革开放后的首届研究生，重回甘肃农业大学草原系学习，有幸见证了《国外畜牧学——草原》刊物的创刊与出版。每当拿到尚留墨香的刊物时，总是如饥似渴地一气读完。同时，译著也不断出版。这些对我国学者了解世界起到了不可估量的作用，也在我国的科技与出版事业发展史上，留下了浓墨重彩的一笔。近年来，我国已成为世界第二科技大国，出版业也日益繁荣，草业科技著作不再凤毛麟角。同时，英语等已逐渐成为广大科技工作者熟练应用的语言工具，译著逐渐减少，这不能不说是个遗憾！我在一次和研究生交流时曾提到，即便将来外国的科技工作者感到不学中文、不了解中国的学者在做什么，便不利于自己的研究工作，我们作为中国的科学家也仍然需要学习外文，掌握外语，唯有如此，才能知己知彼。科技的交流与学习从来都是极其重要的，因此对他国著作择优翻译出版，任何时候均不可或缺。

这是一部关于覆盖作物的著作。覆盖作物一词可能是舶来之语。我国似乎也习惯称其为填闲作物。其实际是介绍主栽作物收后、播种前的时期内，如何统筹规划利用土地，种植适宜的其他作物，达到增加收益、保持肥力的目的。因此，也可以说，这是一部关于种植系统的著作。

包括种植系统、土地管理与利用、农牧结合等内容在内的我国农业科技，是博大精深的华夏文明的重要组分，在很长的历史时期内代表了世界科技的水平。正如著名科技史学家李约瑟先生所指出：从公元 3 世纪到 15 世纪，中国保持了西方望尘莫及的知识水平。如由我国杰出的农学家贾思勰所著《齐民要术》一书（约成书于公元 533—544 年的北魏末年），被誉为世界农学史上最早的专著之一。该书体现了"人法地、地法天、天法道、道法自然"等天人合一的思想。书中详尽论述了通过作物和绿肥轮作套种，提高土壤肥力的方法，指出"凡美田之法，绿豆为上，小豆、胡麻次之""凡谷田，绿豆、小豆底为上，麻、黍、胡麻次之，芜菁、大豆为下"。该书约于唐朝末期传到日本，19 世纪传到欧洲，成为世界农业科技宝库中耀眼的瑰宝。据专家考证，到明清时期，我国常种的绿肥作物已经包括蚕豆、绿豆、大豆、梅豆、拔山豆、山鳖豆、葫芦巴、三叶草、毛苕子、苜蓿、小麦、大麦、胡麻、萝卜、油菜等 20 余种，为农业的可持续发展发挥了重要作用，对于当代仍具有重要的指导意义。

近半个多世纪以来，我国的农业取得了举世瞩目的成就，以占世界 8%的耕地，养育了世界 22%的人口。但在种植系统上，没有继承和发展先贤们创建的用地与养地相结合、人与自然和谐发展的理论与技术，而是以粮为纲，引致了一系列社会、经济、生态的严重后果。正是在这一背景下，任继周院士针对传统的粮食农业提出了引草入田、草畜结合的草地农业。卢良恕院士提出了粮食作物、经济作物、饲料作物三元结构种植模式。草地农业在我国不同生态区域开展了试验、示范、推广，取得了可喜的成果，展现出了强大的生产潜力和光明前景。我国先后提出了"四位一体""五大理念"等重要发展指导思想。更为可喜的是，2015 年中央一号文件明确提出，"加快发展草牧业，支持青贮玉米和苜蓿等饲草料种植，开展粮改饲和种养结合模式试点，促进粮食、经济作物、饲草料三元种植结构协调发展。"农业农村部在我国北方十省区开展了粮改饲，发展草牧业的试点，并将减少化肥、农药的施用作为"十三五"的重点研发任务之一。因此，《覆盖作物高效管理》（第三版修订版）一书的翻译出版恰逢其时，必将在我国农业结构调整与转型中发挥重要参考作用。

组织本书翻译的王显国和刘忠宽，均是我国草业科技界的优秀青年人才。王显国博士在内蒙古民族大学获得草原专业的学士学位，其后在中国农业大学专攻草业科学，先后获得了硕士与博士学位，尤以牧草种子生产、苜蓿栽培管理见长，并曾先后在北京市园林局绿化处和百绿集团北京代表处工作，积累了丰富的理论与实践经验。他的试验点之一在甘肃省酒泉市的大业种业有限责任公司。我们在工作中多有交往，他不计小事的胸怀和对草业的执着追求，给我留下了深刻的印象。刘忠宽研究员在河北农业大学农学系作物耕作与栽培专业先后获得学士与硕士学位，并留校任教。工作数年之后，赴中国农业大学专攻草业科学，获得博士学位后，在河北省农林科学院从事草业科学研究。我与忠宽相识于国家牧草产业技术体系，我是体系的岗位科学家，他是沧州试验站的站长。我曾应邀到沧州考察学习，从当地农民改变种植系统，大力种植苜蓿的勃勃生机中，我看到了忠宽为此付出的心血与汗水。他们二位在牧草栽培、草田轮作等方面均积累了丰富的学识与经验，且均曾赴国外学习考察，具有较高的应用英语的能力。在繁重的科研与教学任务之余，他们将各自团队的青年学者与研究生组织起来，针对国家的需求，译出了此书，可喜可贺！我浏览了原著于译著，感到译文忠实于原著，文笔流畅，可读性强，虽然距我国近代著名教育家、翻译家严复先生提出的"信、达、雅"翻译标准尚有一定距离，但仍不失为一部较高质量的译著。

该书由美国可持续农业研究与教育中心（Sustainable Agriculture Research & Education, SARE）组织编写，已是第三版。大体分为总论与各论两大部分。总论中包括覆盖作物的功能、选择最佳覆盖作物、利用覆盖作物增加土壤肥力和特性、控制有害生物、轮作、保护性耕作中的覆盖作物管理等。各论中介绍了多花黑麦草、大麦、高丹草等 8 种禾本科作物；三叶草、毛苕子、苜蓿等 11 种豆科作物。每种作物各成一节，均给出了该作物在美国的适宜生长区域，介绍了其功能、田间管理、为后作做的准备、注意事项、有害生物管控、种植制度、注意事项及特性等。该书的最大特点是通俗易懂，实用性强。且书末附有美国的种子供应商、有关覆盖作物专业组织机构、美国各地区从事种植系统研究与推广的专家信息及大量参考文献。该书是我国从事草业科学、作物科学、土壤科学、畜牧科学等领域的研究生、学者及推广人员的重要参考书。

祝贺本书的出版，谨此为序。

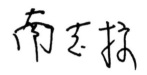

2016 年 1 月 21 日

序三

覆盖作物最初是指在主栽农林作物生产系统中,为避免在时间上或空间上出现的土壤裸露期而专门种植的一类作物。但现在覆盖作物技术的作用已经有了很大的扩展,如覆盖土表、抑制杂草、防止土壤侵蚀、维护并提升土壤质量、控制病虫害、增强生物多样性和土壤生态服务功能等。《覆盖作物高效管理》(第三版修订版)一书系统地总结了近几十年来美国在覆盖作物管理与利用方面积累的经验与做法,内容丰富,数据翔实,实用性强。该书中文翻译版忠于原著,译文准确,文字流畅,可以使国内从业者更直接、更有效地了解并系统学习国际上覆盖作物先进的管理方式方法。毋庸置疑,本书的修订版对推动"覆盖作物"知识的普及,以及促进"覆盖作物"技术在我国农林生产系统中的应用具有积极意义。

改革开放40多年来,我国农业在增产和确保农产品的有效供给方面取得了举世瞩目的成就,粮食产量的增长速度远远超过人口增长,这不仅保障了我国14亿人的吃饭问题,而且显著降低了全国营养不良人口的比例,并且也为改革开放和社会经济腾飞奠定了坚实的基础。在看到这些伟大成就的同时,我们还要清楚地认识到我们为此也付出了沉重的资源环境代价。例如,为能持续高产再高产,我们放弃了祖先们千百年来摸索创造的轮作、多样化种植和用养结合等农业技术,采用单一作物长期连作的生产方式,导致重迎茬问题严重,连作障碍突出,病、虫、草害加剧。为此,不得不大量施用农药等化学品,导致出现农药残留超标、作物产量和农产品品质下降、农产品安全受到威胁等一系列问题。不仅如此,连作还造成土壤生物学性状恶化、土壤生物多样性和生态服务功能下降等。农药化肥的不合理和过量施用,不仅增加了农业生产成本,而且造成了水、土、气等环境污染问题。更为严重的是过量施肥造成农田土壤酸化加重、中微量元素营养失调,甚至引起重金属元素活化和食物链食品安全问题,影响人类健康。在这种形势下,"覆盖作物"技术成了解决上述问题的一把金钥匙,因为它不仅能够减缓或克服连作障碍问题,而且可以节药节肥、培肥土壤、增加生物多样性、减少病虫草害,有助于作物增产、资源增效和环境保护的协同,是实现农业可持续发展目标必不可少的绿色技术之一。

进入新时代,我国农业高质量发展要求必须以绿色发展理念为指引,大幅度降低农业化学品投入,提高资源利用效率,增强农田生态系统稳定性、多样性和生态服务功能,减少环境污染,产出更多、更好、更营养、更健康的绿色农产品,以满足人们对美好生活向往的需求,真正实现农业绿色发展。覆盖作物技术在此将发挥其应有的重要作用。

综上所述,《覆盖作物高效管理》(第三版修订版)为协同作物生产、资源利用和环境保护的矛盾提供了一条有效的途径。让我们在继承和发扬我国千年农耕文明光荣传统的基础上,充分借鉴国外的经验和做法,为绿色可持续现代农业发展做出新的贡献。

2020 年 6 月

序四

老百姓过去"盼温饱",现在"盼环保";过去"求生存",现在"求生态"。"绿水青山就是金山银山"、山水林田湖草是一个生命共同体等理念深入人心,生态文明和美丽中国建设的步伐不断加快。2015年中央一号文件明确提出加快发展草牧业,支持青贮玉米和苜蓿等饲草料种植,开展粮改饲和种养结合模式试点,促进粮食、经济作物、饲草料三元种植结构调整。这些思想观念的变化和政策措施的出台,为我国草业事业发展提供了前所未有的机遇。

我国种植绿肥的历史十分悠久,老百姓也有将饲草作物与粮食、经济作物轮作、间作、套作的习惯,只是近些年在大力推进耕地集约化、规模化生产的大背景下,改变了传统的农耕习惯,以种植单一粮食作物为主,虽然保证了口粮安全,但也造成了土壤板结、肥力下降、病虫害滋生、农药化肥污染等问题。如何促进"三元结构"调整,加大饲草作物种植力度,解决农业可持续发展问题,是摆在广大草业工作者面前的一个新课题。

值此关键时期,王显国、刘忠宽两位专家组织翻译的《覆盖作物高效管理》(第三版修订版)一书正式出版发行。本书系统介绍了美国在农田的冬闲期、夏闲期和全年休耕等时间种植以饲草作物为主的覆盖作物,开展覆盖作物与粮食作物、经济作物轮作、间作的具体做法,全面论述了覆盖作物在增加土壤肥力和耕性、控制有害生物和顽固杂草等方面的重要作用,对我国当前开展农田保护性耕作,推进饲草作物种植,落实"一控、两减、三基本"目标治理农村污染等工作均具有重要的借鉴价值。

《覆盖作物高效管理》(第三版修订版)在美国是一部工具书,对我国而言是一部难得的参考书。通读全书,我有很多收获和体会。一是全本译著的价值,正如南志标院士在本书序言中所述:"英语等已逐渐成为广大科技工作者熟练应用的语言工具,译著逐渐减少,这不能不说是个遗憾!"在我国发展草业的过程中,充分借鉴产业发达国家的经验和做法已经成为大家的共识,但通过查阅国外文章获取信息的做法,难免出现只知其一、不知其二,甚至以偏概全、导入误区等问题。本书作为美国农业生产的工具书,逻辑性和操作性都很强,译著出版后,对我国草业生产无疑具有更大和更可靠的参考价值。二是饲草作物的作用,虽然我国利用耕地种植饲草作物的历史悠久,但是从试验和科学的角度,通过实证和例证深入分析饲草作物在降低肥料成本、减少除草剂使用、改良土壤、增加作物产量、防止土壤侵蚀、保持土壤水分、保护水质、保护公众健康,以及其他累积效应等方面的作用还是很不充分的,本书为我国开展相关研究和成果应用拓展了视野、提供了借鉴。三是作物品种的介绍,本书较为详尽地描述了多花黑麦草、大麦、荞麦、燕麦、黑麦、高丹草、冬小麦等非豆科作物和三叶草、绛三叶、紫花豌豆、毛苕子、苜蓿、红三叶、草木樨、白三叶、毛荚野豌豆等豆科作物的生产要点。这些覆盖作物在我国基本上都有种植,一些科技和推广类书籍也做过介绍,但与本书相比,关于作物功能及不同情况下的建植、灭生等技术的描述还很欠缺,专家学者可以借鉴本书进一步补充和完善。四是社会服务的理念,本书处处体现了从实际生产出发、为生产者服务的色彩,无论是篇章结构设计,还是引用的数据和案例,以及附录提供的《在农场做覆盖作物试验》《种子供应商名单》《覆盖作物领域的专业组织机构》《各地区专家信息汇总》等,都为我国科研工作者开展草业研究与技术推广,密切与生产者的联系提供了有益的启示。

《覆盖作物高效管理》(第三版修订版)全书250多页,通读下来不需要很长的时间,而且容易理解和记忆,这离不开原著编写的清晰性和实用性,更离不开译者深厚的专业功底和丰富的实践经验。王显国、刘忠宽两位同志长期从事草业科学研究和技术推广等工作,长期参与国家草业政策设计和项目落实等事宜,本译著的出版发行,体现了他们对专业的执着追求和对农牧民群众的深情奉献。

希望有更多的专家学者开展译著工作,把产业发达国家发展草业的经验做法引进来,也希望有更多的读者在本书的引导启发下,进一步做好饲草作物的科学研究和生产应用工作,推动我国草业事业加快发展,为生态文明和美丽中国建设贡献力量。

全国畜牧总站

序五

利用覆盖作物不是什么新鲜事，而且很可能还起源于中国。事实上，美国研究者们最早在利用覆盖作物时学习了4000年前中国的实践方法，这些都被记录于富兰克林·H·金出版的《四千年农夫：中国、朝鲜和日本的永续农业》（1911年）一书中。这本书详细地描述了大豆、花生、三叶草、菜豆及其他固氮植物在作物轮作中的广泛利用，就像绿肥，农民不断地将富含纤维的植物（不论是田间种植的还是收集的）犁入土壤中来增加土壤有机质。

覆盖作物可以减少土壤侵蚀、改良土壤、抑制杂草、增加土壤养分和可利用水含量，有助于抑制田间许多害虫和吸引有益昆虫。同时，使用覆盖作物还可以降低成本，增加收益，甚至可以开辟新的增收来源。对美国农民进行的最新调查显示，2012年秋季（十分干旱的一年），种植覆盖作物后接茬种植玉米的产量比没有种植覆盖作物农田中的玉米产量增加了9.6%，大豆产量提高了11.6%。作为长期投资，覆盖作物的收益可以分次收获，因为覆盖作物的效益是长期积累的。在我们努力生产充足的食物来满足不断增长的人口需要的同时还要可持续，这时覆盖作物就可以起到重要作用。《选择最佳覆盖作物》一章可以帮助你实现此目的。

必须强调的是，区域性和特定地点的因素会使覆盖作物的管理复杂化。本书中的研究和田间案例是针对美国农业而言的。对于非常多元化种植制度和气候的中国，采用本书中所述管理原则的过程中必须十分谨慎。很少有覆盖作物能适应每种田间环境。我们希望本书提供的方法和技术可以很好地转化，从而应用于中国的种植制度。

《保护性耕作覆盖作物的管理》一章描述了在少耕的种植制度（包括免耕）中管理的复杂程度。保护性耕作是另一种改良土壤和提高种植制度的可持续性方法。如果你已经在使用覆盖作物，那么这一章可以帮助你减少耕作；如果你正在进行保护性耕作，那么这一章告诉你如何在保护性耕作中种植或更好地管理覆盖作物。种植覆盖作物和保护性耕作（同时进行）可以减少田间能源费用，意味着可以有更多的收益，同时还可以保护土壤不受风蚀和水力侵蚀，这对于确保农田长期的生产力是至关重要的。

中国是有着悠久历史的大国。农业在中华文明发展进程中起着关键作用。中国用世界10%的可用耕地成功地养活了世界20%的人口。中国传统农业生产方法是历经数千年逐渐形成的，适合多样的文化和环境。但是，工业化和现代化使这一有机耕作技术的巨大宝库快速地消失了。我很确信，中国的农民利用覆盖作物将会丰富覆盖作物理念和技术。我希望将来可以吸收中国覆盖作物的种植经验来改进这本书。

我很高兴和兴奋地看到这本书被翻译成中文。我希望中国农业研究者、技术员、管理者和农民都可以从这本书中获益。如果我知道覆盖作物帮助了中国的种植制度提高其可持续性，那我将会非常高兴。

Andy Clark

博士
美国可持续农业研究与教育计划项目外联负责人
2014年11月

译者序

"维基百科"对"覆盖作物"（cover crop）的定义为：覆盖作物是指主要用于管控农业生态系统中土壤侵蚀、土壤肥力、土壤质量、水、杂草、害虫、病害、生物多样性和野生动物的一类栽培作物。覆盖作物主要由豆科、禾本科作物等草本植物组成，发挥覆盖土表、保持水土的核心作用，植株通常以绿肥、牧草（放牧或制备饲草料）或纤维原料等方式被利用。

依据本书，可对覆盖作物做如下释义：覆盖作物是粮食与经济作物生产系统的"嵌入者"，通过与目标作物间混套作、轮作等方式，实现增加耕地地表覆盖率、减少土壤侵蚀、保持或提高土壤质量等基本功能，其延伸功能将有利于防治有害生物、增加土壤可利用水含量；种植覆盖作物不仅可产生明显的生态效益，还可降低生产成本，增加作物生产系统的综合效益。

覆盖作物的重要功能之一是用作绿肥改良土壤。单从这一角度看，我们的祖先早在几千年前就开始利用覆盖作物（绿肥）了，正如原著作者 Andy Clark 博士在中文版前言中所述，覆盖作物很可能起源于中国，"美国研究者们最早在利用覆盖作物时学习了 4000 年前中国的实践方法"。当然，覆盖作物发展到今天，它的内涵早已经超出了绿肥或某类作物的范围，人们更多地从农业生态系统的角度去利用覆盖作物的多重复合功能，覆盖作物正逐步发展成为可持续农业（种植业）生产的基本构成要素。

过去的 30 年，我国粮食产量稳步增长，取得了"用占世界 8%的耕地养活世界 22%的人口"的伟大成就。但从长远看，我国仍面临着"粮食可持续生产"的巨大压力，因为保障粮食可持续生产的基础——"水土"资源面临巨大的威胁：在保障粮食安全和争取单位耕地面积最大经济产出的双重压力下，我国耕地休养生息的空间几乎被挤压殆尽，长期不合理或过度地使用化肥、农药及地下水导致耕地质量逐步下降、土壤污染日趋严重、区域性地下水资源面临耗竭的危险……

不难想象，如果失去了"水土"这一根本，粮食生产便成了无本之源。在此趋势下，我国保粮食安全所坚守的"保耕地面积"的基本策略势必要更进一步，逐步转变到"保耕地质量""保水土安全"上来，因为只有实现"水土安全"，粮食安全才能得到根本的保障。可喜的是，我国政府对"水土安全"给予了及时的、高度的重视：2014 年年初，中央出台 1 号文件，要求"先期在华北地区河北省开展地下水超采综合治理试点工作"；2015 年通过的《全国农业可持续发展规划（2015—2030 年）》提出，"到 2020 年，全国建成集中连片、旱涝保收的 8 亿亩高标准农田。"农业农村部也表示我国将探索农业用水最低保障红线制度，启动实施东北黑土地保护工程、西北旱区农业可持续发展规划，力争到 2020 年农药、化肥使用总量实现零增长。

2016年，"化学肥料和农药减施增效综合技术研发"国家重点研发计划专项启动……

覆盖作物既可以控制水土流失、改良并维持土壤质量，也可以有效防控有害生物、抑制扬尘。当前，我国正在大力推进耕地质量提升、农田减肥减药工程和生态文明建设，美国在利用覆盖作物方面具有的大量成功经验和做法恰好可供我们借鉴，从这一意义上讲，本书的出版可谓正逢其时。

中文版付梓之际，正值我国大力发展"草牧业"、积极推进"粮改饲"之时，"引草入田""农区种草"呼声甚高；然而，如何实现"农区种草"的技术路线尚不明晰，本书介绍的覆盖作物利用与管理方式或可为我国"农区种草"提供很好的技术与思路。因地制宜"引覆盖作物入田"，既可实现产草、肥田、保持水土、美化净化环境的功能，又不与粮争地，实现覆盖作物与粮食-经济作物的有机结合，有利于农作物的可持续生产。

本书涵盖作物栽培、土壤农化、植物保护、水土保持、农业机械等诸多领域，由于我们的学识和英文水平有限，书中难免有错误之处，敬请读者批评指正。

王显国　刘忠宽

2015 年 10 月 15 日

第三版序

覆盖作物在农业生产中发挥着重要作用，如减缓土壤侵蚀、改善土壤质量、抑制杂草、提高养分和水分的利用率、防治多种病虫害等，而且会给农场带来很多其他好处。同时，合理利用覆盖作物可降低种植成本、拓展经济来源、增加经济效益。覆盖作物具有利用年限长的特点，一次投资可获得多年的经济回报。

能源成本的增加未来将会对农业经济带来深远的影响。直到我们去出版社的那一刻，人们仍难以对能源成本增长速度进行有效预测。但是，由于覆盖作物的经济效益是以氮肥成本（节约氮肥量或者覆盖作物固氮量）、能源成本（氮肥生产和农机田间作业）和商品价格为基础计算的，那么能源价格必定会影响覆盖作物利用的经济效益。

第二版的经济比较建立在以前玉米、氮肥及燃气非常便宜的基础上。随着氮肥价格的增加，有研究发现种植覆盖作物将获得更多的经济收入。由于近期的研究数据很难获得，所以我们保留了一些以往的研究结果。目前公认的是，覆盖作物能增加产量、节省氮肥、降低田间农机利用频率，同时能获得更多的农业经济效益。

几乎每个地域都有与之相适应的覆盖作物可供利用，本书的目的就是帮助读者选择适宜的覆盖作物。

农民越来越看重覆盖作物对农田系统的长期贡献。一个突出表现是，一些人体验到了覆盖作物带来的好处，并允许我们为他们设计合适的覆盖作物。如果时间允许的话，他们甚至愿意改变已有的种植制度来配合覆盖作物的加入，而不是将覆盖作物强制加入已有的种植制度中。

《覆盖作物高效管理》（第三版修订版）总结了过去10年农民的经验及他人的研究成果。我们修订了第二版的数据，加入了新的研究结果和研究数据，更新了有关农民的章节，同时新增了以下两章。

《芸薹属作物与芥菜》介绍了目前十字花科植物作为覆盖作物的理论和管理措施。芸薹属植物作为覆盖作物，可通过释放的化学物质控制线虫、杂草和病害。这方面的研究结果虽不一致，但仍然值得期待。读者在小范围试验叶菜类覆盖作物的同时最好咨询当地专家，以获得更多的信息。

《保护性耕作覆盖作物的管理》强调了少耕制度管理的复杂性。对于已经开始使用覆盖作物的少耕制度，本章将阐述如何降低耕作次数；对于已经使用保护性耕作，本章将介绍如何添加或更好地管理覆盖作物。覆盖作物和保护性耕作的协作将降低农业生产中的能耗，进而增加收益。

本书尽可能包含足够的信息，以帮助读者依据不同经营模式选择和利用覆盖作物。建议读者选择覆盖作物时参照《选择最佳覆盖作物》，并且像对待经济作物一样仔细选择和管理覆盖作物。

不同种植区域的特殊因素可能导致覆盖作物管理更为复杂。没有一本书可以包含一个作物生产系统的所有因素，种植覆盖作物之前，仔细阅读本书，同时需要向专家进行咨询。

愿《覆盖作物高效管理》（第三版修订版）能促进覆盖作物大范围成功利用，以增强农业系统的可持续发展能力。

Andy Clark
美国可持续农业研究与教育计划项目外联负责人
2007年6月

致 谢

第三版的问世离不开许多覆盖作物专家的帮助。本书在很大程度上是以第二版为基础写成的，研究和写作由 Greg Bowman、Craig Cramer 和 Christopher Shirley 共同完成。感谢中国农业大学草学专业本科生徐重奇、郑丽华完成了中文版的计量单位转换工作。

以下人员参与第二版的修订，并对新版书提出了修订建议、更新和贡献了新的内容。

Aref Abdul-Baki, retired, USDA-ARS
Wesley Adams, Ladonia, TX
Kenneth A.Albrecht, Univ. of Wisconsin
Jess Alger, Stanford, MT
Robert G. Bailey, USDA Forest Service
Kipling Balkcom, USDA-ARS
Ronnie Barentine, Univ. of Georgia
Phil Bauer, USDA-ARS
R. Louis Baumhardt, USDA-ARS
Rich and Nancy Bennett, Napoleon, OH
Valerie Berton, SARE
Robert Blackshaw, Agriculture and Agri-Food Canada
Greg Bowman, NewFarm
Rick Boydston, USDA-ARS
Lois Braun, Univ. of Minnesota
Eric B. Brennan, USDA-ARS
Pat Carr, North Dakota State Univ.
Max Carter, Douglas, GA
Guihua Chen, Univ. of Maryland
Aneeqa Chowdhury, SARE
Hal Collins, USDA-ARS
Craig Cramer, Cornell Univ.
Nancy Creamer, North Carolina State Univ.
William S.Curran, The Pennsylvania State Univ.
Seth Dabney, USDA-ARS
Bryan Davis, Grinnell, IA
Jorge Delgado, USDA-ARS

Juan Carlos Diaz-Perez, Univ. of Georgia
Richard Dick, Ohio State Univ.
SjoerdW.Duiker, The Pennsylvania State Univ.
GeraldW. Evers, Texas A&M Univ.
Rick Exner, Iowa State Univ. Extension
Richard Fasching, NRCS
Jim French, Partridge, KS
Eric Gallandt, Univ. of Maine
Helen Garst, SARE
Dale Gies, Moses Lake, WA
Bill Granzow, Herington, KS
Stephen Green, Arkansas State Univ.
Tim Griffin, USDA-ARS
Steve Groff, Holtwood, PA
Gary Guthrie, Nevada, IA
Matthew Harbur, Univ. of Minnesota
Timothy M.Harrigan, Michigan State Univ.
Andy Hart, Elgin, MN
Zane Helsel, Rutgers Univ.
Paul Hepperly, The Rodale Institute
Michelle Infante-Casella, Rutgers Univ.
Chuck Ingels, Univ. of California
Louise E. Jackson, Univ. of California
Peter Jeranyama, South Dakota State Univ.
Nan Johnson, Univ. of Mississippi
Hans Kandel, Univ. of Minnesota Extension
Tom Kaspar, USDA-ARS
Alina Kelman, SARE

Rose Koenig, Gainesville, FL
James Krall, Univ. of Wyoming
Amy Kremen, Univ. of Maryland
Roger Lansink, Odebolt, IA
Yvonne Lawley, Univ. of Maryland
Frank Lessiter, No-Till Farmer
John Luna, Oregon State Univ.
Barry Martin, Hawkinsville, GA
Todd Martin, MSU Kellogg Biological Station
Milt McGiffen, Univ. of California
Andy McGuire, Washington State Univ.
George McManus, Benton Harbor, MI
John J. Meisinger, USDA/ARS
Henry Miller, Constantin, MI
Jeffrey Mitchell, Univ. of California
Hassan Mojtahedi, USDA-ARS
Gaylon Morgan, Texas A&M Univ.
Matthew J. Morra, Univ. of Idaho
Vicki Morrone, Michigan State Univ.
Jeff Moyer, The Rodale Institute
Paul Mugge, Sutherland, IA
Dale Mutch, MSU Kellogg Biological Station
Rob Myers, Jefferson Institute
Lloyd Nelson, Texas Agric. Experiment Station
Mathieu Ngouajio, Michigan State Univ.
Eric and Anne Nordell, Trout Run, PA
Sharad Phatak, Univ. of Georgia
David Podoll, Fullerton, ND

Paul Porter, Univ. of Minnesota
Andrew Price, USDA-ARS
Ed Quigley, Spruce Creek, PA
RJ Rant, Grand Haven, MI
Bob Rawlins, Rebecca, GA
Wayne Reeves, USDA-ARS
Ekaterini Riga, Washington State Univ.
Lee Rinehart, ATTRA
Amanda Rodrigues, SARE
Ron Ross, No-Till Farmer
Marianne Sarrantonio, Univ. of Maine
Harry H. Schomberg, USDA-ARS
Pat Sheridan, Fairgrove, Mich.
Jeremy Singer, USDA-ARS
Richard Smith, Univ. of California
Sieglinde Snapp, Kellogg Biological Station
Lisa Stocking, Univ. of Maryland
James Stute, Univ. of Wisconsin Extension
Alan Sundermeier, Ohio State Univ. Extension
John Teasdale, USDA-ARS
Lee and Noreen Thomas, Moorhead, MN
Dick and Sharon Thompson, Boone, IA
Edzard van Santen, Auburn Univ.
Ray Weil, Univ. of Maryland
Charlie White, Univ. of Maryland
Dave Wilson, The Rodale Institute
David Wolfe, Cornell Univ.

目 录

如何利用本书 ··· 1

覆盖作物的功能 ·· 4

选择最佳覆盖作物 ··· 8

利用覆盖作物增加土壤肥力和耕性 ··· 14

　　覆盖作物可以增加土壤稳定性 ··· 17

　　如何计算固氮量 ·· 20

利用覆盖作物控制有害生物 ··· 25

　　佐治亚州种植棉花和花生的农民利用覆盖作物控制害虫 ······························· 26

　　选择适宜覆盖作物，控制有害生物 ··· 31

与覆盖作物轮作 ·· 35

　　全年种植覆盖作物控制顽固杂草 ·· 39

　　从当下开始着手 ·· 43

保护性耕作覆盖作物的管理 ··· 46

　　25 年后，改良效果持续显现 ··· 55

表格介绍 ·· 67

　　表 1　各地区最主要的覆盖作物 ·· 71

　　表 2A　功能和表现 A ·· 72

　　表 2B　功能和表现 B ·· 73

　　表 3A　栽培特点 ·· 74

　　表 3B　种植 ·· 75

　　表 4A　潜在的优势 ··· 76

　　表 4B　潜在的不利因素 ··· 77

非豆科覆盖作物概述 ·· 78

　　多花黑麦草（ANNUAL RYEGRASS） ·· 79

　　大麦（BARLEY） ·· 83

芸薹属作物与芥菜（BRASSICAS AND MUSTARDS） 88
    在马铃薯/小麦种植制度中使用多种芥菜防治线虫 94

荞麦（BUCKWHEAT） 98

燕麦（OATS） 102
    玉米/菜豆轮作中燕麦、黑麦的改土作用 105

黑麦（RYE） 107
    黑麦：覆盖作物的主力 111
    黑麦：抑制大豆播前杂草 114

高丹草（SORGHUM-SUDANGRASS HYBRIDS） 116
    夏季覆盖降低土壤紧实度 120

冬小麦（WINTER WHEAT） 122
    种小麦：增收保土 124
    种小麦：防治杂草更高效 125

覆盖作物混播的优势 128

豆科覆盖作物概述 130

亚历山大三叶草（BERSEEM CLOVER） 131
    结瘤：匹配合适的接种体，提高固氮效率 135

豇豆（COWPEAS） 139
    豇豆——解决田间生产问题 142

绛三叶（CRIMSON CLOVER） 144

紫花豌豆（FIELD PEAS） 149
    豌豆的双重功能 156

毛苕子（HAIRY VETCH） 157
    免耕——覆盖作物专用滚刀式揉切机 161
    野豌豆胜过塑料地膜 166

苜蓿（MEDICS） 167
    利用 GEORGE 天蓝苜蓿来固氮和作饲草 168
    褐斑苜蓿可持久自播 171

红三叶（RED CLOVER） 176

地三叶（SUBTERRANEAN CLOVERS） 182

草木樨（SWEET CLOVERS） 190
    草木樨：适宜放牧、优质绿肥 194

白三叶（WHITE CLOVERS） 199

白三叶改良土壤，促进蓝莓生产 ·· 203

　　毛荚野豌豆（WOOLLYPOD VETCH） ·································· 205

附录 A　在农场做覆盖作物试验 ·· 210

附录 B　具有发展前景的覆盖作物 ·· 213

附录 C　种子供应商名单 ·· 218

附录 D　覆盖作物领域的专业组织机构 ······································ 224

附录 E　各地区专家信息汇总 ·· 227

附录 F　参考文献汇集 ·· 234

附录 G　SARE 出版物 ·· 259

如何利用本书

本书作为工具书，虽尽可能涵盖广泛的内容，但不一定适合所有环境条件。在本书中可以找到不同需求情况下覆盖作物的管理方法和措施。

本书将提供各种覆盖作物具体的分布、图片及详细描述，某些覆盖作物的专有图表和附录将提供更多的信息。

（1）从《表1 各地区最主要的覆盖作物》（第71页）开始。这个图表将帮助您缩小搜索范围，表中列出了适应各个地区的各种重要覆盖作物的作用，以方便读者寻找固氮能力强、改善土壤、防止土壤侵蚀、疏松表层土壤、控制杂草和控制病虫害的覆盖作物。

（2）接下来，查找更多关于这种覆盖作物在当地的表现及管理措施。可通过以下两种方式获得这些信息。

表 可提供快速的细节查询，并对不同种类覆盖作物进行比较。《表2A 功能和表现A》《表2B 功能和表现B》（第72、第73页）列出了不同种类覆盖作物的固氮能力和干物质产量等11项指标，并对这些植物的各项指标进行分级。《表3A 栽培特点》（第74页）和《表3B 种植》（第75页）列出了每种植物的生长特性、抗环境胁迫能力、种植方法和成本。

描述 利用目录和页码一起可以找到表2、表3、表4中每个品种的重点内容——各个覆盖作物的章节。这些章节将提供各种覆盖作物更加实用的介绍，如种植方法、管理方法、灭生及充分利用各种覆盖作物的措施。不要忽视《附录B 具有发展前景的覆盖作物》（第213页），它简要介绍了具有发展前景但是鲜为人知的覆盖作物，其中某种覆盖作物可能就适合你。

（3）选定某些特定的覆盖作物后，返回看正文，查看这种覆盖作物是否适合你所在农田的耕作制度，仔细阅读以下章节。

- 《覆盖作物的功能》（第4页）介绍了覆盖作物的功能，如降低生产成本、改良土壤和控制有害生物等。

- 《选择最佳覆盖作物》（第8页）帮助读者依据农事需求和生境（季节性、相关经济作物和潜在利益）选择适当的覆

高丹草，暖季型禾草，植株高大，具有抑制杂草和（残体分解后）提高土壤有机质含量的作用。

盖作物。举例展示了如何在成熟种植模式中加入覆盖作物。

● 《利用覆盖作物增加土壤肥力和耕性》（第 14 页）介绍了覆盖作物如何增加土壤有机质和生产力，改变土壤生物性质、化学性质和物理性质。

● 《利用覆盖作物控制有害生物》（第 25 页）介绍了覆盖作物如何改变田间环境，进而保护经济作物免受病虫、杂草和线虫的危害。

● 本版更新内容：《保护性耕作覆盖作物的管理》（第46页），介绍了少耕耕作制度中覆盖作物的管理利用措施。

● 《与覆盖作物轮作》（第35页）介绍了如何进行覆盖作物和经济作物轮作，以现有条件获得最佳的生产能力。

● 《参考文献汇集》（第234页）列出了本书引用的文献和《附录E　各地区专家信息汇总》（第227页）。文中括号中的数字标明了该文献在参考文献中的位置，以便需要深入了解该内容的读者查阅。

《美国农业部植物耐寒区划图》（*The USDA Plant Hardiness Zone Map*），指明了在目标地区冬季平均温度下覆盖作物是否能够存活。本书通篇都在引用《美国农业部作物耐寒区划图》。读者注意：该图在 2008 年发行了新版，见 www.sare.org。

（4）如今读者已经试过了大部分工具，根据你选定的覆盖作物再次查阅表格和相应章节。附录包含的信息有助于读者获得覆盖作物比较试验的详细信息。读者还可以联系当地覆盖作物的专家，种子和种衣剂厂商。本书引用的书籍、文献和网站有更多的关于覆盖作物的详细信息。

（5）与当地有经验的农民探讨覆盖作物种植计划。当地的推广人员、当地的有害生物综合治理专家或者当地的可持续农业组织可给予一定帮助。务必利用当地的生产经验，一定能找到某种覆盖作物传统的管理措施，并能发现具有创新性的管理实践方法或者新的覆盖作物。

本书中用到的缩略符号

"＞"代表继续种植下一茬作物。

"/"代表多种作物同时生长在一起。

译者注释

（1）由于计算精确度的原因，所以译文中个别处未将数词与量词转换为我国标准。

（2）译文中有些超链接可能不能指向正确地址，是由于此书编写时间较早，有些文献在网络上的地址变更或现在不存在了。

（3）译文中有些文献未标注（原著也是如此），即参考文献没有与译文引用的文献一一对应。中文版保留文后参考文献信息，是为读者尽可能提供检索信息。

封一彩图说明

(1) 罗代尔研究所的农场经理 Jeff Moyer 利用新设计的前置式滚刀揉切机灭生起覆盖作用的毛苕子,后面牵引的免耕播种机同时播种玉米。

拍摄人:Matthew Ryan,罗代尔研究所。

(2) 冬季覆盖作物——黄芥显著抑制了葡萄园内的杂草。

拍摄人:Jack Kelly Clark,加州大学。

(3) 冬小麦即将收获前,麦田里顶凌播种建植的三叶草长势良好。

拍摄人:Steve Deming,密西根州立大学 Kellogg 生物试验站。

(4) 甘蓝中覆播的多花黑麦草,在甘蓝收获前一直发挥着覆盖作物的功能。

拍摄人:Vern Grubinger,佛蒙特大学。

(5) Purple Bounty 是一个适宜于美国东北区种植的,早熟、耐寒毛苕子品种,由美国农业部农研局的 Tom Devine 博士与罗代尔研究所、宾夕法尼亚州立大学和康奈尔大学农业试验站合作培育而成。

拍摄人:Greg Bowman, NewFarm.org。

封四彩图说明

在科罗拉多州,种植高粱苏丹草(无论是收获干草还是耕翻作为绿肥)能提高马铃薯(灌溉条件下)的产量和块茎品质。

拍摄人:Jorge A. Delgado,美国农业部农研局。

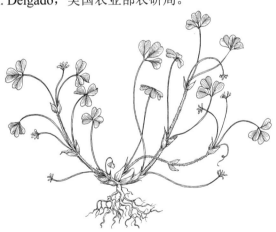

地三叶是一种矮生、能自播的一年生豆科植物,
其栽培品种可适应多种气候条件。

覆盖作物的功能

覆盖作物种植第一年就能增加经济效益，以后数年仍可通过对土壤的持续改良获得更高的经济效益。降低污染、减少侵蚀、控制杂草和病害等功能并不容易量化，难以在经济效益中直接体现。明确这些功能，可以帮助农场制定出合理可靠的长期决策。

以下是一些评估覆盖作物经济与生态效益的重要指标。这些指标随地域和季节不同而不同，但至少有 2～3 种在任何覆盖作物中均能出现。请咨询当地有覆盖作物管理经验的农业组织或政府专业部门，以便获得更加精确的预算。

- 降低肥料成本
- 减少除草剂和杀虫剂的使用
- 通过改良土壤增加作物产量
- 防止土壤侵蚀
- 保存土壤水分
- 保护水质
- 保护公众健康

要认真评估某种覆盖作物与其他覆盖作物的区别，利用一切方法平衡收支。同时，不要吝啬投入，抓住覆盖作物的优点，一种覆盖作物通常具有多种功能。许多覆盖作物可以用作饲草、放牧或生产种子，能够很好地在多种作物和家畜系统中发挥作用。

具体功能　Spelling It Out

以下内容简要介绍覆盖作物的功能。

降低肥料成本　Cut Fertilizer Costs

覆盖作物通过为经济作物提供氮及吸收、矿化土壤营养来降低肥料成本。豆科作物可以将空气中的氮转化为土壤氮供植物利用，见《结瘤：匹配合适的接种体，提高固氮效率》（第 135 页）。后茬作物可以吸收前茬豆科作物固定氮的 30%～60%，因而可相应减少氮肥施用量。想深入了解氮动力学和减少氮肥施用量，参见本书《利用覆盖作物增加土壤肥力和耕性》（第 14 页）。在覆

红三叶是一年生或多年生的、可改良表层土壤的豆科植物。在作物生长期覆播或在早春的谷物田中顶凌播种，均易获得成功。

盖作物所有的功能中，豆科固定氮素的价值是最容易计算的，在经济和生态方面效果都很显著。仅这种天然的输入一项就足以证明覆盖作物的重要作用。

> 为了估算因种植覆盖作物可能节约的氮肥量，请参见《如何计算固氮量》(第20页)。

※毛苕子（Hairy vetch） 马里兰州三年的试验表明，毛苕子明显提高了免耕玉米的产量，带来的经济效益足以抵消种植费用。另外，毛苕子可降低经济风险，通常比以冬小麦作为覆盖作物的经济效益高（1993年数据）。即使玉米定价低到每千克0.07美元，或氮肥（每千克0.7美元）的施用量为每公顷205.5kg[173]，试验结果依然有效。

※中间型红三叶（Medium red clover） 据威斯康星的四年试验估计，中间型红三叶与燕麦、毛苕子混播的肥料替代值相当于每公顷施72~117kg的氮。该试验基于两年的燕麦/豆类>玉米轮作。与中间型红三叶轮作的玉米的平均产量为每公顷10287kg，与毛苕子轮作的玉米的平均产量为每公顷10591.5kg，而不与豆科轮作或不施氮肥的玉米产量为每公顷1410kg[399]。

※奥地利冬豌豆（Austrian winter peas） 太平洋西北部的试验证明，奥地利冬豌豆、毛苕子和紫花苜蓿能够提供下茬马铃薯所需氮的80%~100%[393]。

※须根系谷物（Fibrous-rooted cereal grains） 经济作物收获后，须根系谷物或禾草可以有效清除土壤中过剩的养分（特别是氮）。大量的氮被吸收固定在植株中，直到它们腐解。马里兰州的试验表明，秋播的谷类或禾草播后3个月可以吸收高达每公顷79.5kg的氮素[46]。美国农业部农业研究局（USDA-ARS）*的计算机模型研究表明，在小麦>大豆和小麦>花生>棉花轮作体系中加入覆盖作物，适时施肥可降低总氮损失[353]，并不降低后茬作物产量。

■ 减少除草剂的使用　　　　Reduce the Need for Herbicides

覆盖作物可抑制杂草并且降低病害、虫害和线虫引发的损失。许多覆盖作物可通过以下方式抑制杂草：

- 覆盖作物显著抑制杂草对水分和养分的竞争。
- 残茬和叶冠层可遮挡光线，改变光波频率，降低土壤表层温度。
- 根系分泌物可以起到除草剂的作用。

《利用覆盖作物控制有害生物》（第25页）包括覆盖作物的以下功能：

- 是有益微生物寄主，抑制病害发生。
- 创造一个不适宜土传病害存在的土壤环境。

---

*译者注：USDA-ARS，USDA是指美国农业部，ARS的全称是农业研究局。作为美国农业部主要的研究机构，ARS负责一系列影响美国人民日常生活的食品安全研究项目，推广相关科学知识，并向美国动物卫生检查局及食品安全监督服务局提供技术支持。

- 促进害虫天敌和寄生物的繁殖，将虫害损失降低到经济阈值以下。
- 分泌抑制线虫的化合物，降低有害线虫种群数量。
- 促进有益线虫种类繁殖。

怀俄明州的试验表明，利用啤酒大麦>覆盖作物萝卜>甜菜轮作系统成功降低了甜菜孢囊线虫的数量，增加了甜菜产量。当线虫数量不是很多时，在啤酒大麦或青贮玉米后种植这些芸薹属覆盖作物，可有效替代化学杀线虫剂[230]。宾夕法尼亚州东南部试验表明，玉米>黑麦>大豆>小麦>毛苕子种植制度减少了杀虫剂用量，至少与传统的没有覆盖作物的种植制度效益是相当的[174]。太平洋西北部内陆地区的试验发现，秋播芸薹属覆盖作物结合机械耕作可使马铃薯长期稳产高产，并且降低至少25%的除草剂用量[393]。

■通过改良土壤而增加产量　Improve Yields by Enhancing Soil Health

覆盖作物通过以下方式改良土壤：
- 加速表层多余水分渗透。
- 缓解土壤板结，改良过度耕作土壤结构。
- 增加有机质含量，促进土壤有益微生物生长。
- 促进营养循环。

《利用覆盖作物增加土壤肥力和耕性》（第14页）详细叙述了覆盖作物改良土壤和促进营养循环的生物和化学过程。典型的土壤改良作物包括黑麦（残茬增加土壤有机质和保持水分）、高丹草（强大的深根系可打破土壤板结）和黑麦草（土壤水分较大时，加固田间道路、行间区域及边界区域）。

■防止土壤侵蚀　Prevent Soil Erosion

迅速生长的覆盖作物可以稳定土壤、减少土壤板结和防治土壤风蚀和水蚀。覆盖作物地上部也可以阻止雨滴的冲击。长期利用覆盖作物可增加降水的下渗，减少地表径流，从而减轻土壤侵蚀。关键是覆盖作物要有足够的茎叶生长以抵抗土壤流失。多汁的豆科作物很容易分解，特别是在温暖的环境里。冬季，谷类作物和芸薹属作物在寒冷气候下具有良好的越

冬小麦秋季长势好，越冬期既能提供牧草又可保护土壤。

冬能力。这些夏末或秋季播种的作物在温度低至10℃时仍能保持良好的生长，通常比豆科耐寒能力更强[360]。密西西比州的研究证明，在免耕棉花耕作制度中，利用覆盖作物（如冬小麦、绛三叶和毛苕子）在保证较高棉花产量的同时能够降低土壤侵蚀[35]。

保持土壤水分　　Conserve Soil Moisture

覆盖作物死亡后的残茬可增加水分渗透并且降低蒸发，因而在干旱季节可降低水分胁迫。浅耕翻覆盖作物可达到双重效果：显著蓄积地表水和增加土壤有机物质，进而提高覆盖作物根部土壤水分渗透能力。禾本科覆盖作物可对土壤表层形成有效覆盖，如黑麦、小麦和高丹草。一些高水分利用率的豆科作物，如苜蓿和 INDIANHEAD 小扁豆，在干旱地区可比传统的裸露休耕地保持更高的土壤水分[382]。春季及时灭生覆盖作物可避免负效应（极端水分条件），即湿润年份过多残茬持留土壤过多水分，不利播种或干旱年份植株从土壤吸收过多水分。

保护水质　　Protect Water Quality

通过减少侵蚀和径流，覆盖作物可降低由沉积物、营养物质和农业化学物质造成的非点源污染（nonpoint source pollution）。通过吸收土壤中过多的氮素，覆盖作物可防止土壤中氮素淋溶而导致地下水污染。覆盖作物同时为野生动物提供栖息场所。佐治亚州的研究表明，在传统耕作和免耕耕作的玉米田中，当每公顷施用氮肥量低于 210kg 时，黑麦作为覆盖作物可吸收 25%～100% 的土壤残留氮；当平均每公顷施氮 120kg 时，利用大麦作为覆盖作物可吸收 64% 的土壤残留氮[219]。

保护公众健康　　Help Safeguard Personal Health

通过减少经济作物生产对农用化学品的依赖，覆盖作物还可以保护您的家人、邻居和农场工人的健康，有利于解决由农业非点源污染引起的公共健康和生态问题。

累积效应　　Cumulative Benefits

通过提高覆盖作物的多样性，在经济作物种植制度中增加覆盖作物和增加覆盖作物生长时间等措施，可以提高种植覆盖作物效益。

选择最佳覆盖作物*

覆盖作物有许多功能，但它们并不是万能的。在寻找适合的一种或几种覆盖作物之前，需要以下准备工作：
- 明确基本目标。
- 确定种植制度中覆盖作物种植的最佳时间和地点。
- 测试几种作物组合。

根据已有的结论，本书在一定程度上简化了覆盖作物的选择过程。然而仍有数千种植物可作为覆盖作物，为选择出风险和投入最小、效果最佳的覆盖作物，可参考以下步骤。

1. 明确问题或使用目的　　Identify Your Problem or Use

《覆盖作物的功能》（第4页）描述了覆盖作物的几大好处。将主要目标缩小到一个或两个，以及一些次要目标，这样将极大简化寻找最佳覆盖作物的过程。以下是覆盖作物的一些基本目标：

- 提供氮。
- 增加有机质。
- 改良土壤结构。
- 减少土壤侵蚀。
- 控制杂草。
- 养分管理。
- 提供覆盖物，保持土壤水分。

也可能需要覆盖作物为有益生物提供栖息场所，提高收获时的机械牵引力，快速排水或提供其他一些功能。

2. 确定覆盖作物种植的最佳时间和地点　　Identify the Best Place and Time

在何时何地利用覆盖作物，有时是很容易判断的。例如，在玉米种植前需要氮，在葡萄园或果园需要多年生作物覆盖地表以降低土壤侵蚀或控制杂草。对于另一些目的，如改良土壤，可能很难确定何时何地加入覆盖作物。

试着从以下过程确定计划：在何地如何种植覆盖作物。

根据轮作制度，绘制一张18~36个月的时间表。对于每块地，用铅笔标出目前或可

---

*本节内容改编自罗道尔研究所Marianne Sarrantonio编著的《东北覆盖作物指南》（1994年版）。

能的轮作程序，标出在通常情况下作物播种和收获时间。

可能的话，加入另一些关键信息，如降雨、无霜期、繁重劳作时间或设备需求。

在季节性工作时间表中明确农场的作物空闲期，以确定每块土地的适宜覆盖作物种植与生长可利用的空闲期；同时，考虑延长或调配空闲期。

以下是一些种植制度中常见空闲期类型，以及一些实施要点。

冬闲期（Winter fallow niche） 许多地区至少要在霜冻发生6周之前播种覆盖作物。冬季谷类作物，特别是黑麦，可以稍晚一些种植。如果地表覆盖和氮循环需求比较低，那么黑麦最晚可以推迟到霜期播种，也能保证黑麦成功越冬。

也可以在夏季作物收获后立即播种覆盖作物，此时气候仍然温暖。在比较冷凉的气候条件下，可以考虑在经济作物收获前复种（有时又叫作套播）耐阴覆盖作物，以延长生长时间。白三叶、多花黑麦草、黑麦、毛苕子、绛三叶、红三叶和草木樨比较耐阴。

如果与经济作物套播，播后尽可能浇水，或根据天气预报在透雨前播种。比较小的种子，如白三叶，不需要很多水分就可以在残茬中萌发；但是较大的种子，需要数天潮湿的环境才能萌发。

与经济作物套播后，覆盖作物旺盛的生长可能引起水分亏缺，也可能由于空气流通不畅而增加病害风险或虫害风险。改变覆盖作物播种量、播种时间或轮作顺序可以降低这些风险。为保证覆盖作物有充足的光照，在主要作物冠层形成以前套播（如在饲料玉米最后一次中耕时），或在经济作物开始死亡、冠层开始再次透光的时候（如大豆叶子变黄时）进行套播。

怎样避免收获经济作物期间过度的踩踏、碾压？选择耐践踏的、生长较慢的覆盖作物，如禾草或三叶草，同时减少行内踩踏，或推迟田间机械操作，让覆盖作物完成建植。

另一类覆盖作物是每年可以自播的冬季一年生作物，夏天这些作物死亡并且种子掉落到地面，秋季开始萌发生长。地三叶在寒冷地区自播表现良好。早熟绛三叶，特别是硬实率高的品种，种子需要较长一段时间萌发，在降水充足的美国东南地区生长良好。如果管理得当，甚至是黑麦和野豌豆均可以实现自播。

夏闲期（Summer fallow niche） 许多轮作为覆盖作物提供了机遇和挑战。在两茬轮作制度中，在早播和晚播作物间可以有3~8周夏季休耕期。生长迅速的夏季一年生覆盖作物可降低土壤侵蚀、控制杂草、增加有机质，或许还能增加氮素。

与春季作物套播，可以考虑使用夏季生长迅速的谷类（如荞麦、小米、高丹草）或暖季型豆科作物（如豇豆）。另外，可以将覆盖作物田犁成条状以便播种秋季作物，通过刈割或轻度耕作控制作物行间的覆盖作物。

小粒谷类作物轮作制（Small grain rotation niche） 将冬季一年生覆盖作物和春季谷类套播，或在冬季谷物行间顶凌播种（在冻土壤中播种）。土壤的冻融将种子推入

> 寻找农场里的空闲地块或每块地的空闲期。

土壤中萌发。另一个选择是，如果土壤含水量不是限制因素，在春末或在谷物进入拔节期前（穗开始伸长时）撒播覆盖作物。

全年休耕（Full-year improved fallow niche） 为了改善长期耕作造成的土壤肥力或有机物的降低，以生长所需营养最低为标准，可播种多年生或二年生作物，或将二者混播。春播的黄花草木樨在夏季开花，主根很深，地上部生物量很大。同时，考虑适宜本区域的多年生牧草。多年生牧草生长几年后，地下粗大的主根可显著改良土壤。

另一个选择是，连续种植覆盖作物。秋季播种毛苕子或禾本科与豆科混播，次年春季花期翻耕后种植高丹草。冬季覆盖作物控制了杂草并且增加地表覆盖度，同时为高丹草提供大量氮素。种植高丹草可提供数吨地上生物量，进而增加土壤有机质。

在适当的管理下，覆盖作物植株覆盖层（living mulches）可以提供整年的侵蚀保护、杂草控制、养分循环，如果其中有豆科植物，甚至可提供一些氮素。在经济作物播种前，一些耕作、刈割或除草剂可帮助管理覆盖作物（如防止过多利用土壤水分）。白三叶作为甜玉米和番茄的覆盖作物是不错的选择。多年生黑麦草或一些侵占性弱的草坪草（如羊茅）可作为豆类、番茄和其他蔬菜的覆盖作物。

创新模式（Create new opportunities） 是否为某个耕作制度中休耕时间过短而烦恼？条带状种植覆盖作物，带宽与育垄畦一致或更宽，可以与一年生蔬菜、药用植物或大田作物相间种植。下一年将条带轮换，定期刈割覆盖作物，把剪下来的草屑吹入相邻的经济作物中作为覆盖层。在垄畦系统中，每3～4畦种植一畦覆盖作物以改良土壤。

另一个选择是，将一种覆盖作物或一些诱虫的灌木种在农田周围或按篱墙模式种植，以抑制杂草或为不能生长经济作物的地方提供有益的栖息地。这些灌木篱墙可以带来可观的产出，如坚果、浆果或手工艺材料等。

3. 空闲期描述　　Describe the Niche

参照前面制定的时间表，回答以下问题：

- 如何播种覆盖作物？
- 到时候会是什么样的天气？
- 土壤温度和水分条件如何？
- 其他作物（或有害生物）活力如何？
- 覆盖作物应该低矮匍匐，还是高大繁茂？
- 覆盖作物对极端天气条件与田间碾压的耐受力应达到何种程度？
- 在当地冬季会冻死吗？
- 冬季死亡有利于实现我的目标吗？
- 什么样的返青状况符合要求？
- 如何灭生并在残茬上播种？
- 有足够时间完成任务吗？
- 如果覆盖作物没有种植成功或者没有如期死亡，应急预案是什么？
- 是否有必要的设备和人员？

4. 选择最佳覆盖作物　　Select the Best Cover Crop

已经明确了目标、种植的时间和地点，现在详细说明覆盖作物发挥作用时应具备的特性。

例1：有坡度的果园需要增加地表覆盖，减少侵蚀；需要覆盖作物提供氮素和有机质，以及吸引一些有益生物，但是啮齿动物、线虫或者其他害虫除外。覆盖作物在关键时期不能过多消耗水分或吸收养分。过多的氮可能刺激枝叶过度生长，不利于冬季前的耐寒锻炼。最后，易于养护管理的覆盖作物应具备如下特点：

- 多年生或者可以每年自播。
- 生长缓慢，管理简单。
- 高效用水。
- 具有改良土壤的根系。
- 每年会释放一些养分，而不是过多的氮。
- 不能吸引害虫或为害虫提供生存环境。

对于耐寒分区第8区北部的果园，白三叶可能是最好的选择。生长缓慢的豆科植物或豆科与禾本科混播效果也不错。对于温暖的地区，生长速度较慢的红三叶和白三叶混播表现良好，尽管这些草种可能吸引囊鼠（pocketgopher）。Blando 雀麦和多花黑麦草是两种生长迅速、秋季落籽的草种，适宜在果园中种植，但这两种草可能需要刈割来控制生长。或者根据当地气候条件，试一下秋季自播的冬季一年生豆科植物，如绛三叶、玫瑰三叶草（rose clover）、地三叶、一年生野豌豆或者一年生苜蓿。

例2：秋冬季奶牛场缺乏足够的粪便储存场地，而这些粪便所含营养物质又超出其青贮玉米和禾本科/豆科牧草轮作所需养分。覆盖作物需要满足以下几点：

- 可在青贮玉米收获后迅速生长。
- 从秋季施入的粪肥中吸取大量氮、磷，并且保存这些营养到第二年春季。

对于这样的奶牛场，黑麦通常是最好的选择。如果播种足够早，那么一些谷类作物或芸薹属作物也可以。

例3：在降水量适中的地区，夏季小粒谷类作物收获后，冬季需要一种土壤保护植物，同时为来年春季免耕玉米提供氮素。如果想不用除草剂就能灭生，那么就需要一种豆科作物，其特性如下：

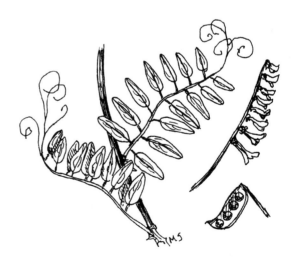

毛苕子是冬季一年生豆科植物，秋季生长缓慢，春季可大量固氮。

- 能在夏末条播，秋季生长旺盛。
- 能越冬。
- 能固定大量的氮。
- 能在玉米播种前后通过刈割灭生。
- 能控制杂草，残茬能保水。

毛苕子在美国东北部、中北部和中南部的部分地区可实现类似目的。与黑麦或另一种谷类作物混播可增加控制杂草能力和水分保持能力。绛三叶或许是一种比较适宜东南部山麓地区的覆盖作物。在沿海平原地区，可以考虑单播或混播奥地利冬豌豆，但是在耐寒分区第 7 区及更寒冷地区难以越冬。在春末或夏初谷物可以收获的地区，Lana 毛茸野豌豆可能是一个比较好的选择。

例 4：春季花椰菜收获后，需要一种控制杂草的覆盖作物，同时增加氮素和有机质，或许还提供覆盖物，秋季还可以在上边免耕播种生菜或菠菜。那么这种覆盖作物需要具有以下特点：

- 多功能。
- 炎热天气下能迅速生长。
- 可以覆播到生菜中。
- 干旱条件下能在土壤表面发芽。
- 固氮。
- 持久性好，可以一直持续到需要灭生的时候。

在这种情况下，生长迅速的暖季型豆科植物（如豇豆）可以实现以上目的，特别是在干旱时灌溉可以加速建植。

5. 确定最有效的覆盖作物　Settle for the Best Available Cover

"万能作物"是不存在的。一种或多种作物可接近以上例子的要求。《表 1　各地区最主要的覆盖作物》（第 71 页）可以提供一个初步选择，然后向当地专家确认。小范围可以使用两种或多种混播，或者试验几种选择。

6. 围绕覆盖作物建立轮作制度　Build a Rotation Around Cover Crops

预先确定每种大田作物的播种日期、田间用工量或管理细节是很困难的。一种替代的方法是找出田间表现最好的那些覆盖作物，然后围绕这些覆盖作物建立一个轮作体系，尤其是在面对解决土壤板结或控制杂草等棘手问题的时候。需要更多信息可以查看《全年种植覆盖作物控制顽固杂草》（第 39 页）。

使用反向策略，可以依据覆盖作物最合

黑麦是一年生谷物，能防止风蚀和水土流失。当免耕播种时，黑麦的枯死植被层能抑制杂草。

适的农作时间来种植它们，然后再确定经济作物最佳的种植时间。覆盖作物的优势可以辅助决定哪种经济作物最能受益。

现在，可能您想在已有轮作种植体系中增加一种或几种覆盖作物。本书中的图表和文字内容可帮助您选择一些最适合当前种植体系和目标的覆盖作物种类。《与覆盖作物轮作》（第35页）提供了更多相关内容。一旦您缩小了选择范围，《附录 A 在农场做覆盖作物试验》（第210页）给出了下一步的指引。

利用覆盖作物增加土壤肥力和耕性[*]

土壤是一种极复杂的混合物,它的理化性质使得它可以持续承载生物体——不仅有植物的根系和蚯蚓,还有成百上千的不同的昆虫、蠕虫状的生物及微生物。当这些生物处于平衡状态时,土壤具有高效的养分循环能力、储水能力和排水能力,进而维持一个适宜植物茁壮生长的环境。

为了认识土壤是健康的,必须把土壤作为一个有生命的实体看待。它呼吸,它转运和转化营养物质,它与环境相互作用,它可以进行自我净化并随时间生长。假如将土壤看作农田系统的一个动态部分,不可持续的作物管理措施全部含义就是忽视土壤。随着土壤一点一点地退化和失去其生命功能,这种疏忽使土壤状况变得更糟。

无论你的土壤目前多么健康和有活力,覆盖作物为确保土壤作为农田系统的基础起到重要作用。然而,在作物系统中增加覆盖作物最常见的目的是满足短期的需要,持续种植覆盖作物则变成了一项长期的土壤改良投资。

覆盖作物通过多种途径改良土壤。保护土壤不被侵蚀可能是覆盖作物最显而易见的好处,但是提供有机质是一个长期并且同样重要的目标。在土壤养分淋溶之前覆盖作物将其吸收,而豆科植物则可提高土壤氮含量,均对土壤整体健康有间接贡献。它们的根部也可释放一些营养物质,并将其转化成植物更容易吸收的形态。覆盖作物可为一些重要的土壤生物提供栖息环境或食物来源,也可打破板结土层,还可为水分过多的土壤排水。

■ 水土保持　　Erosion Protection

许多农田都发生表层土壤侵蚀,损失了土壤中最肥沃的部分,这部分土壤有机质和养分含量最高。覆盖作物在防治土壤侵蚀方面起着重要作用。

高速降落的雨滴能使土壤颗粒移动1.8m远[42]。一旦土壤颗粒变松散,将更容易被流水冲走。任何地表土壤覆盖物均可充当雨滴的垫子,削减大雨的冲击力。

覆盖作物还具有以下作用:
- 通过叶片、茎秆和根系的阻挡,降低流水的速度,进而降低其搬运土壤的能力。
- 通过改进土壤孔隙结构,增加土壤吸水、储水能力,减少土壤表层径流量。

---

[*] 本节作者为 Marianne Sarrantonio。

- 帮助稳定根系附近土壤团粒结构。

覆盖作物降低土壤侵蚀的能力大体与覆盖作物地上生物量成正比。自然资源保护局*提出修订的通用土壤流失方程表明，冬季来临前地表覆盖达到40%可有效降低整个冬季的土壤侵蚀。

尽早种植覆盖作物可确保在冬季降水前获得最大限度的土壤覆盖。可以考虑在作物收获前飞播，或人工撒播覆盖作物，或在收获后尽快直播。如果能维持全年地表覆盖，那么效果将非常理想。

增加有机质　Organic Matter Additions

有机质可改善土壤结构，增加渗透和持水能力，增加阳离子交换能力（土壤充当带正电荷的植物养分的短期存储库的能力）和长效的储存养分能力。没有有机质的土壤不是土壤，仅是一些风化碾碎的岩石。

有机质包括数以千计的不同物质，这些物质来源于腐烂的树叶、根系、微生物、肥料，甚至死在洞穴中的土拨鼠。这些物质以不同的方式来构建健康的土壤。不同的植物腐解后产生不同种类的有机物质，因此覆盖作物的选择很大程度上决定能给土壤带来哪些好处。

土壤学家可能争论怎样对各种有机质组成分类。尽管这样，大部分土壤学家都同意有一部分称为"活跃成分"，一部分称为"稳定成分"（它相当于腐殖质），活跃成分和稳定成分之间有许多分类方法。

活跃成分是有机质最易分解的成分，富含于结构简单的糖类和蛋白质中，主要由最近增加的新鲜残茬、微生物和微生物分解后产生的简单废弃物组成。

与人类机体一样，微生物也需要含糖物质，单糖最先分解。微生物也需要蛋白质，这些化合物分解后，其中许多营养物质释放到土壤中。蛋白质富含氮素，因此有机质中活跃成分的主要责任就是向土壤中释放大部分的氮、钾、磷和其他的营养物质。易分解的蛋白质和糖类绝大多数都作为能量来源被微生物彻底利用，很少参与土壤有机质构建。

微生物吞食最易消化的活跃成分后，再开始消化更加复杂和难降解的物质，如纤维素和木质素。由于纤维素比单糖难降解，而木质素分解更加缓慢，因此纤维素和木质素是腐殖质或稳定成分的主要组分。腐殖质对形成肥沃、色深、多孔的土壤有帮助，并且对土壤保水和阳离子交换能力等特性有影响。

多汁且富含蛋白和糖类的植物可迅速腐解释放营养物质，但是鲜有留下稳定的有机质。木质化程度高且富含纤维的植物腐解释放营养物质缓慢，甚至可暂时阻碍营养物质释放［见《耕作、免耕和氮循环》（第20页）］，但是这类物质可提供更多稳定的有机质或腐

---

* 译注：美国农业部自然资源保护局英文缩写为NRCS，成立于1935年，主要职责是帮助人们保护、维持和改善自然资源和环境。

殖质，形成一个较好的土壤物理环境，增加营养存储能力，提供较高的阳离子交换能力。

一般来说，一年生豆科植物富含水分，可通过活跃成分迅速释放氮和其他营养，但是对增加土壤腐殖质不是很有效。然而，也有报道称，长期使用一年生豆科植物能增加土壤腐殖质[428]。

谷物、其他禾本科草和非豆科植物对腐殖质的增加有益，但是如果在它们接近成熟时接茬种植，释放养分会很缓慢或释放量不多。多年生豆科植物，如白三叶和红三叶，可能会达到以上两种目的，它们的叶分解迅速，但是茎和根系变得结实和纤维化，这对土壤腐殖质增加有益。

■覆盖作物可以增加土壤团粒性　　Cover Crops Help "Glue" Soil

土壤微生物在分解植物体的同时，生成了一些化合物，增加了有机质的活跃成分和稳定成分。这些副产物中的一类是多糖。这些复杂的多糖起到黏合剂的作用，可以将土壤粒子黏合成土壤团粒体。许多农民用"面包屑"（crumb）描述稻谷般大小的土壤聚合体。聚合情况良好的土壤（注意不要同污染的或退化的土壤混淆），具有良好的透气性，具有更好的渗水性和保水性。

通过增加这类或其他的微生物"黏合剂"，覆盖作物可以促进土壤形成良好的土壤聚合体，见《覆盖作物可以增加土壤稳定性》（第17页）。聚合度良好的土壤也不易板结，而土壤板结已经被证实会降低蔬菜产量，如四季豆、甘蓝和黄瓜产量至少会降低50%[450]。

豆科覆盖作物在腐解释放多糖方面优于禾本科植物[9]。但是，多糖将在数月内降解，所以覆盖作物腐解产生的团聚效应只能持续一个生长季。

种植禾本科植物也会产生良好的土壤团聚效果，但机制与豆科植物不同。禾本科植物的是根系——由许多散布于植物基部纤细的根组成。这些根可以释放化合物帮助根系周围土壤聚集。

土壤中有机质形成非常缓慢。有机质含量为3%的土壤，经过数十年或更长时间的改土培肥，土壤有机质含量可能只会增加到4%。在增加的有机质数量可以检测到之前，有机质增加带来的诸多好处已经非常明显了。诸如增加聚合程度、增加水分渗透率和释放养分，将在第一个生长季非常明显，其余的可能在数年后变得明显[428]。

耕作方法在利用覆盖作物改良土壤的过程中非常重要，因为耕作可以提高有机物积累率。传统耕作制度很难增加土壤有机质含量。耕作使得有机质暴露在氧气中的表面积加大，从而加速有机质的分解，使土壤温度升高、干燥，将植物残体变成更小的碎片，增加的表面积使其更容易被分解者分解。如同给火扇风，耕作迅速"燃烧"或"氧化"燃料，这个燃料即有机质。有机质降低导致土壤团聚体分解，土壤结构破坏经常发生在过度翻耕的土壤中。

种植覆盖作物时，如果尽量减少耕作，则可最大限度地实现土壤的长期收益。本书中讨论了许多覆盖作物，可以将这些覆盖作物播种到正在生长的作物中或免耕种植到作物残茬中。否则，增加的有机质可能被较高的降解率抵消。

促进养分循环　　Tightening the Nutrient Loop

除降低表层土壤侵蚀和改良土壤结构外，覆盖作物通过吸收土壤中的营养物质加强种植系统中的营养物质循环，否则这些营养物质可能淋溶出土壤层。这些过多的营养物质可能污染地下水、小溪或池塘，也降低土壤生产性能。

氮，一种普通的植物营养元素，在硝态氮的形态下最易溶于水，因此更易淋溶。降水发生时，裸露土壤中的硝态氮会发生运移。如果植物没有利用完所施的氮，那么生长季末的氮素将以硝态氮形式存在于土壤中。当土壤温度达冰点以上时，分解的有机质（包括植物残茬、堆肥和动物肥料）也可以提供硝态氮。即使每年施用的氮肥量与作物所需量相同，生长季后依然有硝态氮积累，下雨时这些硝态氮将淋溶到地下。

覆盖作物降低硝态氮淋溶有两种方式。首先，它们吸收可利用的硝态氮为自己生长提供养分。其次，它们可以利用部分土壤水分，降低土壤含水量，进而减少硝态氮淋溶。

保存硝态氮最好的覆盖作物是非豆科的植物，这些植物可以在经济作物收获后迅速形成深而广的根系。对于大部分的美国大陆来说，控制营养流失最好的选择是夏季作物收获后种植谷物黑麦。谷物黑麦良好的耐寒性可以在秋末继续生长，形成至少 0.9m 深的根系。冬季比较温暖的地区，黑麦可以在整个冬季生长。

覆盖作物可以增加土壤稳定性

研究表明，覆盖作物利用越多，土壤耕性越好。其中一个原因是覆盖作物（特别是豆科植物），可促进有益真菌和其他微生物繁殖生长，这些生物可促进土壤团聚体形成。

菌根（真菌的一种）可合成水溶性蛋白质——球囊霉素（glomalin），这种蛋白质将有机质微粒、植物细胞、细菌和其他真菌黏在一起[452]。球囊霉素可能是促进土壤聚集、增加土壤稳定性最重要的物质之一。

不仅是这些覆盖作物，大部分植物根系都可以形成一种有益的菌根共生关系。真菌发出像根系一样的菌丝，吸取土壤中营养和水分帮助植物生长。在低磷土壤中，菌丝可帮助植物吸收磷素；作为回报，真菌获得能量——糖类，这些糖由植物叶片合成、运输至根部。

覆盖作物增加了菌根孢子的丰度。尤其是豆科作物，由于它们的根系有利于这些有益真菌大量繁殖，所以可提高菌根多样性和丰度。

通过与菌根真菌共生及促进后茬经济作物的菌根共生关系，覆盖作物在改善土壤耕性中起着重要作用。球囊霉素的增加也可以帮助理解为什么覆盖作物能增加土壤水分渗透和储存水分的能力，甚至是在土壤有机质没有明显增加的情况下依然有较好的效果。

大西洋中部沿海地区的试验表明，10 月 1 日在氮残留高的土壤中种植谷物黑麦，可在秋季吸收至少每公顷 79.5kg 的氮。其他的禾本科植物，如小麦、燕麦、大麦和黑麦草，秋季仅能吸收其一半量的氮。切萨皮克湾（Chesapeake Bay）的研究表明，豆科植物对吸

收利用土壤残留氮方面没有帮助[46]。豆科作物在秋季建植缓慢，吸氮能力一般，虽然它们能固定很多它们自己需要的氮。

为了最大限度吸收氮素防止淋溶，应该尽可能早地种植非豆科植物。在上述研究中，当推迟种植时间至11月时，黑麦仅能吸收每公顷16.5kg的氮。因此，在轮作中必须将覆盖作物与其他作物同等对待，要及时种植。

不仅促进氮循环，也促进磷素循环　　Not Just Nitrogen Cycling

覆盖作物可以将土壤深层的营养物质转移到土壤表层。虽然钙和钾没有氮素转移速度那么快，但它们也是两种容易随水分运移的大量元素。这些营养元素可以被深根型覆盖作物从深层土壤中吸收，当覆盖作物植株死亡分解后，这些营养物质被释放到活跃的有机物中。

虽然磷素难溶于水、通常不会淋溶，但是覆盖作物可以增加其在土壤中的可利用性。一些覆盖作物（如荞麦和羽扇豆）可以分泌酸，这些酸可以将磷转化为可溶的、能为植物所利用的形式。

一些覆盖作物通过另一种方式促进磷的可利用性。许多常见的覆盖作物，特别是豆科植物，可以与有益的菌根真菌（mycorrhizae）共生。这些菌根真菌进化出了一种高效的土壤磷吸收机制，可将磷吸收后传递给宿主植物。这些真菌的菌丝有效地延伸了宿主的根系，可以帮助植物吸收固定更多的磷素。

保持磷以有机形态存在是维持其在土壤中循环的有效方式。因此，任何土壤中的植物或动物残骸均可帮助维持磷的有效性。覆盖作物也可以通过降低侵蚀来留住土壤中的磷。

增加氮素　　Adding Nitrogen

大自然对植物和土壤的最大恩赐之一就是赋予豆科植物根瘤菌固氮来肥沃土壤。对这个重要过程不熟悉的，可以参见《结瘤：匹配合适的接种体，提高固氮效率》（第135页）。

由于土壤中各种复杂的物理、化学和生物过程的相互作用，自然生态系统中固氮所得的氮被广泛利用。但是，在农业系统中，有机氮和无机氮的自然利用过程通常受到土壤和作物管理因素的影响。学习一点关于豆科植物影响氮素利用效率的知识，将有助于在有限条件下建立最适合的耕作制度。

固氮量　　How Much N is Fixed?

有许多因素决定了豆科作物从大气中的固氮量。

- **共生关系**　根瘤菌和植物根部的共生关系是否有效？参见《结瘤：匹配合适的接种体，提高固氮效率》（第135页）。利用与所种豆科植物相匹配的根瘤菌接种，确保根瘤菌新鲜、存储恰当，并且利用有效的黏合剂。否则，根瘤量将会非常少，固氮能力降低。

- 土壤是否肥沃？固氮需要钼、铁、钾、硫和锌等元素才能有效进行。缺乏这些元素的土壤将不能进行有效的固氮。对经济作物的植物组织进行测定，以确定是否需要施用微量元素。

- 土壤是否获得足够的空气？固氮过程需要足够的富含氮的空气到达豆科植物根部。积水或板结的土壤妨碍空气进入土壤。深根型覆盖作物有利于减轻表层土壤板结[450]。
- pH 值是否合适？根瘤在 pH 值低于 5 的土壤中不能长期生存。
- 豆科植物和根瘤菌组合是否具有较高的固氮潜力？不是所有的豆科植物表现都一样，一些豆科植物并不适合固氮。菜豆（*Phaseolus* spp.）不能与根瘤菌良好的共生固氮，一个生长季的固氮量很少超过 40 lb. /A。豇豆（*Vigna unguiculata*）和野豌豆（*Vicia* spp.）则具有很强的共生固氮能力。有关覆盖作物固氮能力的信息见《表 2A 功能和表现 A》《表 2B 功能和表现 B》（第 72，第 73 页）和各论部分。

即使在最佳的条件下，豆科作物所固定的氮最多也只能满足其生长需要量的 80%，一般为 40%～50%。像其他植物一样，豆科作物生长所需氮素不足部分由土壤中的氮素补充。豆科植物必须为固氮微生物提供营养以确保它们正常工作。所以，如果土壤中已经有充足的氮素，在消耗能量促进固氮进行以前，豆科植物将先从土壤中吸收大量氮素。这就是豆科植物在富含氮素土壤中固氮量低于缺氮土壤的原因，参见《如何计算固氮量》（第 20 页）。

但是，将豆科根瘤作为土壤供氮的"小型肥料厂"的想法是不切实际的。固定的氮几乎立即分流到植株的茎和叶，参与合成蛋白质、叶绿素和其他含氮化合物。直到豆科植物分解，其所固定的氮才成为后茬作物可利用氮。因此，如果豆科植物地上部作为干草利用，那么所固定的大部分氮将离开土壤。

豆科植物的根系呢？在良好的固氮条件下，有一个很好的估算方法，植物根部的氮（植物总氮的 15%～30%）与豆科植物直接从土壤中吸收的氮相当，茎叶中的氮与固定的氮相当。

一年生豆科植物要开花结实，将转移很大一部分植株内的氮素到种子或果实。同时，一旦豆科作物停止活跃的生长阶段，固氮共生系统将不存在。在一年生豆科植物中，这种情况发生在花期，花期后将不会有额外的氮被固定。除非让豆科植物自播，否则在初花至盛花期灭生豆科覆盖作物将是一个很不错的选择，这样就将获得含氮最多的豆科植株，并且不需要推迟经济作物的种植（除非想等到残茬分解，把营养物质释放到土壤中）。

■氮素释放规律　　How Nitrogen is Released？

土壤究竟能从豆科覆盖作物中获得多少氮？以一年生豆科植物在开花中期收获的测定为例。豆科作物死亡后的管理和气候条件，将在很大程度上影响植株中的氮素释放到土壤的时间和总量。

大部分土壤微生物将迅速分解绿肥，如一年生豆科植物，以绿肥含有的单糖和蛋白作为能量来源。土壤微生物繁殖非常迅速，在食物充足的情况下，可以在 7 天左右使个体数量翻倍[305]。甚至在一个土壤微生物生命活动较弱的土壤中，增加绿肥也可使土壤很快出现生机。

绿肥在死亡后1周内，可以迅速释放大量硝酸盐到土壤。如果将绿肥深翻到土壤中，氮释放将更加迅速。毛苕子深翻后7～10天可释放多达157kg的氮[362]。含氮量较少的绿肥释放氮的速度较慢。纤维化或木质化的老植株通常难以分解，而被一些惰性真菌经过数年时间缓慢地转化成腐殖质，并逐渐释放少量的营养物质。

其他的因素对绿肥释放氮素的效率有明显的影响。天气的影响是巨大的。土壤中有机质分解过程最好在温暖的条件下，在冷凉的春季分解过程比较缓慢。

土壤湿度对绿肥释放氮素也有明显的影响。研究表明，当60%土壤孔隙充满水时，土壤微生物活动达到顶峰；土壤含水量显著增加或减少都将降低微生物活性[244]。60%土壤孔隙充满水大体上与田间持水量或与一场透雨后24小时的土壤含水量相当。

微生物对土壤化学作用反应明显。大部分土壤微生物需要在pH值6～8的情况下表现良好；真菌（惰性分解者）在pH值非常低的时候依然很活跃。土壤微生物所需大部分营养物质与植物一样，所以与肥沃的土地相比，贫瘠的土地中微生物群体较小。不要期望某种覆盖作物的氮释放速度或肥料替代值在不同肥力的土地上都相同。

管理因素，如施肥、撒石灰和翻耕，也可以影响豆科植物氮的生产和利用。

耕作、免耕和氮循环　　Tillage, No-Tillage and N-Cycling

耕作通过许多方式影响植物残体的分解。首先，任何耕作均增加了植物残体与微生物接触的机会。耕作层为微生物提供了良好的环境，可保护其避免受极端温度和水分的伤害。其次，翻耕将植物残体切碎，增加了与微生物接触面积。再次，翻耕暂时降低土壤密度，促使排水，提高土温。总之，混在土壤中的植物残体比留在土壤表面（如免耕系统）的植物残体释放养分更加迅速。但是，这不一定是一个好消息。

高效农业真正的挑战是直到作物种植前都能在土壤中保存尽可能多的稳定形态的氮。最稳定的氮素形态是有机态氮，即未分解的植物残体、腐殖质或微生物本身。

以微生物含有的氮为例。微生物需要氮来合成蛋白质和其他化合物。含碳化合物（如糖类）主要是微生物的能量来源，这个"燃烧燃料"的过程将大部分的碳以二氧化碳的形式释放到大气中。

如何计算固氮量

为了确定除绿肥提供的氮外是否还需要额外的氮，需要估算覆盖作物的总含氮量。为了达到这个目的，需要在覆盖作物死亡前测定绿肥产量和植株含氮量。

估测产量：在地里刈割一定面积的植株，晒干称重。利用卷尺或已知尺寸的金属框（1英尺×2英尺或者2英尺×2英尺）确定面积，齐地刈割选定面积内所有植株，太阳下晾晒几天或利用烘箱在60℃烘24～48小时，直到植株达到比较易碎的程度。利用以下公式确定每公顷干物质含量：

产量（磅）/英亩=样品总干重（磅）/取样面积×43560平方英尺/英亩

当取样测定比较准确时，就可以从绿肥的高度和地表覆盖率测算产量，方法如下：如果地表覆盖率是100%，高度6英寸，每英亩未木质化的豆科植物大概生产2000磅干物质*。每增高1英寸，干物质增加150磅。因此，一个18英寸高、地表覆盖率100%的豆科植物干物质大约为

高度>6: 18-6=12英寸

×150磅/英尺: 12英寸×150磅/英寸=1800磅

加上2000磅: 2000 +1800=3800磅

如果群体的地表覆盖率低于100%，再乘以地表覆盖率。在此例中，如果地表覆盖率是60%，将获得3800×60%=2280磅的干物质。

*：对于谷物黑麦，以上关系有一些不同。谷物黑麦在8英寸高、地表覆盖率100%情况下，每公顷干物质产量约为2000磅。高度每增加1英寸，干物质增加150磅，然后乘以地表覆盖率。对于大部分小粒谷物类和其他一年生禾草，在株高6英寸、地表覆盖率100%情况下，干物质产量起始值是2000磅/公顷，高度每增加1英寸，每公顷干物质增加300磅，然后乘以地表覆盖率。

切记这只是一种粗略的算法。想知道植株中确切的含氮量，最好送到实验室进行检测。即使有可能推迟计划进程，如果要多次施氮，那么实验室测定结果对经济作物种植会很有帮助。实验室测定是一个好办法，因为它可以评估生长季氮肥需要量。

以下这些经验可能会有帮助。

● 一年生豆科植物开花前，地上部含氮量为3.5%～4.0%（植株越嫩，含氮量越高），花期为3.0%～3.5%。花期后，由于种子发育需要大量的氮，叶片含氮量迅速下降。

● 对于多年生豆科植物，由于纤维化或木质化茎秆所占比例较大，所以这些估计值会降低1%。

● 大部分禾本科覆盖作物花前含氮量为2.0%～3.0%，花期后为1.5%～2.5%。

● 其他覆盖作物，如十字花科或荞麦，含氮量与禾本科相当或略低于禾本科。

将以上两方面合并起来就是：

绿肥中总氮（磅/英亩）=产量（磅/英亩）×含氮量（%）

为了估算这些氮有多少能用于当年的经济作物，可以采取以下方法：如果将绿肥进行传统的翻压还田，将所得含氮量除以2；如果在北方气候条件下的免耕系统中，将其留在地表的话，除以4；如果在南方的气候条件下的免耕系统中将其留在地表的话，除以2。

切记氮在寒冷环境下释放速度明显低于温暖环境，所以这些总量估算是比较保守的。

当然，覆盖作物不是作物所需氮的唯一来源。土壤中每1%的有机物就会释放每英亩10～40磅的氮。温度低、湿润的黏土氮释放量约为10磅，温暖、透水性好的土壤接近40磅。覆盖作物也可以从上年的肥料、绿肥或堆肥中获取氮素。

其他的工具可以帮助精确氮肥需要量。覆盖作物的田间试纸对不同形态的氮接受比率就是一个例子。参考《附录A 在农场做覆盖作物试验》（第210页）关于田间试验

设计的要点。在某些地区，春季进行土壤氮测定可以帮助确定是否有足够的氮可以被有效利用。切记，当有新鲜植株残留的时候，根侧施肥测定不是很准确——由于有大量微生物干扰氮累积，测定结果可能会有偏差。

需要更多关于绿肥和其他改良措施对土壤氮的影响信息的，可参考《东北覆盖作物指南》[360]。

内容由 Marianne Sarrantonio 博士编写

译者注：鉴于本小节内容中各数词为整数，所以译文不将英制单位转换为我国国家标准单位。这里给出换算关系：1 英亩=6.07 亩，1 磅=0.454kg，1 英寸=2.54cm，1 英尺（ft）=30.48cm。

当绿肥翻压还田后，土壤中突然增加了大量新的"食物"。微生物将迅速繁殖以消化这些可利用的碳基能源。在能够分解绿肥前，所有新的微生物都需要一部分氮和其他营养物质进行繁殖。所以，土壤中少量新释放的或已有的矿物氮将被新繁殖的微生物利用。

具有高碳氮比（C:N）的组织具有较低的含氮量，如成熟的禾草、稻草或一些纤维化、木质化的植物残体。它们会"固定"（tie up）土壤中的氮，使其不能移动，直到碳源耗尽。这种固定作用在生长季初期可能持续数周，作物可能由于缺氮变黄，这就是为何含氮量低的覆盖作物灭生后要等上 1~3 周才种植下茬作物的原因。如果等不及的话，施用一些可迅速释放氮的氮源。

一年生豆科植物碳氮比较低，如 10:1 或 15:1。当纯一年生豆科植物被耕翻后，氮的固定就会变得非常短暂，甚至可能难以察觉。

混播，如豆科/禾本科植物混播，会引起一个短暂的固定作用，时间长短由混播作物群体的碳氮比决定。当没有作物根系吸收时，将过多的氮储存在微生物中可能是有益的。

秋季混播要比播种纯豆科作物效果好，可以更有效吸收土壤中过剩的氮，而且正如前面论述的，混播后氮的矿化过程要快于单播纯禾本科作物。秋季混播可以调节土壤氮水平。氮水平较高的时候，禾本科作物将占优势；氮素水平较低的时候，豆科作物占优势。这是一个有效的措施，可以控制氮素淋溶，同时增加了下个生长季氮素的可利用性。

■潜在损失量　　Potential Losses

绿肥的氮素来源于植物，一般会认为使用绿肥可以使氮素的利用更加有效。这未必正确。绿肥系统中的氮素和化学肥料中的氮素一样容易流失，损失总量也相当。这是因为在植物吸收以前，豆科植物中的有机氮就可能转化成铵态氮（NH_4），然后转化为氨气（NH_3）或硝酸盐（NO_3^-）。在免耕系统中，灭生的覆盖作物一直留在地表，产生的氨气可立即返回大气中。

硝酸盐是大部分植物可吸收的形式。但是，硝酸盐也是最易溶于水的氮形态。一旦土壤中的硝酸盐超过植物根系的吸收能力，超出的部分将随雨水或灌溉淋溶至地下。

正如上文提到的，含氮量高的豆科植物（如毛苕子），在压青 7~10 天后每亩就有超过 10.6kg 的氮释放到温暖、潮湿的土壤中。由于下一季作物在这么短的时间内不可能形成足够的根系吸收这些氮素，此时的氮素就会被淋溶。绿肥压青深度可达到 30cm，比任何施用的化学肥料都要深，氮素更容易淋溶。经济作物不需要氮的时候，绿肥仍然在继续分解，这也是淋溶发生的另一个原因。

总之，传统的压青和耙地可导致绿肥迅速降解，后果是在极短的时间内为生长季经济作物提供过多的氮。免耕制度可降低释放速率，逐步释放氮，但是一些氮会以气体的形式损失掉，有两种方式：以氨水的形式挥发，或在氧气不足时（水淹），NO_3^- 通过脱氮作用转化成气体。因此，氮素损失与管理措施、土壤和天气条件关系密切，豆科覆盖作物中的氮可能不一定比肥料中的氮利用效率更高。

以下方法可能解决氮循环的困境：

- 用圆盘浅耕，将绿肥翻入土中，可降低氮以气体形式损失的风险。
- 将经济作物免耕播种或移栽到绿肥田中，然后在 10~14 天后刈割或耕翻行间的覆盖作物，这时经济作物的根系更发达并且能吸收氮，这可能是一种行之有效的办法。这么做存在一定风险，尤其当土壤中水分有限的时候；不过如果能确保幼苗存活的话，这样做效果还是很好的。
- 禾本科/豆科混播的植物残体比纯豆科植物碳氮比高，降低了氮的释放速度，因此这样的植物残体氮损失不大。

注意：绿肥中一部分氮将转化成土壤中的有机物形式，可以在随后的生长季中逐渐释放。

其他土壤改良作用　　Other Soil-Improving Benefits

覆盖作物犹如一把有生命的犁，可以穿透并打破土壤板结层。本书中讨论的一些覆盖作物在一个生长季中根系可到达地下 1m 深，如草木樨和饲用萝卜。许多尖的小直根在植物体内水压的作用下能穿透犁头所不能犁到的地方。禾本科植物具有巨大延展形根系，能够打破表层土壤板结。高丹草可以有效打破板结的底层土壤。更多信息见《夏季覆盖降低土壤紧实度》（第 120 页）。

覆盖作物对土壤有一个比较容易被忽略的好处是可以增加土壤生物总量和多样性。如之前所述，多样性是土壤能健康、良好运转的关键。植株覆盖层可以为以根际副产物为食的微生物提供全年的食物，或为需要土表植物残体作为栖息地的微生物提供栖息场所。死亡的覆盖作物为土壤微生物提供了种类更多也更大量的"食物"。

当然，害虫也可能以此为生。但是，有效的作物轮作，包括覆盖作物，可以降低害虫的发生频率。覆盖作物对害虫管理的注意事项会在《利用覆盖作物控制有害生物》(第25页)讨论。

最后，覆盖作物有个额外的作用是在寒冷潮湿的季节有利于干燥土壤继而促进土壤升温。这种优点也可能带来相反的作用，覆盖作物过度利用土壤水分会导致下季作物生长水分不足。

没有缺点的土壤改良措施是不存在的。但是，包含覆盖作物的长期田间计划可以确保土壤长期的健康和生产力。

利用覆盖作物控制有害生物[*]

覆盖作物正在北美的农场中起着越来越重要的作用。除了减少土壤侵蚀、改善土壤结构和增加土壤肥力外,还可以帮助控制虫害[389]。通过减少翻耕、仔细选择品种、适时适地种植,覆盖作物可以降低害虫、疾病、线虫和杂草的侵害。抗虫型覆盖作物系统可以降低对杀虫剂的依赖,降低成本投入,减少化学品使用,保护环境,并且增加消费者对产品安全性的信任。

农民和研究人员正在利用覆盖作物制定一个新的策略,在保证盈利的同时也能保护田间的自然资源。这个方法的关键在于把农田看成一个农业生态系统——矿物、生物、天气和人力资源参与作物或家畜生产的动态关系。我们的目标是创造出一种农业模式,并让这种模式在环境上可靠、经济上有益、社会上可以接受。

环境可持续的有害生物管理是以建立健康土壤为前提的。南佐治亚州的研究[**]表明,在具有生物活性的土壤中生长的作物对害虫的抗性强于那些肥力低、pH 值极端、低生物活性和结构性差的土壤中生长的作物。

增加土壤生物活性的方法有很多。通过种植覆盖作物,使用肥料或堆肥可以提高生物活性。减少或不用农药有利于有益土壤动植物群体的健康和多样化发展。少耕或免耕会导致土壤结构恶化,引起土壤中生物或有机质损失,这种情况增加了作物感染病虫害的风险。

新开垦的土地可以很好地反映这种过程。树木或草原覆盖 10 年以上的土地仍然可以为条播的作物和蔬菜提供 2~3 年良好的生产力。这种土壤条件下,高产的农作物和园艺作物变得有利可图,因为相对来说杀虫剂和肥料投入少。在常规耕作后,一年生作物需要更多的投入。最初几年过度的耕作会破坏土壤中帮助抑制虫害的土壤生物的食物来源和微生境。一旦具有保护性的自然生物系统遭到破坏,有害生物便更加猖獗,作物将处于危险之中。

单一作物制与覆盖作物种植制是不同的,在单一作物制中有一行行的棉花或玉米就看似完美了,没有考虑要促进生物多样性。覆盖作物可以为土壤种植计划带来更多的生物形式。通过选取多种的覆盖作物,几种作物同时生长在一块田地上,当然就存在更多选择。下文简述了覆盖作物种植制度在有害生物防治方面的工作原理。

---

[*] 本节作者为 Sharad C. Phatak 和 Juan Carlos Diaz-Perez。
[**] 见《佐治亚州种植棉花和花生的农民利用覆盖作物控制害虫》,第 26 页。

虫害防治　　Insect Management

在平衡的生态系统中，昆虫的数量被其天敌维持在一定数量范围内[408]。这些控制昆虫的有机体称为农业系统有益生物，包括捕食者、寄生昆虫和致病微生物。捕食者以昆虫为食；寄生虫幼虫阶段寄生在另一种昆虫体内，幼虫阶段结束后，寄主即死亡。但是，在传统农业生态系统中，合成的化学物质在杀死害虫的同时也杀死了其天敌。保护并增加有益有机体是实现可持续害虫管理的关键。

所有管理措施最终的目标是改善农田土壤的环境以利于有益生物的存活。具体包括：要减少杀虫剂的使用，如果必须使用的话，尽量选择对有益生物损害最小的种类；避免或尽量少使用传统的管理方式（如耕作和火烧），以减少对有益生物的损害和破坏它们的栖境；增加有益生物需要的食物和栖境。管理恰当的覆盖作物可以为有益生物提供水分、生境和以昆虫、花粉、花蜜和蜜露等形式存在的食物。

佐治亚州种植棉花和花生的农民利用覆盖作物控制害虫

蒂夫顿（Tifton）位于佐治亚州西南部。这里的农民已经在田间成功创造出具有生物活性的土壤，而这些土地曾经经历了数代的传统耕作。现在，这里仍然种植着传统的经济作物（如棉花和花生），但是发生了一些变化。我们在作物种植过程中加入了覆盖作物，从根本上减少了耕作，并且加入了一些新的经济作物，这些新添加的经济作物可以在数年内替代棉花和花生，从而打破病害循环，增加生物多样性。

我们的策略是免耕种植（利用改进的传统播种机），保持播种地块不变，控制农机作业量，作物轮作和一年生高留茬的冬季覆盖作物。在改变的第一年，我们在黑麦播种前将肥料和石灰混合，这是我们在未来数年内计划的最后一次耕地。三年内，这些措施对害虫的控制效果显著。

种植户们正在尝试冬季覆盖作物-夏季经济作物的轮作模式。我们所选的覆盖作物可以在该地区良好生长。黑麦可以控制病害、杂草和线虫的发生。豆科植物选择了绛三叶、地三叶和 cahaba 野豌豆（cahaba vetch）。这些豆科植物与黑麦混播或种在农田周边、池塘周围、灌溉渠道附近和其他尽可能靠近农田的非作物区域，这些种植的豆科作物可以为有益生物提供足够的食物，促进其群体扩大。

在与种植棉花和花生的农民合作的过程中，发现他们想要农田多样化。我们建立了以下这种种植模式。

● 第1年：秋季——根据土壤测定校正土壤肥力和 pH 值。如果有必要，进行深耕，打破亚表土土壤板结。种植黑麦、绛三叶、Cahaba 野豌豆和地三叶。春季——条带翻耕（Strip-till），每条带 46~61cm 宽，覆盖作物在条带间生长。3 周后，种植棉花。

● 第2年：秋季——重新播种谷物黑麦或 Cahaba 野豌豆，让绛三叶和地三叶硬实种子发芽。春季——条带翻耕种植棉花。

● 第3年：秋季——播种黑麦。春季——喷除草剂杀灭黑麦，免耕种植花生。

- 第4年：从第1年开始新的循环。

菜农经常将秋播的谷物黑麦在蔬菜种植前压青，或在种植蔬菜前将绛三叶按条带耕翻。绛三叶硬实种子成熟后落到地表，然后植株死亡，大部分种子在秋季发芽。本地区谷物/豆科混播没有比单播覆盖作物显示出更好的效果。

一些菜农在4月按条带耕翻黑麦地，5月初种植豇豆（southern peas）、利马豆（lima beans）或四季豆（snap beans）。条带间的黑麦将全部死亡或基本死亡。黑麦或绛三叶可以继续轮种。

菜农也在3月初撒播绛三叶。他们在4月灭生并按条带耕翻覆盖作物，然后种植南瓜。条带间的绛三叶将在夏季结实，然后死亡。7月南瓜收获后，落在地面的绛三叶种子将在秋季再次发芽，秋季蔬菜也可在耕作区域种植。

从第1年开始，杀虫剂和除草剂用量将降低，第3年或第4年就不再需要杀虫剂和除草剂了。

农民一般用链枷割草机和除草剂灭生秋播的黑麦，留茬高15cm，这样可以抑制杂草生长。他们也可以利用滚压揉切机（roller）灭生黑麦。最初几年使用萌后除草剂1～2次就已足够。不推荐通过耕作除草，因为它增加了土壤侵蚀的风险并且破坏了帮助抵抗植物病害的叶表皮。

下面看一下这种循环在农田中进行3年或3年以上的效果。

- **害虫**。保护性耕作中杀虫剂花费是8.3～16.7美元/亩，低于该区域传统耕作制下的费用。农民选用这一耕作制时，用苏云金杆菌（Bt）、拟除虫菊酯和对环境影响不大的昆虫生长调节剂来替代化学杀虫剂。这些产品在自然环境中残留时间不长，对目标害虫更有针对性，并且对有益生物损害较小。通过在农田附近和其他非作物区域种植覆盖作物，增加了农田环境中的有益生物。

在种植覆盖作物的农田中，像蓟马、棉铃虫、以玉米和烟草等嫩芽为食的幼虫（budworm）、蚜虫、草地贪夜蛾、甜菜夜蛾和粉虱之类的害虫不再是问题。在有覆盖作物和长期轮作的免耕试验小区中，种植花生6年未使用杀虫剂，种植棉花8年未用杀虫剂，种植蔬菜12年未用杀虫剂。笔者正在和利用覆盖作物的农民合作，他们利用覆盖作物和轮作制度来更加经济地生产黄瓜、南瓜、胡椒、茄子、卷心菜、花生、大豆和棉花，生产过程中仅使用杀虫剂1～2次，有时甚至不用。

- **杂草**。在越冬的覆盖作物中按条带翻耕可以为黄瓜提供良好的杂草控制效果[324]。本区域传统的黑麦管理措施是用圆盘耙耙地或用广谱性除草剂（如百草枯或草甘膦）将其灭生。黑麦也可以用滚压揉切机灭生，为后茬经济作物提供良好的杂草控制效果。

- **病害**。从1985年开始，种植绛三叶并按行翻耕来提高番茄、胡椒、茄子、黄瓜、甜瓜、青豆、四季豆、豇豆和卷心菜产量，而不用任何杀菌剂。研究人员6年来一直将花生免耕播种到谷物黑麦中，也从未用过杀菌剂。

- **线虫**。如果一块地从开始就没有严重线虫为害问题，那么这种耕作制度可以持续保持土地不受线虫为害。

即使传统想法认为在现有气候和土壤条件下增加土壤有机质比较困难，但是我们已经把土壤中的有机质从4年前的0.5%提高

> 到 4%。
>
> 我们仍然在学习过程中，但是我们知道轮作、利用覆盖作物和减少耕作次数能很大程度提高持久性。根据我们的经验，每亩投入可降低 33 美元。我们这个作物种植系统的局部设计可以适应很多地区。可以通过小范围的试验感受到土壤和作物的真正变化。在与当地其他农民和研究人员交流的时候，你将发现覆盖作物也可以控制害虫。
>
> 内容由 Sharad C. Phatak 编写

通过在轮作制度中增加覆盖作物，并且不喷洒杀虫剂，有益生物在春季或夏季作物种植时已经就绪。但是，如果将覆盖作物完全与土壤混合，将破坏或分散现有的大部分有益生物。免耕是一种较好的选择，因为它将大部分覆盖作物残茬留在地表。免耕播种仅扰动 5～10cm 宽的范围，但是按条带翻耕要扰动行间近 61cm 宽的范围。

留在地表的覆盖作物可以是活的，也可以是暂时受到抑制的，快要死亡的或已经死亡的。无论如何，它们的出现保护了有益生物和它们的栖息环境。有益生物已经做好了消灭播种在覆盖作物残茬上的经济作物害虫的准备。最终目标是为有益生物提供全年的食物和栖息地，确保它们存在于经济作物中或靠近经济作物。

我们对耕作顺序和覆盖作物对有益生物和害虫群体影响的了解才刚刚开始。研究人员发现，非专性捕食性昆虫可能是一种重要的生物控制因素，它以多种物质为食。当害虫缺乏的时候，非专性捕食性昆虫能以覆盖作物提供的蜜露、花粉和一些小动物为生。这些研究结果表明，可以利用覆盖作物加强害虫的生物防治，因为覆盖作物可以作为有益生物的栖息场所或食物。

这种理论对于在南方受虫害影响严重的农民非常有用。佐治亚州南部的研究表明，有益昆虫的群体，如小花蝽（*Orius insidiosus*）、大眼长蝽（*Geocoris* spp.）和各种瓢虫可以在各种野豌豆、三叶草和某些十字花科作物中高密度出现。这些捕食者以蜜露、花粉、蓟马和蚜虫维持生命和进行繁殖，在主要害虫出现以前就已经完成种群的建立。佐治亚州、亚拉巴马州和密西西比州的研究表明，在冷季型覆盖作物后期套种夏季蔬菜，会有一些有益昆虫迁入捕食害虫。

当作物受到害虫侵袭时，会释放化学信息吸引有益昆虫来捕食害虫[419]。

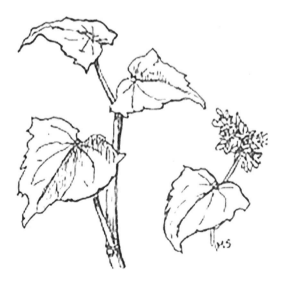

在冷凉潮湿的天气条件下，荞麦生长迅速。

IPM* 的主要目标是尽可能利用自然捕食者-害虫之间的相互作用,而覆盖作物可以发挥很好的主导作用。例如,

- 据观察,科罗拉多马铃薯叶甲在上午 9 时会侵袭在绛三叶中播种的茄子;而猎蝽在中午前便会包围采食茄子的叶甲,并在夜晚来临前捕食完所有的叶甲。
- 有益生物可以在 1 天之内将危害黄瓜的黄瓜叶甲消灭干净。
- 覆盖作物系统中的瓢虫可以控制危害多种作物的蚜虫。

恰当选择和管理覆盖作物可以改善有益生物所需的土壤和农田环境。其成功的前提是经济作物与覆盖作物的合理搭配及适当的管理,并且对害虫威胁有预先的判断。虽然还没有种植方案来保证为经济作物带来所必需的有益生物,但我们发现了其中的一些联系。例如:

- 在佐治亚州南部蔬菜田中鉴定出 13 种已知的有益昆虫和覆盖作物有关系[53, 55, 57]。
- 在佐治亚州南部未使用杀虫剂的棉花残茬上观察到超过 120 种有益的节肢动物、蜘蛛和蚂蚁。
- 在果园中秋播和春播的 10~20 种适合昆虫存活的不同覆盖作物,有益昆虫存活率表现良好。这些覆盖作物为有益昆虫提供了栖息环境和不同食物。参与加利福尼亚大学果园生物密集系统(Biologically Intensive Orchard Systems,BIOS)项目的农民,在扁桃和胡桃种植中成功地利用了这种方法[183]。

生态可持续性水平取决于种植者的兴趣、管理技术和生产条件。一些农民在花生、棉花和蔬菜种植中已不再使用或不断减少使用杀虫剂。

- 在佐治亚州、密西西比州和南卡罗来纳州,在棉花种植前免耕播种绛三叶或 CAHABA 野豌豆,可以减少 50%的氮肥及 30%~100%的杀虫剂使用。
- 在毛苕子或野豌豆/黑麦覆盖作物中移栽番茄、胡椒和茄子可以抑制杂草、虫害和病害的发生,改善蔬菜品质和降低生产投入。
- 当刈割或翻耕的时候,保留部分覆盖作物可为有益生物提供栖息场所和食物来源,如果没有这样的条件,有益生物可能会迁移或死亡。在果园中使用这种方法,继续生长的覆盖作物会与果树竞争水分。

> 覆盖作物可以提高土壤和农田的环境质量,利于益虫的生存。

- 借昆虫运动之势,俄克拉荷马州州立大学为美洲山核桃(pecans)种植者设计了一套生物防治方法。豆科覆盖作物衰老后,有益昆虫就会迁移到果树上捕食害虫。从 8 月 1 日到美洲山核桃(pecans)剥壳分裂期间不刈割覆盖作物,可以减少危害未成熟美洲山

---

* 译者注:IPM 是指"有害生物综合防治",是 1967 年联合国粮农组织提出的一个管理理念。

核桃蟥的活动[260]。在加利福尼亚州，埃及三叶草或苜蓿中的草盲蟥是经济作物的害虫，所以要注意覆盖作物成熟或灭生后不会使害虫迁移到邻近的经济作物中。

■ 病害控制　Disease Management

将植物残体用铧式犁翻入地里，可以使病害损失降到最低[320, 321, 402, 404, 405]。但现在发现，掩埋覆盖作物的残体扰动了整个土壤层，破坏了有益昆虫的生存环境和植物残茬对杂草的抑制。所以，在保护性耕作下要加强病害管理而又不掩埋覆盖作物。

田间植物被微生物感染不是十分容易的事[313]。病原体要感染根、茎或叶片需要克服许多植物屏障。可以利用覆盖作物加强以下两类屏障作用。

植物角质层（Plant cuticle layer）　这些通常是蜡质的表皮，是穿透植物的第一层屏障。许多病原体和所有细菌是通过该层破损的地方进入植物体内的，如伤口或自然开口（气孔）。耕作、喷雾、风蚀、植株间摩擦、降雨引起的土壤飞溅和顶部灌溉等物理方式会破坏这个保护层。农药喷雾助剂也会破坏蜡质表皮导致疾病发生，如葡萄灰霉菌（*Botrytis cinerea*）引起的腐烂[355, 366]。少耕或免耕制度中如果有覆盖作物的话，就不需要通过耕作来控制杂草，而且还能减少农药喷雾。覆盖作物可以形成有生命力的、枯萎的或灭生的保护层，这个保护层可以保持土壤，阻止降雨引起的土壤飞溅，进而保护作物表皮不被伤害。

植物表面的微生物群落（Plant surface microflora）　在植物叶片和茎的表面生活着许多有益微生物。它们可与病原体竞争有限的营养。一些微生物可以分泌天然的抗生素。附生植物的细菌在植物表层黏着形成多细胞结构的生物膜（biofilm）[338]。生物膜在植物抵御病害中可起重要作用。杀虫剂、脂肪酸盐、表面活性剂、播种机和黏着剂能杀死或干扰这些有益微生物，降低植物对病原体的抗性[355, 366]。覆盖作物可以减少人工合成植保材料的使用，并提高这一天然保护机制的功效。此外，覆盖作物植株表面可以保持有益微生物群落的健康，包括各种酵母，这些酵母可以转移到播种的或移栽的经济作物上。

土传病原菌严重影响了美国南部蔬菜和棉花的产量[403, 404, 405]。立枯丝核菌（*Rhizoctonia solani*）、杨梅腐霉（*Pythium myriotylum*）、瓜果腐霉（*Pythium aphanidermatum*）和畸雌腐霉（*Pythium irregulare*）是为害最严重的病原真菌，这些真菌可以引起黄瓜、四季豆和其他蔬菜的立枯病发生。白绢病菌（*Sclerotium rolfsii*）可以引起所有蔬菜、花生及棉花腐烂。由于真菌可能损害主根或次生根、下胚轴和茎，被感染的植株即使没有死亡也可能会发育不良，导致产量和质量的下降。但是，南佐治亚岛农场的试验和研究表明，免耕制度中加入覆盖作物 2~3 年后，立枯病的发生已经不是很严重。土壤中有机物的增加可以增强病害抑制作用，从而减少病害的发生和降低危害程度。

尽管如此，在病原体数量庞大的土壤中，仅利用覆盖作物降低土壤中病原体数量是需要一定时间的。缅因州有关燕麦、花椰菜、白羽扇豆（*Lupinus albus*）和紫花豌豆（*Pisum sativum*）的研究表明，要想有效降低立枯丝核菌（*R. solani*）引起的马铃薯病害损失可能需要 3～5 年时间[239]。然而也有种植一个季度就产生效果的。例如，爱达荷州的研究表明，在种植高丹草后马铃薯的黄萎病（*Verticillium* wilt）减轻了 24%～29%。与种植大麦或休耕相比，种植高丹草的美国一号马铃薯产量增加 24%～38%[393]。

选择适宜覆盖作物，控制有害生物

许多植物可以用作覆盖作物，但是仅有少部分可以用于防治经济作物和农田中的害虫。

尽可能了解覆盖作物品种，对有效管理覆盖作物有很大的帮助。下面列举了几种广泛应用于保护性耕作下抑制病虫害、线虫和杂草的覆盖作物。

- **谷物黑麦**（*Secale cereale*）：这种冬季一年生谷物是美国本土种植最广泛的多功能覆盖作物。保护性耕作下管理良好的黑麦，可以降低土传病害、线虫和杂草的危害。黑麦不是根结线虫和土传病害的寄主。它具有庞大的生物量，通过地表覆盖和化感作用可以有效控制杂草。生长阶段，黑麦可以为有益昆虫提供栖息环境，但不能为其提供食物来源。因此，仅有少量的有益昆虫可以在黑麦中生活。秋播黑麦可以有效降低后茬棉花、大豆和大部分蔬菜田的土传病害、根结线虫和阔叶杂草，但黑麦不能控制禾本科杂草。由于黑麦可以导致免耕种植条件下地老虎（cut worm）和金针虫（wire worm）数量增加，故在这些害虫危害比较严重的作物中，如玉米、甜玉米、高粱和珍珠粟中，黑麦不是最佳的覆盖作物。

- **冬小麦**（*Triticum aestivum*）：一种冬季一年生谷物，冬小麦适应范围广，在控制病害、线虫和阔叶杂草方面与黑麦类似。因为生物量较低、化感作用较弱，冬小麦在控制杂草方面没有黑麦效果好。

- **绛三叶**（*Triticum aestivum*）：一种广泛用于东南部的自播冬季一年生豆科作物，秋播的绛三叶会导致土传病害的发生，如腐霉-丝菌核（pythium-rhizoctonia）综合体和根结线虫。绛三叶通过形成厚的覆盖层，可有效抑制杂草。通过给有益昆虫提供栖息环境和食物，绛三叶对有益昆虫的生存非常有利。由于部分品种有"硬实"不利于种子的萌发，因此需要在春末控制绛三叶以便其在晚夏或秋季进行自播。

- **地三叶**（*Trifolium subterraneum*）：自播一年生豆科植物。秋播地三叶与绛三叶一样会引起土传病害和线虫发生的风险。在南部腹地，地三叶低矮和浓密的生长习性可以更有效地抑制杂草。地三叶支撑高水平的（数量或/和质量）有益昆虫。

- **Cahaba 野豌豆**（*Vica sativa* × *V. cordata*）：这种冷季一年生豆科植物是一种杂交野豌豆，会增加土传病害的风险，但是可以抑制根结线虫的发生。它有利于有益昆虫生长，但也会大量吸引一种危害严重的害虫——牧草盲蝽。

- **荞麦**（*Fagopyrum esculentum*）：夏季一年生非豆科植物，在播种较密的情况下对杂草的抑制非常有效，同时有利于高密度有益昆虫的生存。荞麦适宜连续种植在非作物区域，为有益昆虫提供食物和栖息地，对蜜蜂有巨大的吸引力。

设计优化的作物轮作方案可以使覆盖

作物和经济作物的收益最大化。在免耕制度下种植黑麦可从根本上减少根结线虫、土传病害和阔叶杂草。在农田和在非耕作区域中种植三叶草和野豌豆，可以增加有益昆虫的种群数量，有助于将害虫控制在可控范围内。混播小粒谷物和豆科植物可以将两者优势结合起来，规避各自的缺点。

由于各种农药（杀菌剂、除草剂、杀线虫剂和杀虫剂）使用量减少，农田环境的自我调节能力得到恢复，降低了虫害大爆发的风险。在非耕作区种植覆盖作物可进一步增加有益昆虫的栖息地，有助于传粉昆虫和害虫掠食者的繁殖，但是也要监控潜在害虫的风险。研究人员才刚开始了解怎样管理这些"昆虫导向型种植制度"。

内容由 Sharad C. Phatak 编写

编者注：除了 CAHABA 野豌豆，列出的每种覆盖作物都包含在图表中（第 72 页和之后的图表），也均在相应的章节有所介绍。

■ 线虫管理　　Nematode Management

线虫是小型的寄生虫，它们直接或间接影响植物。一些线虫以根和弱小的植物为食，而且通过采食的伤口传播病害。大部分线虫不是植物寄生虫，它们以真菌、细菌和原生动物等土壤微生物为食，而且能与那些微生物相互作用，危害植物。植物寄生线虫的损害包括导致植物组织功能障碍，如损伤或枯黄；细胞生长迟缓，表现为生长速度或发芽速度变慢；或过度生长，如根瘤、根尖肿大或不正常的根部分枝。

如果同时有多种线虫存在，那么没有任何一种会处于主导地位。这种共存性在上述未受干扰的农田或林地普遍存在。

在传统种植制度中，有害线虫有充足的食物而且土壤环境有利于其生长。这种情况可以导致植物寄生线虫、病害的迅速蔓延，造成作物减产。在种植制度中增加生物多样性可以有效防止线虫的发生，而且随着种植时间的延长，效果越加明显。原因可能包括动态的土壤生态平衡和具有更高有机物含量的健康土壤结构[5, 244, 423]。密歇根州一些农户种植两年萝卜后，有效控制了马铃薯的线虫，改善了马铃薯的生产，并且降低了虫害控制成本[269, 270]。

一旦某种线虫在农田中建群，通常是不可能彻底除掉的。如果在已经感染了有害线虫的作物前后种植某些覆盖作物，可能会使有害寄生线虫危害更大。

如果某种线虫不能通过种子、移栽和机械设备传播，而土壤中该种线虫数量也不多，种植易感线虫的覆盖作物也不会引起损害（对经济作物）[356]。研究人员分析了艾奥瓦州农民 Dick Thompson 的农田，没有证据表明大豆胞囊线虫（soybean cyst nematode）的寄主毛苕子激发大豆田害虫发生。这可能是由于他采用了燕麦/毛苕子的混播和燕麦/毛苕子>玉米>大豆的轮作制度。

通过特定的覆盖作物可以逐渐减小农田线虫种群或限制线虫对作物的影响。加入覆盖作物的线虫控制措施有：

● 调控土壤结构和土壤腐殖质。

- 与非寄主作物轮作。
- 利用具有杀线虫功能的作物，如芸薹属植物。

覆盖作物也可以改善经济作物整体活力，进而减轻线虫对产量的影响。但是，如果怀疑土壤中有线虫危害，可以送一份土样到实验室进行检测。然后确定所选的任何覆盖作物均不能成为该种线虫的寄主。具体的覆盖作物选择可以咨询当地的 IPM 专家。

利用芸薹属植物和许多禾草作为覆盖作物有利于控制线虫。具有杀线虫特性的植物包括：高丹草（*Sorghum bicolor*×*S. bicolor* var. *sudanese*）、万寿菊（*Tagetes patula*）、毛槐蓝（*Indigofera birsuta*）、大托叶猪屎豆（*Crotalaria spectabilis*）、柽麻（*Crotalaria juncea*）、迪林油麻藤（*Mucuna deeringiana*）、油菜（*Brassica rapa*）、芥菜和萝卜（*Raphanus sativus*），这些植物均可抗至少一种线虫。

为防治有害线虫，必须选择与有害线虫种类相对应的覆盖作物，并且适当管理覆盖作物。例如，北卡罗来纳州的研究表明，将棉田中的谷物黑麦残茬留在地表或翻入几厘米深的土壤后，对哥伦比亚纽带线虫（Columbia lance nematodes）的抑制效果优于用铧式犁深翻的效果。相关的温室试验表明，翻入土壤中的黑麦也可有效防治根结线虫、肾形和毛刺线虫[20]。

1994 年在怀俄明州甜菜地中的研究表明，麦芽大麦、玉米、萝卜和芥菜在控制甜菜线虫方面与标准的杀线虫剂效果相当。产量增加的效益远大于种植覆盖作物的成本，并且在油菜地上放牧小羊羔不会降低其对线虫的抑制作用。这种成功是以有限的线虫密度为前提的。只有在每立方厘米土壤中线虫卵或幼虫数目少于 10 个的情况下覆盖作物才有作用。11 周左右后可使中等水平的甜菜线虫种群数量降低 54%～75%，每亩甜菜增产 667kg[230]。

杂草控制　　Weed Management

覆盖作物因为具有营造冠层遮阴、与杂草竞争作用而被广泛利用。谷物建植速度快，可与杂草竞争生长所需的水分、肥料和光照。高丹草和荞麦是暖季型覆盖作物，除可以通过以上方式抑制杂草外，还可以通过植物分泌的化感物质抑制杂草。

谷物黑麦是一种越冬作物，可以通过物理和化学两种方式抑制杂草。黑麦残茬留在土壤表面可以释放化感物质抑制许多一年生小种子阔叶杂草幼苗的生长，如苋（pigweed）和灰藜（lambsquarters）。禾本科杂草对黑麦的反应各不相同。在免耕蔬菜移栽系统中，黑麦作为灭生有机覆盖作物被广泛使用。

如果完整保留茎秆，那么灭生的覆盖作物作用效果将持续较长时间，可为夏季蔬菜提供良好的杂草控制效果。经过特殊改装的两种工具可以促进覆盖作物控制杂草能力。地下切割机的宽刀片从隆起的畦床土表下切割，将覆盖作物地上部和根部分开。附加旋转耙效果更佳[95, 96, 97]。Buffalo 茎秆切割机不直接耕翻，但是它可以将茎秆有效地压弯然后在地表刈割[302]。两种工具在开花中期或之后刈割豆科植物，均可以取得良好的效果。

俄亥俄州的研究表明，灭生的黑麦、毛苕子、绛三叶和大麦混播覆盖作物可以保持番茄田近 6 周几乎无杂草，这个时间长度很重要，因为其他研究证明，番茄地保持 36 天无杂草的产量与整个生长季无杂草的产量相当[97, 150]。滚压揉切机是另一种灭生覆盖作物的方式[13]。滚压揉切机可以将覆盖作物压倒并揉切，形成一个覆盖作物残茬组成的草层，这个草层可有效控制杂草。

在蔬菜生产中，覆盖作物通过地表覆盖来控制杂草生长。覆盖作物在经济作物行间生长，可以遮挡阳光，同杂草竞争养分和水分。这些覆盖作物同时可以提供有机质、氮素（如果是豆科植物）和从土壤深层吸收的其他养分，为有益昆虫提供良好的栖息环境，防控土壤水蚀和风蚀，形成适合机械行进作业的草皮。

为了避免同经济作物的竞争，可以通过化学或物理方法抑制覆盖作物生长。东南部地区，某些冷季型覆盖作物在夏季作物生长期间会自然死亡，不会竞争水分和营养，如绛三叶。但是，除非生长被充分地抑制，否则春季和夏季再生的覆盖作物会同春播经济作物进行激烈的水分竞争，如地三叶、白三叶和红三叶。

在纽约州，种植马铃薯3周后覆播覆盖作物可以提供良好的杂草抑制效果，减少70%的除草剂使用量。在两年的研究中，与常规的除草剂控制杂草的对照小区相比，试验区马铃薯产量没有变化或稍有下降。必要时，可施用吡氟禾草灵和嗪草酮抑制毛苕子、毛荚野豌豆、燕麦、大麦、红三叶和混播燕麦/毛苕子的生长[340]。

覆盖作物通常在生长前期抑制杂草，随后可防止土壤侵蚀或提供养分。例如，耐阴豆科覆盖作物（红三叶或草木樨）与春播谷物同时播种，谷物收获后，这些覆盖作物迅速生长，可以在夏末防止杂草入侵农田。大豆叶黄时覆播的多花黑麦草或燕麦可在霜冻前控制杂草，并且形成地表覆盖抑制冬季一年生杂草。

杂草和作物在健康的土壤上都能良好地生长，在免耕条件下，如果不使用除草剂，那么控制杂草非常困难。长期杂草控制策略应包括：

- 减少土壤中的杂草种子。
- 阻止杂草结实。
- 设备运移到不同地块或农场前需清理。
- 在保护性耕作制中利用覆盖作物控制杂草。

覆盖作物几乎是任何农场中控制有害生物的重要部分。随着对覆盖作物控制有害生物优势的了解，它们在经济和环境两方面的前景将更具吸引力。传统研究将会验证一些以生物学为基础的新的农作制度。然而，只有那些真正地突出覆盖作物在可持续农业生产中的作用的农民才知道如何将农业生产各要素整合在一起。

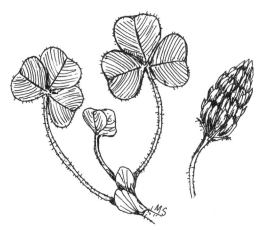

绛三叶是冬季一年生豆科植物，春季生长迅速并固定大量的氮。

与覆盖作物轮作

适应现有的轮作制度或发展新的轮作制度以充分发挥覆盖作物的功能是覆盖作物种植利用最大的挑战之一。本节将讨论在美国不同地区得到成功应用的一些种植制度。也许某个种植制度可能会比较容易适应现有的作物、设备和管理。其他的例子可以为改变现有轮作制度提供参考,使加入覆盖作物后经济效益更好、可操作性更强。

无论是在已有轮作制度中增加覆盖作物,还是彻底更新种植制度,都必须将覆盖作物与经济作物一样认真管理,否则会导致覆盖作物的引入失败,引起种植制度中的其他问题。同时也请注意,单一的覆盖作物可能很难满足农田需要。

开始以前请做到以下几点:

- 回顾《覆盖作物的功能》(第4页)和《选择最佳覆盖作物》(第8页)。
- 确定覆盖作物的哪种功能对你最重要。
- 阅读本节例子,考虑这些覆盖作物的轮作是否可能适应当地特殊条件。
- 和邻居及其他的当地专家讨论,包括联系《附录E 各地区专家信息汇总》(第227页)名单中的人。
- 在可以经常观测的地方进行小范围试验。
- 保持乐观并善于把握机会,如果田间种植计划被不可抗力(如气候或其他条件)所破坏,那么这也可能是建植一种覆盖作物的理想契机。
- 考虑种植一种早熟的经济作物,以便及时种植覆盖作物。
- 覆盖作物可以作为饲料,考虑作为牧草收获或放牧家畜(如绵羊和山羊)。

本书的目的是发现覆盖作物的好处,无论你的种植制度是什么样的。如果需要进一步科学分析不同作物耕作制度下的覆盖作物,请参见附录F所列文献[77]、[106]、[361]、[389]。

■适宜玉米带谷物和油料生产的覆盖作物 Cover Crops for Corn Belt Grain and Oilseed Production

为了增加冬季地表覆盖和改善土壤结构,在玉米>大豆轮作制中,氮的管理可能是决定种植哪种覆盖作物的主要考虑因素。秋播禾草或小粒谷物将吸收上季玉米或大豆作物所残留的氮。豆科植物的氮吸收效率相对低得多,但可以为下季作物提供更多的氮。豆科/禾本科混播在两个方面均可取得良好效果。

玉米>大豆轮作制　　Corn>Soybean Systems

在玉米>大豆种植实践中一定要切记，玉米需氮量较大，大豆获益很少，如果全部从覆盖作物获取氮，那么春季覆盖作物在玉米前比在大豆前生长时间要短。

▲注意事项　　使用除草剂前，要事先检查标签所注的植物反应或用药间隔，确定覆盖作物不会受到不利影响。

覆盖作物特征：**黑麦**提供冬季地表覆盖，吸收种植玉米后土壤中残留的氮，残茬可长期持留（6～12周），并为大豆田保持土壤水分和抑制杂草。**毛苕子**可提供大量氮，增加春季地表覆盖并且为免耕玉米提供较长时间的覆盖（4～8周）。**紫花豌豆**（field peas）与毛苕子类似，但残留物分解较快。**红三叶**也类似，但提供氮较少，春季再生能力较弱。**埃及三叶草**（berseem clover）生长迅速，可以作为高氮绿肥刈割数次。

以下有几种种植模式供选择。

玉米>黑麦>大豆>毛苕子　　Corn>Rye>Soybean>Hairy Vetch

在耐寒分区第7区及更温暖的地区，每年都可以在玉米和整季大豆中种植覆盖作物。在两年三茬的轮作（玉米>小麦>双季豆）中，在豆类前也可以利用小麦或其他小粒谷类作物替代覆盖作物。一般情况下，可以用豆科植物或禾草/豆科混播来替代单一的覆盖作物。在适宜的地区，可以利用绛三叶或绛三叶/禾草混播替代毛苕子。

在更冷凉的地区，玉米收获后要尽快种植黑麦。如果秋季需要更多时间，那么在初秋大豆脱水的叶黄期，或初夏玉米中耕作时，可以尝试在行间覆播。播种方式包括飞播（如果此项服务比较经济），利用窄轮高车身拖拉机，或在中耕机上拖载撒播机、气流式播种机或条播机械。

▲注意事项　　在直立生长的作物中撒播覆盖作物的效果不如其他播种方式可靠。成功的播种取决于许多因素，如播种后足够的降雨量和降雨分布。

在黑麦长至膝盖高时将其灭生，或在种植大豆前数周将其灭生。利用除草剂灭生黑麦时，由于不整地，免耕窄行播种大豆，覆盖作物生长时间更长。如果土壤水分含量较低，应考虑较早灭生黑麦。大豆后种植毛苕子或毛苕子/小粒谷物混播。

豆科植物必须在距霜冻发生至少6周之前播种，以确保其安全越冬，可在大豆收获后条播或在大豆落叶前覆播。让毛苕子（或其混播）在春季尽可能地长时间生长，以便固定尽可能多的氮。

甜玉米、籽实玉米或青贮玉米收获后为及时种植覆盖作物留下较充足的时间。如果需要饲喂家畜，那么可在春季收获小粒谷物或豆科植物/小粒谷物混播作物，或放牧。具体管理措施参见介绍各种覆盖作物的独立章节。

> 种植者正在寻找可以适合玉米>大豆轮作制种植的小粒谷物。

宾夕法尼亚州，Ed Quigley 在青贮玉米收获后，种植黑麦或春燕麦。如果在 9 月初播种，那么这些燕麦可以在秋季刈割作为青贮。第二年春季免耕播种玉米前，黑麦可以制作成青贮或喷雾灭生后留在地表。

因为要等覆盖作物成熟而担心玉米播种时间延迟？ 马里兰州、伊利诺伊州和其他地方的研究证明，在豆类覆盖作物即将生长结束之前免耕种植玉米会有所回报。延迟种植可比提前种植获得更高的产量，主要是因为延迟种植后土壤水分含量更高、覆盖作物提供的氮更多，这或许与夏季干旱有关[82, 84, 299]。但是，宾夕法尼亚州的研究结果表明，在利用覆盖作物黑麦时推迟播种有时候可能会降低玉米产量[118]。

查阅你所在地区的品种试验数据，找一种与较晚熟玉米产量相当的早熟玉米。种植覆盖作物的收益可能弥补减产造成的损失。

担心土壤水分问题？ 毫无疑问，覆盖作物可能会消耗下季作物所需的土壤水分。在湿润的地区，这个问题仅发生在异常干旱的春季。时间允许的话，灭生覆盖作物 2~3 周后这种情况会减轻。虽然春季降雨可以弥补大部分在正常播种时间前的覆盖作物的需水量，但是覆盖作物仍会迅速消耗土壤水分。春末灭生的覆盖作物植物残体在保护性耕作中可以保持水分并且增加产量。

在南部大平原的干旱地区，缺水限制了覆盖作物的利用（见《旱地谷物—豆类作物种植制度》，第 44 页）。

在任何种植制度中使用累积的土壤水分种植经济作物都需要格外小心。但是，正如本书所述，农民和研究人员正在寻找节水的覆盖作物，这些覆盖作物甚至可以代替休耕一年，且不会对经济作物造成不利影响。

■玉米>黑麦>大豆>小粒谷物>毛苕子　　Corn>Rye>Soybean>Small Grain>Hairy Vetch

这种轮作类似于上述玉米>黑麦>大豆轮作，只是在大豆后增加了一季小粒谷物。不同地区的轮作研究显示，随着时间的延长，轮作的优势逐渐体现出来，能逐渐减少连作中存在的杂草、病害和虫害问题。

小粒谷物残茬可以提供有机物，改良土壤，且冬季谷物在大豆收获后有利于疏松土壤和防止整个冬季的土壤侵蚀。

生长季的长短决定大豆收获后如何种植覆盖作物。如果在大豆收获后需要及时播种，可以考虑种植早熟大豆。但是，需要计算覆盖作物带来的好处是否可以抵消大豆产量下降的损失。如果在大豆收获后没有足够时间种植豆类覆盖作物，宁可种小粒谷物也不要什么都不种。

小粒谷物可以吸收大豆收获后土壤中的残留氮。豆科覆盖作物可以降低后茬玉米的氮肥施用量。如果豆科覆盖作物不能在距霜冻发生至少 6 周之前播种，可以考虑在大豆落叶或最后一次中耕时撒播。

▲**注意事项** 毛苕子种子存在硬实，将在后茬的小粒谷物作物中自播。

中南部地区地势较低，可采用玉米>绛三叶（可以到结实）>大豆>绛三叶（自播）>玉米的交替轮作制度。播种大豆前允许绛三叶结实，种子将在夏末大豆田中萌发。在下个春季播种玉米前灭生绛三叶。可能的话，玉米收获后另选一种覆盖作物以避免连续种植绛三叶存在的虫害和病害问题。

▲**注意事项** 如果玉米收获后土壤中水分有限，那么套播时选择不影响后茬大豆的覆盖作物。利用 Insecticide Boxes 或其他装置将覆盖作物在行间播种，可减少与大豆的竞争。

3 年制：玉米>大豆>小麦/红三叶 3 Year：Corn>Soybean>Wheat/Red Clover

这种植制度在威斯康星州表现良好，可为玉米提供氮，同时抑制杂草，提高作物抗病虫害能力。在这个种植制度中，土壤有机质含量的增加提高了阳离子交换能力。还可以利用豆科植物所固定的氮，由于氮肥价格不断升高，这个种植制度在近几年效益更佳。

中西部以北的种植户可以在现有的玉米>大豆轮作中加入小粒谷物。大豆收获后播种小粒谷物可以用作覆盖或收获籽实。当种植小麦或燕麦来收获籽实时，可在 3 月顶凌播种红三叶或草木樨，收获小麦或燕麦籽实后，让三叶草继续生长直到其在秋末成为优势植物，在接下来的春季种植玉米。如果情况允许，秋季利用双翼除草铲（sweeps）和凿形松土犁再次进行耕作，调整深度约为 5cm，切割三叶草根颈，促进三叶草生长。

还有一种做法是待小粒谷物成熟，收获后（在 7 月或 8 月）播种毛苕子或埃及三叶草等豆科覆盖作物。霜冻前土壤含水量是影响小粒谷物迅速发芽和正常生长的主要因素。对于美国北部大部分地区，大豆收获后没有时间种植豆科植物，除非可以飞播或在最后一次中耕撒播。如果种植春季谷类作物，那么可直接将红三叶或草木樨和小粒谷物一起播种。

艾奥瓦州的研究是比较免耕制度和传统种植制度中使用猪粪堆肥的玉米>大豆>小麦/三叶草轮作的差异。3 月，在小麦田中顶凌播种埃及三叶草或红三叶。免耕小区的玉米和大豆第一年产量降低，小麦产量未受影响。但是，一项持续 4 年的研究表明，在每年使用猪粪堆肥的情况下，前两年两个种植制度中玉米和大豆的产量一样[384]。

连续种植两季大豆后需要降低土壤中的病原菌数量，在玉米>大豆轮作中加入小粒谷物有利于控制大豆田中的大豆菌核病（white mold）。谷物/豆类混播可吸收利用上季大豆固定的氮，这种模式有利于冬季保持水土，还可固氮为下季玉米利用。三叶草或毛苕子可以收获种子，红三叶或黄花草木樨（yellow clover）可以留作第二年的绿肥。

对于艾奥瓦州饲养家畜的农场来说，春天混播燕麦/埃及三叶草是有效的方式。在干旱年份混播可提高燕麦籽实产量，湿润年份混播可提高埃及三叶草产量。这两种情况均增加了土壤有机质且改了土壤结构。埃及三叶草开花期耕翻用作绿肥，在此之前可多次刈割利用。

▲**注意事项** 小粒谷物和毛苕子混播可能导致谷物清选困难。为了防止这种情况出现，可在小粒谷物收获后播种毛苕子，下季种植小粒谷物时要注意毛苕子的自播。虽然毛苕子利用除草剂较易控制，但是一旦小麦种子中混有毛苕子种子，将造成清选困难。

蔬菜生产中的覆盖作物　　Cover Crops for Vegetable Production

在蔬菜种植体系中可种植覆盖作物的空闲期较多。春季早播蔬菜收获后到秋季蔬菜播种前的1~2个月的空闲期可以种植生长迅速的暖季型覆盖作物，如荞麦、豇豆、高丹草或其他适应当地条件的作物。与其他种植体系一样，可在冬闲田中种植一年生覆盖作物。

在水分充足的地方，蔬菜田中可覆播覆盖作物。蔬菜收获后，覆盖作物开始快速生长。要选择耐阴、耐践踏的覆盖作物，特别是对于多次收获的蔬菜田。

覆盖作物特征：燕麦生物量大，冬季受冻枯死，不用春季人工灭生和耕翻，是春播豆类蔬菜的良好保护作物。**高丹草**根系深，植株高，叶片多，初霜时死亡。**黄花草木樨**是深根型豆科作物，第二年可以作为绿肥刈割数次。**白三叶**是持续性好的多年生、固氮量大作物。**芸薹属植物与芥菜**有利于控制虫害和促进土壤养分的活化。**毛苕子和籽实型黑麦**混播运用于蔬菜种植体系越来越多，可以吸收土壤残留养分并且增加氮的供应。

> 小粒谷物残体提高有机质含量，改良了土壤，还可防止冬季的土壤侵蚀。

在耐寒分区第5区及更冷地区，四季豆或甜玉米收获后，可种植黑麦、燕麦或夏季一年生作物（在8月），增加土壤（特别是沙性土壤）的有机质含量，并防止水土流失。在下一年春季进行化学灭生或耕翻，或留下一些未灭生的条带继续防止风蚀。

东部或中西部如果有全年种植覆盖作物的条件，可在春季播种毛苕子，可全年生长，秋季开始枯萎。下个春季，免耕播种甜玉米或饲用玉米或另一种喜氮作物。如果冬季有充足的积雪覆盖，那么8月1日后播种的毛苕子在大部分地区可以安全越冬。待来年春季生长至初花期后收获，以提高固氮量。残茬可为免耕移栽或免耕种植提供覆盖，然后种植夏季作物。

早春蔬菜收获后可立即种植多花黑麦草，生长1~2月后将其灭生翻入土中，种植秋季蔬菜。

一些农民通过精心搭配不同生长高峰期、根系深度和形态、顶端生长的覆盖作物，以实现最佳的杂草防除效果，参见《全年种植覆盖作物控制顽固杂草》。

全年种植覆盖作物控制顽固杂草

宾夕法尼亚州特劳特伦郡（Trout Run）——全年种植覆盖作物，结合集约化耕作，帮助Eric和Anne Nordell控制蔬菜田中包括匍匐冰草（quackgrass）在内的杂草，也利用该制度防治虫害。

这对夫妇在宾夕法尼亚州北中部农场试验了多种覆盖作物防治匍匐冰草。该种植制度最初由西北太平洋地区一个草本营养品农场（commercial herb farm）提出，Nordell夫妇将其不断改进以适应不断变化的情况。

Nordell夫妇在蔬菜田休耕年份种植冬季覆盖作物抑制杂草和改良土壤。结合夏季翻耕，覆盖作物可防止一年生杂草结籽。在了解了少耕的益处后，他们继续改进耕作方式——不论在什么时候尽可能减少耕作强度。

在种植蔬菜前，定期使用覆盖作物可改善土壤质量并且减少土壤侵蚀，同时增加了土壤水分的积蓄。"就根系而言，蔬菜对土壤的回报非常低。"Eric说，他经常在会议上演讲，"收获生菜后，土壤里什么也留不下，种植蔬菜的同时，我们试图改良土壤。"

持续的改良对蔬菜种植十分重要。20世纪80年代初，他们刚刚建立为期四年的轮作周期时，牧草盲蝽在他们农场里还不是问题，但到了90年代，牧草盲蝽成了生菜的主要害虫。问题产生和解决都在于他们对黄花草木樨的管理是否得当。

在最初的轮作中，黄花草木樨覆播到生菜等早熟蔬菜中。越冬后，在翻耕并种植晚季蔬菜前，黄花草木樨可刈割数次。当牧草盲蝽开始入侵时——可能被开花的黄花草木樨吸引——Nordell夫妇意识到刈割黄花草木樨导致盲蝽转移到邻近的生菜田中。必须做出改变才行。

在充分使用覆盖作物的前提下，他们最初试着将黄花草木樨刈割时间推迟至生菜收获后。最后他们发现需要彻底改变黄花草木樨管理措施。现在，他们在轮作的第二年或休耕年的6月播种黄花草木樨。这样在晚季蔬菜种植前，仍然为黄花草木樨提供了足够时间以生长根系，改良土壤。由于开花时间推迟，他们不再刈割黄花草木樨，牧草盲蝽因此不再转移到生菜田中。

Eric发现，黄花草木樨这种最佳的温暖季节固氮覆盖作物，如果在6月或7月播种，可以在冬季前形成深的主根。这个根系可以疏松土壤、固氮，甚至可以利用其长的主根从深层土壤中吸收矿物质。

Eric指出，在他们最初的杂草管理计划中，单播黄花草木樨不能抑制杂草。在他们农场有效是因为他们10多年来成功的管理措施总体上抑制了杂草，是集约化耕作、作物轮作和利用多种覆盖作物的结果。同样的观念也适用于牧草盲蝽。Nordell夫妇从不满足于单一的策略，而是要整体的策略，Nordell夫妇也开始在短期经济作物（如生菜、菠菜和豌豆）中单行套播荞麦。

这种方法创造出在商品菜园中全年的害虫防治方案，调和了有益和有害昆虫的爆发和衰退循环。他们也希望荞麦为盲蝽提供中间寄主。这种策略具有一定效果。东北有机质网（NEON）研究项目的部分数据表明，大部分牧草盲蝽分布在荞麦中，只有极少数牧草盲蝽在生菜中分布。

荞麦和黄花草木樨管理制度不同，这两者很难混播。正在酝酿的下一步工作是要将多花黑麦草与黄花草木樨混播，研究6月播种到霜冻期间提高根系生长和草皮发育的方法。

黑麦和毛苕子混播是常见管理氮素的方式。黑麦吸收土壤中多余的氮，防止淋溶。毛苕子固氮并在春季被灭生后将其释放到土壤中。随着8月播种，Nordell夫妇的黑麦/毛苕子混播在秋季产生出巨大的根系和大量的生物量。

Nordell夫妇在3月末到4月初将返青的黑麦/毛苕子混播作物翻耕，翻得很浅，以避

> 免出现大量杂草种子。过早的灭生覆盖作物将损失一些生物量和氮，因为这些氮素可以被较早播种的经济作物（如番茄、胡椒、夏季花椰菜或韭菜）一直利用到大概 5 月底。
>
> 由于覆盖作物有较好的杂草抑制效果，Nordell 夫妇一般每年花不到 10 小时时间来人工清除他们 18 亩经济作物地中的杂草，而且不需要额外雇人。"在增加土壤耕性和让耕作更简单方面不要忽略了覆盖作物的作用。"Eric 补充道。他注意到连续种植两茬蔬菜时，土壤就会退化。他指出：土壤结构退化后，便不能保存水分，导致一年生杂草大量生长。
>
> Nordell 夫妇保持他们的一半土地种植覆盖作物，因为他们缴的税和地价比在城市环境下的商品蔬菜经营者要低。Eric 说："我们让一部分土地不进行生产，但是从我们的情况来说，我们仍然拥有这片土地。如果我们必须雇人除草，那么花费将更加巨大。"
>
> 定购介绍本种植制度的光盘（邮资 10 美元）或《小农场主杂志》论文汇编（邮资 12 美元），请写信给 Eric 和 Anne Nordell，Beech Grove Farm, 3410 Route 184, Trout Run, PA 17771.
>
> 内容由 Andy Clark 于 2007 年更新

3 年制：冬小麦/豆科植物套播>豆科作物>马铃薯。爱达荷州东部的这种制度有利于改良土壤，控制土壤病害和供氮。降雨量决定了能否为马铃薯提供充足的氮，如果降雨量低于或与平均降雨量相同，可阻止氮淋溶。淋溶的氮不能被马铃薯的浅根系所吸收。

2 年制：西北太平洋地区和其他地区的蔬菜种植制度是在种植冬小麦覆盖作物后接着种甜玉米或洋葱。另一种 2 年制是青豌豆（green pea）>夏季高丹草覆盖作物>马铃薯（第二年）。或者在冬小麦或春小麦后播种芥菜绿肥，接下来一年种植马铃薯。为了使生物化感的效果最大化，在秋季将芥菜翻入土壤中［见《芸薹属作物与芥菜》（Brassicas and Mustards），第 88 页］。

1 年制：生菜>荞麦>荞麦>花椰菜>白三叶/多花黑麦草。东北部早春蔬菜作物，在初夏收获后留在田间的植物残体很少。连续种植荞麦可抑制杂草，疏松表层土壤和吸引有益昆虫。秋季移栽时荞麦很容易刈割灭生。浅翻能迅速分解荞麦残茬，然后混播冬季禾草/豆科覆盖作物以便在秋冬保持水土。至少在距霜冻发生 40 天之前播种，白三叶越冬后可作为绿肥或覆盖作物。

加利福尼亚州蔬菜种植制度。加利福尼亚州将覆盖作物和经济作物循环种植，增加系统的多样性，以减轻连作蔬菜中链格孢属真菌导致的蔬菜枯萎病。

4 年制：LANA 毛荚野豌豆>玉米>燕麦/野豌豆>菜豆>箭筈豌豆>番茄>高丹草/豇豆>红花。甜玉米、菜豆（dry beans）、红花和制酱番茄的需氮量在一定程度上决定了覆盖作物的种类。种植玉米之前种 LANA 毛荚野豌豆，可以比其他覆盖作物固定更多氮。番茄之前种植箭筈豌豆，菜豆之前混播美洲野豌豆（purple vetch）/燕麦，红花之前混播高丹草/豇豆效果较好。

为了在冬季前良好生长，并在 4 月 1 日前获得最大生物量和固氮量，Lana 毛茸野豌豆需要尽早进行播种（霜冻前 6~8 周）。4 月初用圆盘耙耙地，每亩 Lana 可为甜玉米提供约 3kg 的氮。箭筈豌豆在玉米收获后播种，可为接茬番茄提供所需的大部分氮素，其中初期每亩提供 2~6kg 氮。

番茄收获后混播高丹草和豇豆。通过禾草吸收土壤残留的部分氮，防止冬季淋溶。豇豆固定的氮量可满足接茬红花初期生长的需要，覆盖作物腐解可为红花后期生长提供足够的氮量。

▲**注意事项** 野豌豆的硬实种子可存活数年，如果不使用任何除草剂，在加利福尼亚州野豌豆可能成为一种危害。所以，宁可损失固氮量也不能让它结实。

■ 棉花生产中的覆盖作物　　Cover Crops for Cotton Production

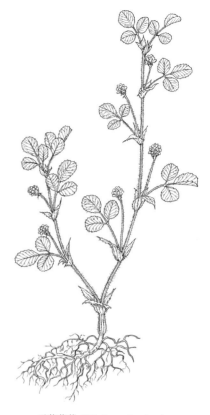

天蓝苜蓿（*Medicago lupulina*）

Elayne Sears 绘

在棉花连作种植中，增加任何冬季一年生覆盖作物都会带来收益，有助于维持土壤生产力，同时提供本书所强调的覆盖作物的其他功能。

毛苕子、绛三叶或与黑麦或其他小粒谷物混播可以减少土壤侵蚀，增加土壤氮素和有机质。秋季将前茬作物茎秆切碎后条播覆盖作物，5 月免耕播种棉花前通过喷药或刈割灭生；或在前茬作物使用落叶剂前飞播，落叶覆盖有利于提高覆盖作物种子发芽率。黑麦比小麦效果好。棉花产量与传统的冬季休闲种植模式相当或稍高。

大花三叶草（balansa clover）在棉花免耕制度中具有良好的补播功能，是南方一种有前景的覆盖作物（见《附录 B　具有发展前景的覆盖作物》，第 213 页）。

1 年制：黑麦/豆科植物>棉花。10 月初或更早混播豆科植物和黑麦，让豆科植物在冬季低温前形成良好的覆盖。4 月末灭生，并利用尖的轮型清垄器清除植物残体，在土壤水分允许的条件下，3~5 天内免耕播种棉花，整个棉田喷施芽前除草剂。棉花周边杂草可以通过火烧、中耕或定向除草剂进行控制。绛三叶、毛苕子、Cahaba 箭筈豌豆和奥地利冬豌豆在该种植制度中效果较好。

从当下开始着手

许多情况下，可以在不改变经济作物种类、种植时间或购置新设备的情况下开始使用覆盖作物。一段时间后，你可能想改变现有的轮作或利用其他的方法发挥覆盖作物的优势。

以玉米带为基础模式区域，从玉米>大豆轮作可以延伸出如下轮作方式。

玉米>覆盖作物>大豆>覆盖作物。最常用的选择是玉米收获后进行黑麦或黑麦/紫云英混播；大豆收获后进行紫云英或黑麦/紫云英混播。收获后应立即撒播或条播覆盖作物，条播可促进种子萌发。霜冻前土壤温度在16℃时，毛苕子至少需要15天以上才能发芽。只要土壤温度在0℃以上，黑麦就能发芽。如果收获后播种时间太短，可以考虑在经济作物枯黄时撒播覆盖作物。

在轮作制度中，加入小粒谷物可以促进豆科作物良好生长，获得最大春季固氮量和生物量。

玉米>大豆>小粒谷物/覆盖作物。小粒谷物可以是燕麦、小麦或大麦。覆盖作物可以是紫云英、紫花豌豆（field pea）或红三叶。如果想让豆科覆盖作物在冬季死亡减少春季灭生，可选用不耐寒的埃及三叶草或一年生苜蓿。

如果考虑饲喂家畜、销售草产品或要改良土壤，可选择生长期较长的豆科覆盖作物。

玉米>大豆>小粒谷物/豆科植物>豆科干草，放牧或绿肥。黄花草木樨或红三叶是最经常选择的牧草品种。燕麦和埃及三叶草间作当季可收获牧草，第二季提早收获或灭生，重新选择种植经济作物或其他覆盖作物。

晚季马铃薯、胡椒、攀缘作物或甜玉米均可在温暖、种植绿肥的肥沃农田中良好生长。有两种喜热覆盖作物可以在冷季型豆科绿肥灭生后种植，这两种覆盖作物是荞麦（用来抑制杂草、吸引有益昆虫或收获种子）和高丹草（提供可翻耕生物量或疏松表层板结土壤）。

这些覆盖作物可以在玉米带的大部分地区使用。在使用前，请查看第71页《表1 各地区最主要的覆盖作物》，寻找具有所需功能的覆盖作物，或第74页《表3A 栽培特点》和第75页《表3B 种植》寻找适宜的覆盖作物。

■多年制：自播豆科作物>免耕棉花>豆科作物>免耕棉花
Mutliyears：Reseeding Legume>no-till cotton>lagkume>no-till cotton

如果棉花春季播种较晚，地三叶、南部花斑多型苜蓿（southern spotted burclover）、大花三叶草（balansa clover）和一些绛三叶品种可以在某些地区迅速结实，并在春玉米播种较晚时持续自播。这些自播的硬实种子在夏末萌发，形成的覆盖作物可以减少冬季土壤侵蚀，提供接茬作物所需氮素和地表覆盖。

在南部，可以在自播豆科覆盖作物中条播棉花、玉米、红薯、花生、胡椒、黄瓜、甘蓝和蛇豆等作物。通过耕翻或喷除草剂条带式灭生覆盖作物，带宽 3.7~9.1m。覆盖作物宽条带灭生与其自然枯死相比可以减少与作物的水分竞争，但也减少了覆盖作物的结实量、生物量和固氮量。条带宽也会降低覆盖作物残体的覆盖效果。保留的未灭生覆盖作物条带作为昆虫栖息地，条带内提高了昆虫总体数量，控制害虫的有益昆虫数量也因此增加。

▲注意事项

- 如果春季非常干燥，那么注意土壤水分消耗。
- 确保土壤温度为 18℃时种植棉花，因为覆盖作物会使春季土壤温度降低。不要过早种植。
- 覆盖作物灭生 2~3 周后播种棉花可以减少这些问题的发生，也可以减轻由于害虫（地老虎）、病害或化感物质导致的植株密度下降。
- 盛夏炎热期，自播豆科作物生长受到抑制，此时需要加强杂草防控。
- 足够的硬实种子是三叶草自播的先决条件。夏季干旱时有助于硬实种子生产，夏季潮湿时会降低种子硬实率。

旱地谷物—豆类作物种植制度　　Dryland Cereal-Legume Cropping Systems

干旱地区作物种植制度中，土壤可用水分和覆盖作物水分消耗是最主要的关注点。通过认真细致的选择和管理覆盖作物，可为经济作物增加土壤可用水分。在轮作中合理利用覆盖作物可以增加土壤可用水含量，同时减少对经济作物的影响。覆盖作物用水和土壤保水之间的平衡，在一定程度上决定覆盖作物如何在轮作中发挥作用，尤其是在保护性耕作制度中。见《保护性耕作覆盖作物的管理》（第 46 页）。

在北部平原，多年生豆科覆盖植物可为谷物种植系统带来许多益处，包括增加谷物产量、吸收多余养分、碳固定、打破杂草和害虫发生循环，还可用作饲料[129]。

覆盖作物特征：**多年生苜蓿**可以通过硬实种子在多个种植系统中长期存在，进而提供绿肥和控制土壤侵蚀。**紫花豌豆**（field pea）和**小扁豆**（籽实型豆类）为浅根作物，降水充足年份产量高，也可固氮。

《谷物—豆类种植制度：北部平原旱地、加拿大高草草原和西北山地九个农场的案例研究》[257] 一文很好地介绍了上述轮作制度。

7~13 年：亚麻>冬小麦>春大麦>荞麦>春小麦>冬小麦>苜蓿（最多 6 年）>休耕　　7 to 13 Years: Flax>Winter Wheat>Spring Barley>Buckwheat>Spring Wheat>Winter Wheat>Alfalfa (up to 6 years)>Fallow

种植顺序如下：

- 亚麻或其他春播作物（荞麦、小麦、大麦）在冬小麦（有时是黑麦）收获后种植，7 月收获，留茬越冬。

- 春播大麦或燕麦在 8 月收获，留茬越冬。
- 荞麦在 6 月播种，10 月收获，有助于控制杂草。
- 春播小粒谷物，抑制自生荞麦（也可秋播小麦或黄花草木樨收获种子或干草）。

在该模式的最后轮作作物是苜蓿（最多可种植 6 年）。翻埋与上年小麦同时播种的黄花草木樨或一年生豆科绿肥（如奥地利冬豌豆或埃及三叶草），然后播种苜蓿。

该种植制度中可以对经济作物或覆盖作物进行灵活选择，以适应市场。另外，农场养牛时，许多覆盖作物可以放牧或制作干草。

在年降雨量 300mm 以上的地区可在旱作制度中加入覆盖作物。

▍9 年制：冬小麦>春小麦>春季谷物/豆科作物套播>豆科绿肥/休耕>冬小麦>春小麦>谷物/豆科套播>豆科作物>豆科作物

9 Years：Winter Wheat>Sping Wheat>Spring Grain>Legume Interseed>Legume Green Manare/Fallow>Wintar Wheat>Spring Wheat>Grain/Lugme Interseed>Legume>Legume

在该轮作中，种植豆科作物 2~3 年后，种植一年冬小麦和两年春播作物。中耕除草后，在夏初将豆科作物翻耕入土，保持水分。黄花草木樨消耗了浅层土壤水分，因此随后要播种深根型冬小麦。春小麦可避免种植冬小麦带来的杂草问题，且春小麦的浅根系有利于深层土壤水分积累。

第二年春播谷物，使用需氮量低的作物（如 KAMUT 小麦）来降低缺氮风险。与 KAMUT 小麦混播的黄花草木樨在下个春季返青，有利于吸收足够的土壤水分，防止返盐。天蓝苜蓿、INDIANHEAD 小扁豆和紫花豌豆耗水少，可替代深根、需水量大的苜蓿和草木樨。豆科饲草建植不成功时，可考虑春季种植豌豆和小扁豆作为后备固氮作物。

虽然每年旱作制度中土壤含水量波动严重，土壤氮素水平却比炎热潮湿的南方更加稳定，更容易增加作物残体，提高土壤有机质含量。对需水量小的覆盖作物进行精细管理可在增加土壤有机质和氮素，同时最大限度降低土壤水分损失。因此，旱地轮作在数年后可以对土壤和农田环境产生显著影响。

改良后的土壤有机质含量较高、结构疏松，具有良好的保水性和渗水性。同时还具有良好的抗板结能力，并使得植物残体和接茬作物之间养分高效循环。

切记，覆盖作物的优势需要数年积累。如果坚持在轮作中任何可能的时间和地点利用覆盖作物，那么就会得到作物增产、有害生物得到控制和土壤耕性改善等收益。

保护性耕作覆盖作物的管理[*]

保护性耕作是指种植后能保留足够的作物残体量,地表覆盖率达到30%,可将土壤侵蚀降至在可耐受水平的耕作制度(美国土壤学会)。但是,当前大部分保护性耕作实践者倾向于增加地表覆盖率,因为作物残体可以带来更多的收益。覆盖作物是产生此类植物残体的关键,可最大限度发挥免耕制度的优势。

免耕制度的优势包括:

- 减少土壤侵蚀。
- 减少人工和能源投入。
- 为作物生产增加可用水。
- 改良土壤。

覆盖作物可以为保护性耕作带来的益处包括:

- 提供作物残体来增加土壤有机质并抑制杂草。
- 改良土壤结构,增加渗透性。
- 保护表层土壤,减轻降雨对表土的影响。
- 降低水分在土壤表层径流速率。
- 固土,增加深层土壤碳含量(通过根系)。

由于设备、除草剂和其他技术的发展,自20世纪70年代开始,保护性耕作应用越来越广泛。保护性耕作制度中的一些长期累积效应已经显现,最主要的是增加表层土壤有机质含量。

表层土壤有机质增加产生的效应如下:

- 增加土壤团粒结构的稳定性,有利于土壤水分渗透和抵抗侵蚀。
- 有利于养分在农田中的持留,改善营养循环和水质。
- 增加生物活性,促进养分循环并抑制病虫害。

与集约化或传统耕作制度相比,保护性耕作制度的优势[89]包括:

- 降低工作量、节省时间——整地1~2次就可以播种,而传统方式需要整地3次以上,降低了工作量,节省了燃油成本50%以上。
- 降低机械损耗——较少的耕作意味着较少的机械维修次数。
- 增加野生动物数量——作物植物残体为野生动物(如野禽和小型动物)提供庇护场所和食物,可以使农场获得额外收益。

---

[*] 本节作者为Kipling Balkcom, Harry Schomberg, Wayne Reeves, Andy Clark, Louis Baumhardt, Hal Collins, Jorge Delgado, Sjoerd Duiker, Tom Kaspar, Jeffrey Mitchell。

- 改善空气质量——通过减少风蚀（空气中灰尘总量）、拖拉机排出的尾气（较少的耕作）和二氧化碳释放量（耕作加剧了有机质中碳素的释放），提高空气质量。

在艾奥瓦州进行的玉米>大豆>小麦/三叶草轮作研究表明，保护性耕作和传统耕作相比，第一年保护性耕作中玉米和大豆产量较低。在全年施用猪粪堆肥后，从第二年开始保护性耕作的玉米和大豆产量与传统耕作相当。小麦产量未受影响，施用堆肥后产量增加[385]。

■ 覆盖作物在保护性耕作制中的作用　　Cover Crop Contributions to Conservation Tillage Systems

生物量（Biomass）　　保护性耕作依赖于全年大部分时间留在地表的作物残体。覆盖作物可以提供额外的生物量满足全年的要求。典型的高残留覆盖作物生物量至少可达302kg/亩。

在瘠薄土壤上，可以施加少量氮肥增加禾草覆盖作物的生物量。在有机质含量高的土壤或在夏季豆科覆盖作物（如大豆）后播种覆盖作物，可能不需要额外施氮肥。切记，覆盖作物残留量或生物量越小，产生的益处越少。

改良土壤（Soil improvement）　　覆盖作物是一种重要的有机质来源，可以提高土壤生物活性。土壤有机质和覆盖作物残体可以改善土壤物理结构，产生以下效应：

- 植物残体覆盖的直接效果或土壤结构的改变，使得土壤渗水量增大。
- 土壤团粒结构更稳定或耕性更佳，使得土壤养分和水分的管理效果更好。
- 由于植物残体拦截了水滴，减少了降雨或灌溉过程中黏土颗粒的飞溅，所以降低了土壤表面的板结。
- 根系死亡分解后形成的大孔隙会增加土壤孔隙度。

土壤物理性状的改善取决于土壤类型、作物生长情况和植物残体管理方法，也受温度和降水的影响。但无论在何种土壤中，耕作会很快消耗覆盖作物为土壤添加的有机质。简单地说，就是耕作比免耕能更快地降解有机质。

大量研究表明，保护性耕作中覆盖作物可以改变土壤物理性质[25, 52, 106, 114, 115, 119, 237, 317, 418]。

保持水土（Erosion control）　　实践证明覆盖作物和保护性耕作相结合可减少土壤侵蚀和风蚀[26, 115, 119, 222, 266]。

> 耕作条件下土壤有机质比免耕制分解速度快得多。

肯塔基州，5%坡度的莫里粉壤土（Maury silt loam），利用传统耕作方法种植玉米，春季翻耕玉米残体和覆盖作物之后土壤会流失1.3t/亩。相反，免耕种植玉米，留在土壤表面的玉米残体可达0.5t/亩，无覆盖作物时土壤流失为0.17t/亩，有冬季覆盖作物时为0.15t/亩[91, 151]。

密苏里州，在有隔水黏土层的墨西哥淤泥壤土（Mexico series silt loam soil）条件下，免耕青贮玉米田中加入覆盖作物小麦或黑麦，每年可减少土壤流失0.07~1.6t/亩[436]。

轮作效应（Rotation effects）　对所有作物来说，轮作都会使收益最大化。最重要的是减少病虫害的发生，提高养分利用效率和抑制杂草。覆盖作物提高了轮作的多元化和集约化程度，有效地增加了轮作收益。但正如本书所阐述的，覆盖作物也会对轮作中的其他作物造成不利影响。

保护性耕作中的覆盖作物管理　Cover Crop Management in Conservation Tillage Systems

养分管理（Nutrient management）　氮和磷是种植系统中最容易流失的两种大量元素。覆盖作物可以通过以下方式减少这些养分的流失：

- 增加渗水性——降低了地表径流和土壤侵蚀。
- 吸收养分——或作为填闲作物。
- 淋溶最严重季节（秋末至早春）利用覆盖作物消耗土壤水分——减少可用水含量，防止淋溶。

禾草和油菜比豆科减少氮淋溶可能更有效[106, 233, 264]。黑麦具有抗旱、生长迅速、生物量大等特点，对降低氮淋溶非常有效[111]。冬季一年生杂草不能降低氮损失。

覆盖作物可能会降低免耕系统中氮肥利用效率，具体与施肥方式有关。在有大量植物残体的地表施用氮肥能导致大量铵态氮损失。在地表施肥时，尿素和尿素硝酸铵溶液比硝酸铵更容易损失，导致更多的氮素挥发到空气中。

把含尿素肥料注射到土壤中可以防止挥发损失。利用开沟等方法在土壤中施用含尿素肥料可以降低氮素挥发损失，因为增加了肥料和土壤的接触，同时减小了肥料和地表植物残体的接触机会。

非豆科覆盖作物氮动态。非豆科和豆科覆盖作物的最大区别是氮素的管理。豆科作物可以固氮，非豆科作物只能利用土壤中已有氮素。豆科植物残体的总氮量通常较高，更容易被接茬作物利用。

新鲜作物残体刺激了土壤微生物的生长，增加了微生物对营养的需求，特别是氮素。为了分解植物残体，微生物需要利用碳、氮和其他营养元素作为食物来源。如果作物残体中氮含量太低，微生物将会利用土壤氮，从而减少了经济作物可用氮量，这就是氮固化作用（N immobilization）。如果作物残体中氮含量高于微生物需要量，多余的氮会释放，从而增加作物生长的可用氮，该过程称为氮矿化（N mineralization）。

即使小粒谷物和其他禾草类覆盖作物不能持久生长，但在经济作物生长季也会产生氮固化。小粒谷物残体中的氮含量变化范围很大，地上部含量为1.5～3.8kg/亩，根系中含量为0.7～1.5kg/亩。小粒谷物总氮量依赖于它们生长季土壤中可利用氮量、小粒谷物总生物量和生长期。

覆盖作物残体的碳氮比（C∶N）是判断固化或矿化是否发生的一个很好的指标。在降解初期C∶N超过30∶1时，会出现氮固化。更多有关C∶N和覆盖作物养分动态详见《利用覆盖作物增加土壤肥力和耕性》(第 14 页)。

小粒谷物残体的 C:N 主要由生长期决定。终止生长时间越早,禾草类覆盖作物的 C:N 越低,这是幼嫩植株的典型特征。如果灭生时间太早,C:N 较低会导致部分植物残体迅速腐解,从而降低地表覆盖率。

由于保护性耕作制度需要植物残体,所以通常会让小粒谷物覆盖作物尽可能延长生长时间。耕作制度和气候决定生长终止时间。如果小粒谷物覆盖作物在花期被灭生,那么 C:N 通常大于 30:1。

在宾夕法尼亚州,将灭生时间由孕穗早期推迟到晚期,地上干物质积累量会由 90.7kg/亩增加到 279.7kg/亩,对玉米产量不会造成影响[118]。

在亚拉巴马州,利用滚压揉切机或滚压揉切机-除草剂结合的方式在不同生长阶段对黑麦、黑燕麦和小麦覆盖作物进行灭生处理,旗叶阶段生物量为 300~400kg/亩,相应 C:N 为 25:1,且 C:N 与覆盖作物种类无关。

黑燕麦、黑麦和小麦的花期生物量平均分别为每亩 700kg、630kg 和 550kg,C:N 为 36:1。在蜡熟期灭生覆盖作物,生物量产量均未增加,但 C:N 增大,从而增加氮矿化概率[13]。

在氮素管理中,必须充分考虑小粒谷物较高的 C:N。当高残留的小粒谷物覆盖作物接茬种植经济作物时,氮肥施用量可能需要增加 1.8~2.3kg/亩。

在缺氮土壤中,如果将覆盖作物残体的氮作为种肥,经济作物早期生长通常比较旺盛。尽管种肥氮对产量增加的效果决定于降水和作物本身,但增产效应频现足以证明该方案可行。种肥可迅速促进冠层的形成,减少杂草的竞争,并能抵消保护性耕作制度中常出现的湿冷土壤带来的不利影响。理想状态下,种肥应该施用在离播种行 5cm 远、深度 5cm 以下。

豆科植物增加氮。 豆科覆盖作物通过共生固氮菌从大气中获得氮素。豆科覆盖作物氮含量和接茬作物可利用氮量受以下因素影响:

- 豆科植物种类及对土壤和气候条件的适应程度。
- 土壤残留氮含量。
- 播种时间。
- 灭生时间。

覆盖作物的管理影响豆科覆盖作物的氮含量和对接茬作物的氮贡献量。建植越早,豆科覆盖作物生物量和固氮量越大。豆科覆盖作物在花期的含氮量达到最高。豆科植物可为接茬作物贡献 1.2~15.2kg/亩的氮,一般为 3.8~7.5kg/亩。

在北卡罗来纳州,推迟绛三叶和毛苕子灭生时间分别至 50%开花 2 周后和 25%开花 2 周后,生物量分别增加 41%和 61%,相应的氮含量增加 23%和 41%[427]。在马里兰州,毛苕子在 4 月 10 日至 5 月 5 日期间,每天固氮量为 0.15kg/亩,地上生物量增加 4.5kg/亩[82, 83, 86]。

成熟豆科植物残体的 C:N 在 25:1 到 9:1,一般低于植物残体中氮矿化的分界线

（20∶1）。在传统耕作制度中，土壤表面的植物残体降解速度显著慢于混在土壤中的植物残体。因此，在保护性耕作制度中，豆科植物（地上部）残留氮在接茬作物生长初期可能不能被利用。

由于豆科植物残留氮在生长初期不能被利用，因此保护性耕作制度中包含冬季一年生豆科覆盖作物时，经济作物种植时应该施用氮肥，如果种植玉米应分次施肥。但在无豆科覆盖作物的传统耕作模式下种植玉米不必要分次施肥[346]。

豆-禾混播。豆-禾混播与禾草单播可为保护性耕作制度带来相同的收益，但混播会延缓氮的固定。混播中禾草可有效吸收土壤中的残留氮，同时豆科植物可固氮以供经济作物利用[86, 342, 343, 344]。

混播植物的C∶N通常为单播植物C∶N的中间值。马里兰州几个研究表明，紫云英和黑麦混播的C∶N从未超过25∶1，单播黑麦C∶N在30∶1到60∶1，C∶N取决于春季的灭生时间[81, 83, 84, 85, 86]。

有效水分（Water availability） 覆盖作物生长期间会消耗土壤水分，进而影响经济作物产量。一旦被灭生，覆盖作物残体可以通过增加渗透和减少蒸发提高土壤有效水含量。

播种时短期消耗的土壤水分不一定能被生长过程中土壤持留的水分所补充，这取决于作物发育过程中降水的分布。在湿润地区，覆盖作物灭生后的降雨可补充土壤表层水分，为经济作物生长提供足够的土壤水分。随着降水概率的下降，灭生时间变得更为关键[422]。

覆盖作物通过以下方式增加可利用水含量：

- 通过覆盖减少蒸发。
- 通过降低径流速度增加渗透。
- 增加有机质含量，提高保水能力。
- 改善土壤结构，提高蓄水能力。
- 保护土壤表面不受降雨影响，减少土壤板结，增加水分渗透

在亚拉巴马州，与植物残体混入土壤相比，留在地表的覆盖作物残体减少径流和增加渗透高达50%~800%[417, 418]。在佐治亚州的塞西尔沙壤土（Cecil sandy loam）条件下，与传统播种的高粱相比，免耕播种到绛三叶中的高粱，即使在清除了高粱残茬后渗水率也增加了100%[52]。

在马里兰州，单播或混播毛苕子和黑麦消耗的水分都没有对玉米产量造成不利影响。相反，5月初灭生的覆盖作物残体保存了土壤水分且提高了玉米产量[84, 85]。

在肯塔基州，传统耕作中5~9月的地表蒸发量比免耕制（有地表覆盖物）多5倍。蒸发散失的水分越少，作物可利用水分越多[91]。

旱地农业中的可利用水分往往限制了覆盖作物的使用。有关大平原旱地覆盖作物研究的综述文献表明，在大平原旱地种植制度中使用覆盖作物降低了接茬作物的产量。但是在半干旱的得克萨斯州，每亩833kg的小麦秸秆能使土壤水分增加超过73%，且每亩高粱产量从97.5kg增加到222.3kg，增加了一倍多[422]。

生长季早期的土壤水分可能被覆盖作物过度消耗，这种风险在任何耕作制度中均存在。但是，由于覆盖作物残体会留在地表，其增加渗透和土壤保水能力的潜力只有在保护性耕作制度中才能得到发挥。与传统的小麦>休耕系统相比，保护性耕作提高了水分利用效率[135, 318]。

在种植经济作物前将覆盖作物灭生可降低生长季早期土壤水分损耗。例如，播种前2~3周将覆盖作物灭生可以降低由于生长季早期水分亏缺引起的产量下降[289, 347, 427]。在保护性耕作制度中，可以依当地情况在种植经济作物之前4~6周将覆盖作物灭生。

有时在排水不良的土壤中利用覆盖作物消耗水分，可为经济作物提前播种提供适宜的土壤条件，但是这种实践的优越性还未得到充分肯定。

土壤温度（Soil temperature） 覆盖作物残体会降低土壤温度，减小土壤日温差。夏季较低的土壤温度对经济作物生长有利，但是与没有覆盖作物的制度相比，会推迟春季播种时间。

春季土壤温度对覆盖作物/保护性耕作制度特别重要，不要按照日历而是通过观测土壤温度来确定经济作物适宜的播种时间。利用机具清理残茬可加快土壤升温。

科罗拉多州研究表明，连续保护性耕作种植玉米（无覆盖作物），会导致土壤温度过低，不利于播种。五年的试验结果表明土壤低温会使玉米减产[171, 172]。

病虫害（Insects and diseases） 由于大量植物残体留在土壤表面，保护性耕作制度改变了害虫动态。保护性耕作制度和土壤表面植物残体形成了比传统耕作制度更加多样化的植物/土壤生态系统[137, 184, 415]。

覆盖作物可能会减轻经济作物的病虫（线虫）害。种植覆盖作物前，一定要了解覆盖作物和主要有害生物之间的关系[100]，提高管理水平。例如，

- 黑麦、鸭茅和绛三叶可能吸引黏虫。
- 三叶草根象甲是红三叶上一种常见害虫，也危害苜蓿。
- 繁缕可吸引小地老虎或蛞蝓。
- 假高粱（Johnsongrass）是玉米矮化花叶病毒（MDMV）的寄主，这种病毒也会影响玉米。

相反，覆盖作物可以在保护性耕作制度中吸引有益昆虫。一种方法是在目标作物行间种植覆盖作物，在目标作物成熟前为昆虫提供栖息地和食物。与传统棉花种植相比，这种方法在佐治亚州南部的保护性耕作棉花中减少了一次杀虫剂使用。

想要获取更多覆盖作物和有益昆虫的信息，参见《农场昆虫管理：生态策略指南》（*Manage Insects on Your Farm: A Guide to Ecological Strategies*）[408]（http://www.sare.org/Learning-Center/Books/Manage-Insects-on-Your-Farm）。

> 咨询当地专家，尽可能减少害虫的发生概率。

通过减少病原体传播，覆盖作物残体已经在许多经济作物系统中减少了数种病害的发生。保护性耕作制度中的小粒谷物覆盖作物可以降低由于番茄斑萎病毒（TSWV）引起的花生减产，且覆盖作物残留量越大，病害发生概率越低。这与蓟马的减少有直接关系，因为蓟马是该病毒的传播者[49]。

某些覆盖作物是线虫的越冬寄主，可能因此增加线虫危害的严重性。这在单一作物耕作制中更容易出现，如南方某些地区的棉花连续种植制度。另一方面，一些覆盖作物（如油菜）可以减少线虫数量[48, 230, 282, 283, 284, 352, 429]。

在马里兰州的沙土条件下，冬季灭生的饲用萝卜增加了以细菌为食的线虫数量，黑麦和油菜增加了捕食真菌的线虫比例，而没有覆盖作物的，线虫数量居中。富集指数（Enrichment Index）是指示以细菌为食的线虫富集程度的指标，种植油菜的土壤比对照小区（未进行杂草防治）富集指数高23%。上一年11月、6月（春季覆盖作物灭生后一个月）和8月（玉米田）的抽样测定表明，无论覆盖作物是否存活，均可增加细菌活性，促进食物链的氮循环[431]。

与传统耕作制度相比，保护性耕作制度的合理轮作更为重要。覆盖作物应该是任何保护性轮作制度中的一个关键组分。由于目标作物、覆盖作物和有害生物的关系比较复杂，要咨询当地专家以确保保护性耕作制中覆盖作物管理措施能够最大限度降低有害生物的危害水平。

杂草控制（Weed management）　　保护性耕作制度中的覆盖作物通过以下方式影响杂草和杂草管理：

- 覆盖作物与杂草竞争光、水和营养。
- 覆盖作物残体可以抑制杂草种子萌发；覆盖作物残体越多，效果越好。
- 禾草覆盖作物（高C:N）残体通常比豆科覆盖作物的持留性强。
- 某些覆盖作物释放抑制杂草的化感物质。
- 保护性耕作不会出现新的杂草种子萌发的情况。
- 覆盖作物也可能成为杂草。

某些豆科、禾本科和芸薹属覆盖作物释放化感物质，可以减少杂草种群数量，抑制杂草生长[39, 45, 176, 177, 178, 335, 358, 409, 421]。但是，这些化感物质对经济作物的幼苗具有抑制作用，特别是棉花[24]和一些小种子蔬菜作物。覆盖作物灭生一段时间后再播种经济作物，可以降低这种风险，这是因为覆盖作物残体释放出来的化感物质可以被土壤微生物分解。

黑麦会释放酚酸和苯酸抑制杂草萌发和生长。在阿肯色州，10个黑麦品种在孕穗期的化感物质释放量相差100倍，Bonel含量最高，Pastar最低。综合考虑每个品种产量、化感物质释放量和活性，Bonel、Maton和Elbon是最适宜抑制杂草的品种[66]。

保护性耕作和覆盖作物残体的化感作用均可抑制田间杂草[451]。在亚拉巴马州，黑麦和黑燕麦作为覆盖作物的保护性耕作制度减少了大豆和玉米田芽后除草剂的使用[334, 348]。

与无覆盖作物的保护性耕作制相比，黑麦或黑燕麦作为覆盖作物可使非转基因棉花在 3 年中有 2 年表现增产。

覆盖作物建植与利用的经济学分析　　Economics of Cover Crop Establishment and Use

在任何耕作制度中，覆盖作物的种植利用都需要投入一定的成本。短期内是否能收回成本取决于种植制度。保护性耕作利用覆盖作物与传统耕作利用覆盖作物的经济效益相当，但益处更多[51]。

影响覆盖作物经济价值的因素有：

- 经济作物生长状况。
- 覆盖作物种类。
- 建植的时间和方法。
- 灭生方法。
- 对环境、土壤生产力和土壤保护的价值。
- 氮肥成本和覆盖作物的肥料价值。
- 燃料成本。

种植覆盖作物的经济收益受种子、能源和氮肥成本的影响较大。覆盖作物种子价格每年每个地区都不一样，但从历年情况来看，豆科覆盖作物种子比小粒谷物覆盖作物种子价格高两倍。豆科作物固氮产生的价值可抵消其种子成本。

在不同种植制度下，豆科覆盖作物可以提供 3.3~7.5kg/亩的氮素。由于 C:N 较高的黑麦植物残体可增加土壤氮素的固化，灭生时间较晚的黑麦需要追施 1.5~2.3kg/亩的氮素。因此，黑麦和豆科植物成本差别相当于 4.8~9.5kg/亩氮素的价值，如果以氮素价格每千克 1 美元计算，则相当于 4.8~9.5 美元/亩。

保护性耕作制下覆盖作物的建植　　Cover Crop Establishment in Conservation Tillage Systems

传统耕作和保护性耕作制度中建植覆盖作物的主要挑战有：播种时间和方法、灭生时间和方法，及确保经济作物良好生长的覆盖作物残体管理。成功应用覆盖作物需要注意到每个方面。

适时播种覆盖作物（Plant cover crops on time）　　为了使覆盖作物的优势得到充分发挥，达到预期效果，覆盖作物需要尽早播种，最好在夏季作物收获之前。及时播种可以达到如下效果：

- 在作物休眠前，根系和顶端生长达到良好状态。
- 降低冬季死亡率。
- 生物量更大。
- 更充分吸收土壤残留氮。

秋季及时播种覆盖作物对早春种植蔬菜和玉米特别重要。玉米一般在早春播种,这就要求覆盖作物灭生时间要早。晚播早收的覆盖作物不能产生足够的生物量来有效保护土壤及改善土壤质量。

播种方法(Planting methods) 保护性耕作制度中的覆盖作物通常以条播或撒播的方式进行播种,也可以选用其他播种方法。与土壤接触良好,可促进种子萌发和出苗。大部分小粒豆科植物需要浅播(0.6cm),而大粒豆科植物和小粒谷物播种深度一般不超过3.8cm(见75页表3B)。

保护性耕作下条播可以有效处理植物残体,统一播种深度,促使种子与土壤充分接触,即使是小粒覆盖作物也一样。在某些情况下,播前翻地可以控制杂草和破坏病虫害循环。

撒播比其他播种方式需要种子量大(见75页表3B)且成功率最低。小粒植物比大粒植物更容易撒播成功,如三叶草。小面积农田可以利用自由落式播种机(drop-type seeder)或旋风式播种机(cyclone-type seeder),保证种子撒播均匀。保护性耕作制度中条播方式的效果与植物残体总量有关,但比撒播方式播种效果可能要好。

大面积播种可以用固定翼飞机或直升机飞播,这种方法在夏末作物生长势减弱时比较有效。夏季作物的落叶覆盖住种子,可以保存水分和保护土壤,从而促进种子萌发。

在较冷的气候条件下,某些覆盖作物可以顶凌播种(见本书中各覆盖作物的独立介绍)。秋末或初春,土壤在冻结和解冻的双重作用下呈蜂窝状时播种,种子落入土壤缝隙中,在春季回暖后发芽。

通过某些豆科植物在来年进行自播,可降低种子成本和经济风险。自播依赖于计划周详的轮作。亚拉巴马州的研究表明,条播大豆后推迟播种绛三叶,可以实现来年自播。来年玉米在自播的绛三叶中播种、生长。本种植制度中,每隔一年播一次覆盖作物,不需要每年播种[311]。在南方的保护性耕作制度中,要尽量晚的播种高粱来实现绛三叶自播。

在保护性耕作制度中引进开花和结实早的豆科覆盖作物能改善其自播的效果。奥本大学和美国农业部已经合作发现了数种开花早的豆科覆盖作物,包括 AU ROBIN 和 AU SUNRISE 绛三叶和 AU EARLY COVER 毛苕子[287]。灭生覆盖作物时每行保留25%~50%的存活植株,这样既不会使玉米减产也可实现自播。但春季干旱期间,存活的覆盖作物可能会与经济作物竞争水分。

> 什么时候灭生覆盖作物,应视具体的地点和具体的情况而定。

保护性耕作制中覆盖作物春季管理 Spring Management of Cover Crops in Conservation Tillage Systems

灭生日期(Kill date) 覆盖作物灭生时间会影响土壤温度、土壤湿度、养分循环、耕作和种植方式,以及化感物质对接茬经济作物的作用。由于涉及因素太多,所以覆盖作物灭生时间要针对当地具体情况而定。

覆盖作物灭生时间早晚的优缺点

灭生时间较早：
- 充分补充土壤水分。
- 增加土壤升温速率。
- 降低植物残体对经济作物的化感作用。
- 减少病原物（disease inoculum）。
- 加速植物残体腐解，减少播种干扰。
- 加速低 C:N 覆盖作物的氮矿化。

灭生时间较晚：
- 提供更多土壤可利用植物残体，保持水土。
- 通过化感作用和覆盖更好的控制杂草。
- 使豆科植物贡献更多的氮。
- 覆盖作物自播潜力增大。

25 年后，改良效果持续显现

Sheridan 农场在密歇根州的 FairGrove（译者注：一地方名），以下是 Ron Ross 采访免耕农民 Pat Sheridan 的内容

为何花钱改良土壤？免耕种植者观点不一。Sheridan 农场有较好的种植规划，包括播种时间、杂草控制和其他的管理。同时使流失到休伦湖萨吉诺湾的沉积物和养分得到控制。

然而许多免耕种植者表示，这些改变并不是迅速出现的，需要一定的过程。1982 年开始免耕的最初几年，我们遇到了一些问题，经过努力这些问题得到了解决，我们开始增加更多的免耕面积，1990 年全部耕地实现持续免耕。

> 心态开放，就能产生更多的想法，甚至一点细微的调整，即可获得更大的成功。

覆盖作物的作用　　Cover Crop Success

约 20 年前我们开始在 12 种不同类型的土壤上种植和利用覆盖作物，其中 80% 是黏土。大部分地块是排水不良、缺乏有机质的湖床土壤。

多年的实践证明，在这种混合土壤类型上，黑麦一直是良好的覆盖作物。来自缅因州的黑麦品种 AROOSTOCK 在春秋季生长迅速，且种子较小，播种成本更低，是最佳的品种选择。

8 月末，将黑麦飞播到玉米田中；如果来年还种植大豆的话，也将黑麦飞播到大豆田中。如果黑麦株高高于 0.6m，将比株高仅 0.3m 或更低的植株更容易被火烧灭生。

黑麦有助于有效地管理土壤水分。如果春季干旱，要尽可能早的利用火烧和草甘膦（Roundup）灭生黑麦；如果春季比较湿润，可以让黑麦继续生长以便吸收多余的土壤水分。Sheridan 农场的春季可能非常湿润，但是在密歇根州，其生长季内降水低于任何一个五大湖地区（Great Lakes state）的平均降水。因此，水分管理至为重要。

覆盖作物残体越多，免耕种植的大豆菌核病（white mold）发病越轻。传统耕作制下大豆菌核病发病严重、防治成本高，而我们采用覆盖作物免耕种植的大豆田已经数年没有出现大豆菌核病。

深根型作物　Deep-Rooted Crops

如果能够筛选出实现多样化轮作的覆盖作物,那么就可以在禾本科覆盖作物后接茬种植阔叶作物,反之亦然。油料萝卜可以发挥这种作用,它的根系非常深,吸收氮素的能力可与小麦相媲美,是一个出色的养分吸收者。

虽然在40.6~45.7m深的土壤中存在一个植物营养层,但是不易被作物吸收利用,因为作物通常利用的是表层土壤养分。而油料萝卜可以从深层土壤中吸收氮素,并提供给接茬玉米。

油料萝卜等深根型覆盖作物帮我们突破了传统氮沉积理论的限制。如果氮素都富集土壤深层那就太可怕了,因为它很可能会经淋溶至分界层(tile lines)并进入休伦湖。

我们也试验了小麦、紫云英、地三叶与菜豆(dry peas)和大豆的混播,实验还在进行。我们用油料萝卜种子和堪萨斯州的免耕种植者Red和David Sutherland交换了奥地利冬豌豆种子。他们说冬豌豆具有良好的保水能力和固氮能力。在我们这的表现也确实如此。

低氮需求,高玉米产量　Less Nitrogen, More Corn

覆盖作物明显降低了肥料成本。玉米的目标产量为5080.2kg/英亩时,氮肥施用量仅为10.7~11.3kg/亩,即每千克玉米仅消耗0.01~0.02kg氮。一般玉米氮肥的推荐使用量是每千克施用0.02~0.04kg氮,过量使用氮肥没有意义。加入覆盖作物的免耕制度使养分循环更加有效。

增加有机质　Organic Matter Boost

开始免耕时,许多人认为数年后土壤有机质才会增加。一些土壤专家则坚持认为这种情况不可能发生。实践证明,过去20年中土壤腐殖质发生了显著的变化,有机质含量从0.5%增加至2.5%。这是免耕制度的多种好处之一,我们也期望随着更多的覆盖作物加入,土壤会有更进一步的改善。

当地应用案例　What Works At Home?

我们县地处萨吉诺湾流域,该水域面积22500平方英里,是密歇根州最大的一处水域。任何耕作措施都可能会影响萨吉诺湾的水质,我们因此也非常小心。1994年,密歇根州成立了由三个县150个农场主参加的"创新农场主"组织,目标是减少进入萨吉诺湾的沉积物,改变农耕方式,减少化肥和农药的径流量。我们可不想让土壤流入吉诺湾。1996年起我们获得了环境保护局319基金的资助以研究这个问题,三年后我们发现了一些令人震惊的结果。我们发现保护性耕作不仅没降低产量,反而显著提高了玉米产量。

减少耕作量增加了土壤为生长作物提供氮、磷的能力。免耕农田的保水、渗水率也较高。与传统耕作系统相比,对土壤的水蚀和风蚀分别降低了70%和60%。在项目结束时,我们已经掌握了很多较好的管理措施,可以让免耕制度在三个县内发挥最佳效果。我们希望恢复4种或5种覆盖作物的持续免耕制度,使Sheridan农场多样性更丰富。我们的免耕种植计划不具有普适性,需要通过实践最终获得适宜当地特殊土壤类型、作物类型、气候类型、长期目标和农业模式的免耕制度。

内容经许可,改编自
The No-Till Farmer 2006年5月刊
www.no-tillfarmer.com

一般来说，覆盖作物（特别是谷物类）需要在接茬作物播种前 2~3 周灭生，以便让植株干燥以利于翻耕或播种机械打碎植物残体，而半干的植物残体非常柔软，不易切断，会大量缠绕在农机具上。

新鲜植物残体在播种沟内堆积时称为发夹效应（hairpinning），化感物质也会成为作物生长的一大难题。即使植物残体在地表持留数周后，也要避免上午播种，因为降水或晨露会导致植物残体潮湿，发夹效应依然存在。发夹效应降低了种子与土壤的接触程度，进而影响经济作物出苗率。

有时也可以直接在覆盖作物中套播经济作物，然后再灭生覆盖作物。这使得覆盖作物有更长的生长时间来获得更大的生物量，同时也避免了在覆盖作物残体中播种出苗难的问题。然而，在覆盖作物中套播也增加了化感物质对敏感经济作物幼苗生长的影响，而且条播也比较困难。

灭生方法　　Killing Methods

经过测试的灭生方法有多种，下面介绍其中的几种。使用前一定要确认该方法的使用范围，选择适用当地种植制度的方法。

除草剂灭生（Killing with an herbicide）　　利用广谱型除草剂来灭生覆盖作物是保护性耕作采用的普遍方法。这种方式更受欢迎的原因是喷洒除草剂可以迅速大面积灭生覆盖作物，而且除草剂相对便宜。在任何时间或生长时期都可用除草剂来灭生覆盖作物。

利用滚刀式揉切机（Killing with a roller-crimper）　　覆盖作物可以用滚刀式揉切机（通常叫作 roller-crimper）灭生。滚刀式揉切机通过破坏或揉切茎秆来灭生覆盖作物。揉切的过程有利于覆盖作物干燥。

将覆盖作物沿着播种方向压倒，在土壤表面形成致密的残留层，在方便播种机械操作的同时还能控制早期杂草。如果只使用滚刀式揉切机，在花期或花期后灭生覆盖作物可获得最佳效果。

滚刀式揉切机对植株较高的覆盖作物效果最好。滚刀式揉切机无法将小的杂草灭生。覆盖作物残留层对杂草的抑制效果取决于覆盖作物种类、杂草种类和高度，以及覆盖作物残留层密度（厚度）。

滚刀式揉切机可以在动力机械的前部或后部悬挂安装，通常由一个滚筒和均匀分布在滚筒上的钝刀组成。钝刀揉切覆盖作物的效果优于锋利的刀片，因为利刃会切断覆盖作物，造成植物残体移位进而影响播种时种子与土壤的接触。

不使用除草剂时，滚刀式揉切机是灭生覆盖作物一种可行的方法，也可以避免一些较高的覆盖作物经过除草剂灭生后倒伏方向不同造成的播种困难。

在亚拉巴马州，一般用滚刀式揉切机灭生黑燕麦、黑麦和小麦覆盖作物。滚刀式揉切机结合推荐剂量一半的草甘膦与推荐剂量草甘膦灭生覆盖作物的效果一样。关键是要在花期使用滚刀式揉切机。如果在蜡熟期（soft dough stage）或更晚使用滚刀式揉切机，可以不用除草剂，这是有机农场很好的选择。

▲注意事项　　减少非选择型除草剂用量可能引起杂草抗药性。减半使用除草剂不能完全根除杂草，使杂草结实的机会增加，这种情况下滋生的杂草对除草剂有更强的抗药性。因此，只用滚刀式揉切机不用除草剂，或按推荐剂量使用除草剂加（或不加）滚切式揉切这两种方法是比较安全的。

种植者和研究人员提出了使用滚刀式揉切机的一些局限性及克服办法：

- 震动会降低工作速度。在滚筒上使用弯刀可以减少震动引起的工作速度下降。
- 大部分滚刀式揉切机宽是 8 行或更窄，然而种植者已经制造出可折叠的较宽的滚刀式揉切机。
- 滚压和播种可以通过前置式滚筒以及后置式播种机同时进行，节省了时间和能源。

获取更多关于覆盖作物滚刀式揉切机的信息，请参考 ATTRA 文献[11]和《免耕——覆盖作物专用滚刀式揉切机》（第 161 页）。

刈割/切碎（Mowing/chopping）　　刈割和切碎是通过将植物残体切碎来管理覆盖作物的快速方法，可以替代除草剂，但耗能较高。

在潮湿气候条件下，刈割的植物残体分解速度过快，不能发挥保护性耕作制度中植物残体的优势。在干燥气候条件下，覆盖作物残体分解较慢，在风和水的作用下植物残体可能会在低洼处聚集或从田中被吹走和冲走。

切碎的植物残体可能会对耕地和播种设备带来不利影响，因为犁刀会将切碎的植物残体推进土壤中。利用清垄器或残茬清理机（trash whippers）可以预防这种情况发生。

活体覆盖层（Living mulch）　　活体覆盖层是指在生长季与经济作物并存且在经济作物收获后可以继续生长的覆盖作物。这种覆盖作物不需要每年补播[181]。通过适当的选择和管理，可以最大限度降低覆盖作物与主要经济作物间的竞争，同时增加与杂草的竞争。活体覆盖层可以是每年建植的一年生或多年生植物，或是现有的多年生禾草或豆科植物，可以将作物播到里面。

活体覆盖层系统依赖于供给经济作物的充足水分，适用于葡萄园、果园、农作物（如玉米、大豆和小粒谷物及许多蔬菜）。经常使用豆科植物是因为它们可以固氮，其中一部分氮可以为伴生作物所利用。如果氮素过多，活体覆盖层（特别是禾草）可以将多余氮素吸收储存起来，并在下个生长季释放供经济作物利用。

在保护性耕作制度中，活体覆盖层可以降低氮肥投入、控制杂草和防止土壤侵蚀，而且对害虫防治有一定作用，同时可缓解环境问题。

活体覆盖层在中西部苜蓿—玉米轮作[385]、玉米-大豆轮作中可行，但由于覆盖作物同大豆之间容易形成竞争，所以面临的挑战也更大。通过抑制管理，活体覆盖层可以最大限度降低与玉米的竞争，使产量不变或稍有下降。这个系统需要对覆盖作物与谷类作物进行精细管理，减少竞争，以维持作物的产量。

经济作物建植（Cash crop establishment） 在保护性耕作制度中，使用覆盖作物会使经济作物的建植复杂化。如果管理不当，覆盖作物会减少棉花、玉米和大豆的植株密度。

植株密度减少的原因包括：

- 覆盖作物植物残体影响播种，导致种子与土壤接触不良。
- 土壤水分过度消耗。
- 植物残体导致土壤湿度过大。
- 植物残体导致土壤温度过低。
- 覆盖作物植物残体的化感效应。
- 土传病害增加。
- 昆虫和其他害虫为害增加。
- 游离氨（覆盖作物为豆科植物的情况下）。

预防覆盖作物后茬种植经济作物出现的问题，可采取以下措施：

- 仔细检查，保证种子与土壤接触良好，并检查种子位置，特别是播种深度。
- 确定犁刀刺穿了覆盖作物植物残体，而不是将其与种子一起混入土壤。
- 种植经济作物前，覆盖作物干燥至少 2～3 周。
- 观测幼苗早期易发生的虫害（如地老虎）。

覆盖作物之后播种小粒作物（如蔬菜）和棉花，特别容易造成植株密度减少。由于较强的化感作用和（或）植物病原体数量增加，冬季一年生豆科植物可能会引起更多的问题。如果植物残体不妨碍播种，可将覆盖作物残体留在地表以降低苗期风险。

将植物残体留在地表，对播种更具挑战性。然而，改进的免耕播种机可以将播种区的植物残体移走，减少对出苗的影响（见以下设备论述）。

地表植物残体降低了土壤温度，这对北部地区的作物生长影响更大。将播种区的植物残体移走会显著提高种子区土壤温度，并减少与种子接触的植物残体量，使种子与土壤更好的接触和降低植物残体对幼苗的化感作用。

免耕播种机（No-till planters） 适宜的播种深度、种子和土壤充分接触是在覆盖作物残体中免耕种植经济作物的关键。免耕播种机比传统播种机重，这样可以使播种机在粗糙的土壤条件下能够达到理想的播种深度，并且防止播种机晃动，保持均匀播种。每个播种单元均装备了重型下压弹簧，可以使向下的压力作用在不平坦的土壤表面上，保持播种深度一致。

使用清垄器的目的是处理厚重的覆盖作物残体。生产厂商已经开发出适应不同类型播种机的清垄器。所有的清垄器均可以清除播种单元圆盘耙周围的植物残体。移走植物残体可以减少其进入种沟并堆积。

所有的清垄器均可以通过调整来适应特殊的土地条件。通过调节清垄器可以移除所有植物残体但不影响土壤。如果行内的土壤被过分扰动，土壤容易干燥并板结，不利于出苗。

另外，扰动土壤会促进行内杂草滋生，增加杂草和经济作物间的竞争。

辐条式收盘车轮（Spoked closing wheels）能够改善作物在排水不良或细粒土中的播种效果。传统的铸铁或光滑的橡胶收盘车轮容易导致上述类型土壤板结。辐条式收盘车轮能够粉碎种子沟内的土块，使种子与土壤充分接触，并且能够使土壤保持疏松，利于植物出苗。

V型清沟器（V-slice inserts）和压种器（seed firmers）等附加播种设备可以确保在不平整的土地上播种时种子和土壤充分接触。V型清沟器能够清理圆盘开沟器（opening disk）划开的种沟，压种器能够将种子压入种沟底部的土壤中。

条耕设备（Strip-tillage equipment）　　条耕设备是用来管理植物残体和在作物行间进行非翻转型犁地的工具。在南方地区条耕指的是在对土壤表层植物残体扰动最小的情况下进行行内深翻（36～41cm深），减少土壤板结。在中西部地区，局部翻耕一般是指行内浅翻，以便移除植物残体，增加种子周围土壤温度。

条耕设备一般由链接杆前装置的犁刀，链接杆后拖挂的平地滚筒、拖链或镇压轮组成。依据不同情况，这些部件单独使用或配合使用可以达到不同程度的翻耕效果。

在覆盖作物残体中条耕时，犁刀以链接杆为中心轴来安装并尽可能远离连接杆。这样可以让犁刀更好地切断连接杆前的植物残体。通过切断连接杆前的植物残体，可以让连接杆在植物残体中顺利通过，避免植物残体缠绕设备。

在比较黏重的土壤中作业时，土壤颗粒容易黏在链接杆（shank）上并积聚，扰动过多的土壤，使犁沟过宽，影响播种机作业效果，称为堆土（blowout）。固定在连接杆上的塑料防护罩有助于防止"堆土"。另一种降低"堆土"的方法是在连接杆（subsoil shanks）一端垂直安装分离器（splitter points）。分离器能够压裂沟底土壤，防止犁刀把土壤带到表面。形成的土壤裂缝与混凝土应力裂纹类似。

清垄器可以在温度偏低、排水不良的土壤中使用，促进春天土壤迅速升温。这样可以实现春季较早播种，确保出苗良好。清垄器的功能与播种机上的清垄器功能类似，均是将覆盖作物残体从行内清走。虽然清垄器适用于大部分的条耕设备，但条耕设备上的清垄器调整不如播种机上的灵活。

蔬菜建植（Vegetable establishment）　　设备及植株定植难题在一定程度上限制了免耕制度在蔬菜移栽中的应用。在20世纪90年代随着地下微耕移栽机（Subsurface Tiller-Transplanter）的出现，这个问题得到了解决[286]。地下微耕移栽机是一种组合机械，在对地表植物残体和土壤扰动最小的情况下，达到一次操作就能够实现疏松底土、缓解土壤板结和移栽蔬菜的功能。

地下微耕移栽机（Subsurface tiller）上的弹簧式松土部件可在移动式双刀盘（double disk shoe）前面较窄的条带上松土，因此双刀盘受到的阻力小，可顺利地通过植物残体和疏松过的条带。另外，播种机可以配备施肥和喷药设备以减少播种操作中的条带数。

分区论述：覆盖作物在保护性耕作制度中的应用　　Regional Roundup: Cover Crop Use in Conservation Tillage Systems

中西部地区——Tom Kaspar

土壤。 与其他地区相比，中西部地区土壤有机质含量较高。研究人员目前正在研究覆盖作物是否可以提高土壤有机质含量。玉米秸秆作为生物能源利用会使归还到土壤中的有机物减少，造成土壤易退化，但是覆盖作物可以弥补玉米秸秆带走后产生的不利影响，然而覆盖作物对土壤的保护程度还没有深入研究。

农业系统。 中西部农场面积较大，平均为2100亩。无论是否饲养牲畜，覆盖作物、保护性耕作在玉米和大豆种植中都最为常见。覆盖作物在蔬菜种植中也普遍应用。

覆盖作物种类。 黑麦和其他小粒谷物是中西部地区的首选覆盖作物。豆科覆盖作物包括红三叶、毛苕子和草木樨。

覆盖作物功能。 中西部覆盖作物的功能包括减少土壤侵蚀、提供免耕制度中的植物残体、抑制冬季一年生杂草和参与养分循环。由于美国大部分玉米生产集中在中西部地区，玉米田大量施用氮肥加大了硝酸盐流失的风险，而覆盖作物能够吸收过量的氮素，因此覆盖作物的优势在中西部体现得更加明显。

覆盖作物的劣势。 如果在灭生覆盖作物时播种，会导致玉米减产（大豆不会）。较早灭生覆盖作物可以在一定程度上避免这个问题，但是植物残体作用优势会减弱。覆盖作物的生长期介于玉米和大豆收获到下茬播种期间，时间短、气温低，给覆盖作物的产量带来不确定性。经济作物的播种和收获时间与覆盖作物的灭生和播种时间一致。

管理。 覆盖作物的播种要与玉米和大豆的收获同时进行，以获得更高的生物量。生产者可以从覆盖作物的种植方式中获益，有收获前套播、收获后结合翻耕灭草复种（比套播出苗晚）或收获后顶凌播种等方式供选择。如果为了获得环境方面的效益，可以尝试其他不同的种植方式。

东北部地区——Sjoerd Duiker

覆盖作物已经成为东北部地区作物生产的重要组成部分，这很大程度上取决于免耕制度的应用，因为覆盖作物在免耕制度中要比在传统耕作中更容易管理，而覆盖作物残体在免耕制度中有很多优势。

土壤。 东北部地区土壤类型众多，包括冰川沉积物或融水湖形成的土壤；由沉积岩砂岩、页岩和石灰石形成的沉积土壤；具有复杂地质构造的海岸山脉残迹形成的山前土，地形由平缓到陡峭起伏；由河流或海洋松散冲积物形成的海岸平原土壤，通常多沙且地下水位较浅。

该地区土壤和养分管理的目标应更加关注土壤侵蚀、黏土壤的底土层、脆磐土、浅层地下水和动物养殖造成的富营养化。

农业系统。东北部农场种类很多，但规模较小，主要经济作物包括谷物、多年生牧草、奶牛、猪、家禽、水果和蔬菜等。一些州鼓励使用覆盖作物和保护性耕作，加强农田养分管理。宾夕法尼亚州免耕联盟等农民组织积极推动覆盖作物的应用。从 2006 年开始，马里兰州政府实行每亩覆盖作物 5.0～8.3 美元补贴的政策，这一措施显著促进了覆盖作物面积的增加。

覆盖作物种类。覆盖作物的选择范围和生态位与当地农作制度一样丰富多样。黑麦、小麦、燕麦和黑麦草是最常见的禾本科覆盖作物；毛苕子、绛三叶和奥地利冬豌豆是主要的豆科覆盖作物；荞麦在许多蔬菜种植中广泛应用，芸薹属覆盖作物（如饲用萝卜）也开始在该地区进行试验和利用。

覆盖作物的功能。种植覆盖作物可以控制土壤侵蚀、改良土壤、保持土壤水分、生产饲草、参与养分管理，尤其可固定集约化农牧业生产中的氮素和磷素。覆盖作物能够适应该地区多种种植系统，尤其是水果和蔬菜[1, 2, 3, 4]。近期研究发现，饲用萝卜（*Raphanus sativus* L.）较大的主根能够穿透深层土壤，减轻土壤板结[445]。

覆盖作物的劣势。覆盖作物应用的主要影响因素有播种时间、种植成本、水分利用。对于某些种植制度，生长季的长短也限制了覆盖作物的应用。

管理。通过以下几种管理方式可使覆盖作物适应不同的生态条件：

- 及时播种，包括套播、间作或利用活体覆盖层。
- 多种灭生方法，包括刈割或滚压揉切覆盖作物植株。
- 调整覆盖作物灭生和经济作物播种的时间，使覆盖作物收益最大化。

东南部地区——Kipling Balkcom

在东南部地区，残体生物量高的覆盖作物是保护性耕作成功的关键。

土壤。东南部的土壤是高度风化的酸性土，有机质含量低，易受侵蚀。数十年的传统耕作加剧了土壤退化。

农业系统。东南部农场对棉花、大豆、玉米、花生和小粒谷物等作物进行多样化搭配种植。一部分农场还养牲畜，具备灌溉条件，也种植水果和蔬菜。

覆盖作物种类。黑麦、小麦、燕麦、毛苕子和绛三叶是谷物和油料作物种植中主要利用的覆盖作物。

覆盖作物优势。东南部风化的土壤急需覆盖作物提供的生物量，以增加有机质和改善土壤理化和生物学性质。覆盖作物残体减少了土壤侵蚀和流失，增加了渗水性和保水性，在干旱年或易旱土壤中收益尤其明显。

覆盖作物的劣势。主要包括：

- 水分管理较困难。

- 将不同的覆盖作物整合进东南部地区的作物生产中存在困难。
- 大量的植物残体降低了芽前除草剂的效果。

植物残体还可能会影响设备有效操作、播种时土壤水分含量和建植效果。另外，有些人不愿意接受新的管理挑战和可能增加的额外成本（perceived cost）。

管理。 生产者青睐于减少田间机械作业，降低燃料和人工成本，并节省时间。东南部地区显著增加的覆盖作物和免耕制度促使了玉米、大豆和棉花新品种的应用，这些新品种更加耐药或转入了抗虫的基因。基因改良降低了杂草和虫害防治的难度，使保护性耕作制度更加容易实施。经济作物收获后相当长的生长季为种植覆盖作物提供了充足的生长时间。

北部平原——Jorge Delgado

降雨和土壤可利用水分是影响覆盖作物在保护性耕作制度中应用的主要限制因素。

土壤。 北部大平原的土壤暴露在大风环境下，在土层薄的地方，大风足以将耕作程度最小地块的表层土壤颗粒吹走。该区无灌溉系统且年降水量较低，目标作物一般不会在土壤表面留下大量植物残体。

农业系统。 北部大平原的农场都很大，一般分为灌溉型和非灌溉型。轮作作物包括马铃薯、红花、菜豆、向日葵、油菜、海甘蓝（crambe）、亚麻、大豆、豌豆、小麦和大麦。

覆盖作物种类。 该区域一般种植黑麦、豌豆（奥地利冬豌豆、trapper 春豌豆）、草木樨和高丹草。

覆盖作物的优势。 覆盖作物残体改善了土壤保水能力，有利于增加土壤水分含量和作物产量。覆盖作物减少了风蚀和养分流失，增加了土壤碳含量。植物残体量大，冬季覆盖作物可固定碳素和氮素，且增加了其他大量和微量元素的有效性[7, 113]。

覆盖作物的劣势。 降雨量、灌溉能力和覆盖作物耗水能力是该地区主要考虑的因素。春季湿冷条件下，覆盖作物残体推迟了土壤升温。覆盖作物和免耕制度通常会降低经济作物产量，即使是有灌溉条件下情况下也不可避免[171, 172]。

管理。 适当的管理措施是提高养分利用效率和减少养分流失的关键[112, 113, 114, 370]，也是提高水分利用效率的关键。

南部平原——Louis Baumbardt

由于翻耕会将植物残体混入土壤，使土壤自然黏聚性和团聚性下降，所以最初将保护性耕作制引入大平原是为了控制土壤侵蚀。在 20 世纪 30 年代干旱和多风的气候条件下，翻耕这种集约耕作制造了灾难性的风蚀，历史上称为"尘暴"（Dust Bowl）[26]。南部大平原大部分地区的保护性耕作利用水平似乎落后于其他地区，但事实是，在某种程度上因为干旱地区的植物残体产量不足而不适宜进行保护性耕作。

土壤。南部大平原的土壤由一系列来源不同的成分组成,如北部地区主要为平坦的地表风化层(得克萨斯高原和堪萨斯西部),延伸至俄克拉荷马州西部的得克萨斯平原(Texas Rolling Plains)则由二叠纪沉积多年演变形成。这些土壤含有多种矿物元素,经常钙化,一般土壤结构差、有机质含量低[37]。控制风蚀和保持土壤水分是所有南部大平原土壤的主要管理目标。

耕作制度。南部大平原的耕作制度随不同的灌溉条件而变化。灌溉能降低风险和满足生产要求,使得农场面积可以更大,耕作制度更加多样化。该地区主要作物包括棉花、玉米、花生、籽实高粱、大豆和向日葵。粮食作物和牧草支撑了当地的养牛业。

小麦-高粱-休耕是常见的轮作模式,可以在饲用小麦和高粱残茬上放牛[27]。这种类似的轮作可以多种植几季高粱或将小麦用作绿肥耕翻后种植棉花。

覆盖作物种类。覆盖作物种类的选择取决于水分,小麦、黑麦和燕麦应用最普遍。小麦一般收获为粮食或牧草或在两季棉花间作为绿肥[29]。

覆盖作物的优势。覆盖作物残体满足保护性耕作30%的覆盖需求,有助于植物残体较少的作物控制风蚀,并且有利于水分的渗透和保持。

覆盖作物的劣势。是否种植覆盖作物取决于降水量或灌溉的经济性和有效性。虽然棉花等作物地表覆盖不足,但是种植覆盖作物会与接茬棉花竞争水分[28]。在作物残茬和覆盖作物上放牧还降低了残留物对地表的覆盖,因此必须平衡饲草利用量和地表覆盖度之间的关系。

管理。由于一年生作物(如棉花)的地表覆盖率不高,南部大平原的生产者经常利用覆盖作物控制一年生作物田的风蚀。在降水有限的年份,覆盖作物会与主要经济作物争夺水分[28]。然而,希望在风蚀地上种棉花的生产者以最小的灌溉投入已经成功地种植了冬季禾谷类覆盖作物。

保护性耕作通过增加渗透和减少蒸发增加了降水在土壤中存储量。在半干旱的南部大平原,这部分增加的降水存储与生长季的降水和灌溉一起满足了作物需水量。

太平洋西北部——Hal Collins

在太平洋西北部(PNW)干旱地区,冬季降水量和水资源的供应量是影响免耕制中覆盖作物利用方式的主要因素。在灌溉条件下,上一茬粮食作物残体过多不利于覆盖作物的建植。太平洋西北部农区年降水量为150～760 mm,喀斯喀特山脉和蓝山山脉(Cascade and Blue Mountain Ranges)的地形影响了华盛顿州、俄勒冈州和爱达荷州的总降水量和降水分布。

土壤。太平洋西北部地区的土壤来源于火山活动的风积和洪水沉积物,以及最后一次大陆冰川作用(约距今12000年)后的灌丛草原植被土壤。风积黄土是典型的粉壤土,土壤可塑性中等至较强,有机碳含量为1%～2%。华盛顿州、俄勒冈州和爱达荷州的哥伦比亚盆地中的冰川湖(密苏拉湖和邦纳维尔湖)的洪水沉积物形成的土壤大多为沙土及粉壤土，土壤可塑性差，有机碳含量低（<1%）。本地区降水较多的区域，降水和降雪易引起耕地的水土流失，降水较少的区域则易产生严重的风蚀（哥伦比亚盆地）。

耕作制度。 太平洋西北部地区干旱区和灌溉区的农田面积都很大（每片平均12000亩以上）。干旱区域一般种植小麦、大麦、油菜、燕麦、禾草（草种生产用）和菜豆。灌溉区域作物轮作模式较多，基于蔬菜的轮作包括马铃薯、洋葱、胡萝卜、饲用玉米、甜玉米、鲜食菜豆和豌豆、甜菜、薄荷、油菜、芥末、红花、籽实豌豆（dry pea）、禾草（草种生产用）、苜蓿、小麦和大麦。

覆盖作物种类。 该区域的覆盖作物包括紫花豌豆（奥地利冬豌豆）、草木樨、毛苕子、苏丹草、小粒谷物（小麦、黑小麦）和多种芸薹属植物。

覆盖作物的优势。 覆盖作物残体对土壤的保水性、渗水性、土壤结构、土壤碳储存、微生物活性和作物产量均有改善作用。覆盖作物残体还可以减少水蚀和风蚀、降低淋溶导致的营养损失和沉积物的地表径流损失（overland flow of sediments）。作物残体及灌溉条件下种植冬季覆盖作物可以固定碳素和氮素，并增加其他大量和微量元素的有效性。在降水少的地区，覆盖作物残体可以实现或超过保护性耕作要求的30%地表覆盖率。

覆盖作物的劣势。 降雨量、降雨分布、灌溉条件和覆盖作物耗水量是干旱地区主要考虑的因素。在灌溉条件下，植物残体量大不利于作物建植。覆盖作物使春季天气更加湿冷，推迟土壤升温和经济作物萌发出苗。在灌溉条件下，高附加值蔬菜生产中种植制度本身丰富多样，加之土地所有者不种地，免耕制和覆盖作物的应用受到了限制。某些情况下，覆盖作物和保护性耕作会使作物减产并减少经济收益。

管理。 覆盖作物的管理比较复杂，并且干旱地区和灌溉地区的管理措施也不同。覆盖作物的管理目标是减少养分流失、增加养分利用效率和降低土壤病原物危害程度[88, 111, 115, 429]。良好的管理措施也是增加水分利用效率和影响小粒谷物蛋白含量的关键。

加利福尼亚州——Jeffrey Mitchell

尽管覆盖作物和保护性耕作有许多优势，加利福尼亚州主要的耕作方式还是连作。覆盖作物应用面积只占加利福尼亚州一年生作物面积的不到5%，保护性耕作在该地区的应用面积低于一年生作物面积的2%。

土壤。 加利福尼亚州农业生产土地类型很多。覆盖作物和保护性耕作主要在土质黏重的黏壤土或壤土中应用。最近，保护性耕作在土质较轻土壤的饲草生产中应用规模正在逐步扩大。

耕作制度。 在加利福尼亚州，免耕覆盖作物主要用于加工或鲜食番茄生产中[186]。覆盖作物在玉米和棉花中的应用正在研究中[280]。

覆盖作物种类。 在番茄系统中，最成功且易管理的覆盖作物是小黑麦、黑麦和豌豆的混播。野豌豆主要用在饲料玉米中。

覆盖作物的优势。 加利福尼亚州的农民利用覆盖作物减少间作时的耕作、抑制冬季杂草、降低病原物数量和提高养分。

覆盖作物的劣势。 被覆盖的土壤表层和覆盖层之上温度较低，延缓作物成熟及降低覆盖作物再生性而且还需要特殊的管理措施。保护性耕作制度中当季杂草控制方式受到限制。

管理。 在加利福尼亚中央谷地（Central Valley），覆盖作物生长期为十月中旬至三月中旬。在无灌溉条件下，地上生物量干重可达 83.2kg/亩[278, 279]。三月利用地轮驱动秸秆粉碎机（ground-driven stalk choppers）将覆盖作物刈割或切碎，或只用除草剂灭生。

直接在覆盖作物层上移栽番茄，或者在使用窄行 PTO 驱动秸秆粉碎机（narrow PTO-driven rotary mulchers）或地轮驱动旋耕机耕作后移栽[249]。因为覆盖作物层本身不足以控制杂草，所以采取耕作措施控制当季杂草非常有必要，高效旋耕机也可以有效切割植物残体。

在萨克拉门托河谷地区（Sacramento Valley），大田玉米可以成功地直接播种在经甩刀式割草机刈割后的毛苕子中，玉米的产量与冬季覆盖作物耕翻做绿肥的玉米产量相当。

总结和建议

免耕制中覆盖作物的好处：

- 减少土壤侵蚀。
- 增加土壤有机质。
- 改善土壤结构，增加渗水性。
- 增加作物生产可用水量。
- 提高土壤质量。
- 有利于早期杂草控制。
- 打破病虫害循环。

通过以下方式可加强覆盖作物的作用：

- 及时播种。
- 仅在土壤残留氮过低时，为小粒谷物覆盖作物补充氮肥。
- 在播种期前 2～3 周灭生覆盖作物，让土壤水分回升，同时减少化感作用、虫害和播种作业的有关问题。
- 为植物残体量大的覆盖作物改进耕作和/或播种设备。

表格介绍

以下四个表格可以帮助读者全面了解各种覆盖作物，有利于选择最适应当地条件和最符合需求的覆盖作物。切记，在特定的年份，品种的选择、极端气候和其他的因素均可能影响覆盖作物的表现。

■表1：各地区最主要的覆盖作物

该表基于6个参考指标，为不同的生物区域列举了不超过5种覆盖作物。这6个不同参考指标是氮源、土壤改良、防止侵蚀、提高土壤孔隙度、抑制杂草和防治害虫。表1可帮助读者了解其他表格中的哪一种覆盖作物的介绍需要仔细阅读和哪一类覆盖作物的叙述需要首先阅读。

免责声明 本表格建议的覆盖作物在一个生物区域内的所有条件下不一定是最成功的，其他的种类在一些地区或某一年效果可能更好。尽管这样，本表格所列覆盖作物是经过科学研究后得出的结论。在目前的管理措施下，大部分种植年份覆盖作物都可以最大限度发挥作用。

■表2A：功能和表现A和功能和表现B

该表对某种覆盖作物各种功能（如吸收氮素、改良土壤或抗侵蚀）提供了相对评级。

季节性会对有些评级产生影响。春季生长茂盛的覆盖作物比秋季的覆盖作物有较强的抑制杂草能力。除非另有脚注标明，该表评估的是某种覆盖作物在整个生育期的田间表现。这些评估结果是一般性结论，这些结论是基于一系列的观测或测量结果得出的。随后的章节将详细描述某种覆盖作物的季节性表现。对于通常与谷物或禾草进行保护播种的豆科作物，"抑制杂草"评级也包括了保护作物的作用。

表头栏

豆科氮源 评估豆科覆盖作物固氮的相对能力。（尚未对非豆科作物生物氮含量进行评级，所以这一项为空白。）

总氮含量 主要基于公开发表的研究文献，以 lb.N/A 为单位，对豆科作物田提供总氮范围做一个合理预期的定量评估（总的生物量，包括地上部和地下部）。总氮量不是肥料的替代值。禾草尚未进行生物氮含量评估，是因为禾草成株残体中的氮不易移动。芸薹属中的氮比禾草更易移动。

干物质 主要基于公开发表的研究文献，以 lb/A/yr 为单位定量评估干物质的范围。由于一些数据是基于小区试验的，有灌溉条件可多次刈割，因此在大田中实际的产量处于所列干物质产量的较低值与中间值之间。这个评估是完全以干物质为基础的。紫花苜蓿干草一般含水量约为 20%，因此 1t 干草的干物质只有 725.75kg。

氮的吸收 评估一种覆盖作物吸收和存储多余氮的能力。切记在主要农作物收获后，种植覆盖作物越早，或套种覆盖作物到已有的作物中，覆盖作物吸收氮的量会越大。

改良土壤 评估一种覆盖作物生产有机质和改善土壤的能力。评级假设：在现有种植制度下，经常使用覆盖作物来持续增加土壤有机质。

抵抗侵蚀 评估根系的扩展范围和速度，固持土壤、防止表面侵蚀和风蚀的能力，以及其生长习性对抵抗风蚀的影响。

抑制杂草 评估覆盖作物在整个生命周期（包括已死的植物残体）全方位抑制杂草的能力。注意：对豆科作物的评级是建立在假设它们与小粒谷物保护播种的基础上的。

放牧适宜性 评估相对生产力、营养品质和作为牧草的适口性。

生长速率 评估建植和生长的速度。

覆盖持久性 评估覆盖作物提供持续覆盖的效力。

持续时间 评估覆盖作物长期生长的能力。

收获价值 基于市场价值与可能的产量，评价覆盖作物作为牧草（F）的经济价值或作为收获种子（S）或粮食作物的经济价值。

套播经济作物的适宜性 评估覆盖作物作为伴生作物时是否抑制或有益于经济作物。

表 3A：栽培特点

此表格显示覆盖作物的特点，如生命周期、耐旱性、土壤偏好和生长习性。评级是根据一系列条件测量的结果和观测得到的一般性评价。品种的选择、极端的天气及其他因素，均可能影响覆盖植物在特定年份的表现。

表头栏

别名 提供某覆盖植物的几个常见名称（英文）。

类型 描述作物的一般的生命周期。

- **B 代表二年生植物** 第一年营养生长，顺利越冬后，在第二年结籽。
- **CSA 代表冷季一年生植物** 偏好低温，在不同的耐寒区，作为秋季、冬季或春季覆盖植物。
- **SA 代表夏季一年生植物** 不能在冷凉的气候条件下发芽并成熟，可忍受高温。
- **WA 代表冬季一年生植物** 耐寒，一般在秋季种植，经常需要有低温或一段寒冷期才能结籽。
- **LP 代表长寿多年生植物** 可以持续生长多年。

- **SP 代表短寿命多年生植物** 通常至多生存几年。

耐寒分区 参考美国农业部的耐寒分区（Hardiness Zone）标准。注意：区域小气候、天气的变化及播种期和伴生种类等其他近期的管理因素，都会影响植物的预期表现。NFT 代表不耐霜冻。

耐受性 作物对热胁迫、干旱胁迫、遮阴、洪涝或低肥力的耐受力。最好的评级代表该作物具有全部的抗性。

习性 植物如何生长。C 代表攀缘，U 代表直立，P 代表匍匐，SP 代表半匍匐，SU 代表半直立。

适宜 pH pH 值范围代表这个品种在此酸碱度范围内植株会有较好的生长。

适宜建植期 最适宜播种和最适合植株早期生长的季节。注意：不同区域差别会很大，对于特定的覆盖作物，了解当地所推荐的播种期是很重要的。

- 季节：Sp 代表春季，Su 代表夏季，F 代表秋季，W 代表冬季。
- 时间：E 代表早期；L 代表晚期；M 代表中期。

最低发芽温度 成功发芽和建植所需要的最低土壤温度（F）。

表 3B：种植

深度 推荐的播种深度范围，避免过度见光或播种太深。

播种量 假设用规定标准的发芽率计算，撒播和条播时所推荐的单播播种量，以 lb./A、bu/A 和 oz/100 sq. ft 为单位。播种量取决于这种覆盖作物的主要功能和其他因素。根据描述获取更多关于给定覆盖作物的详细信息。预先接种（"接种根瘤菌"）的豆科植物种子比未接种的种子重 1/3。为保证单位面积播种相同数量的种子，必须增加 1/3 的播种量。

费用 材料费（仅种子的花费）以公斤为计重单位，美元为支付单位，截至 2006 年秋季，通常一包重 22.68kg。个别品种因市场供应和需求而有所不同。通常在订购前和准备使用不太常见的种子类型之前要确定种子价格和供应量。

每亩的花费 根据截至 1997 年秋发布的种子价格范围的中间值和推荐的条播和撒播播种量中间值来决定每亩种子的花费。具体花费取决于实际的种子花费和播种量。估算不包括劳动力、燃油和机械设备等相关成本。

接种体类型 为每种豆科推荐的接种体。种子供应者可能只提供 1~2 种常见的接种体。因此，可能需要提前订购接种体。详见 218 页《附录 C 种子供应商名单》。

自播 如果覆盖作物可以成熟并结籽，通过自播可以评估这种作物重新建植的可能性。过度耕作会把种子深埋而减少发芽。评级时假设耕作对自播的影响很小。蔬菜、旱地谷物和棉花生产中，自播能力是有益的，但是在其他植制度中也可能导致杂草问题。详见具体描述。

■ 表 4A 和表 4B

这两个表提供了其他管理注意事项的相关评级（益处和可能的缺陷），这将影响对覆盖作物品种的选择。

在耕作灭生效果评级时，假设耕作处于一个合适的时期。在刈割灭生评级时，假设在开花后至种子成熟前进行刈割。详见各章节。

评级主要是以公开发表的研究文献和农户的田间观测综合得出的，这里的农户是指种植过特定覆盖作物的人。对某种覆盖作物的种植经验可能受特定地点因素的影响，如土壤条件、作物轮作、相邻农场的类型、极端天气等。

■ 表 4A：潜在的优势

土壤影响 评估一种覆盖作物对疏松底土、提高土壤磷和钾对农作物的有效性或改善表土的相对能力。

土壤生态 通过抑制或限制由线虫引起的损害、由真菌或细菌感染引发的土壤病害，或天然除草剂（化感作用）及竞争/窒息作用对杂草的抑制，来评估一种覆盖作物抵御有害生物的能力。研究表明，难以确定是来自化感作用还是其他覆盖作物效应的影响，而且对线虫抗性影响也各不相同。这些只是对覆盖作物土壤生态效应大体上的初步评价。

其他 表示吸引有益昆虫的能力、耐碾压性（踩踏或车辆）及短期生长和填闲种植的适应性（短空闲期）。

■ 表 4B：潜在的不利因素

逸生为杂草的风险 覆盖作物可能成为一种杂草，或可能导致一种虫害的爆发。总体来说，种植覆盖作物很少造成有害生物的问题，但是在局部地区某些覆盖作物可能引起特殊的虫害、病害或线虫问题，如覆盖作物是一种害虫的中间寄主。详见各章节。

读者们需注意在这个表中符号变化的含义。

管理的挑战是指植株建植、灭生或接茬种植的相对难易程度。耕作灭生指因翻耕、耙地或其他耕作方式导致的死亡。"成熟期翻压还田"评价了相对成熟的植株翻压还田的难易程度。植株成熟前灭生或在灭生后到接茬种植之间某一时间再翻压还田会更容易。

表 1　各地区最主要的覆盖作物

区域	氮源	改善土壤	防止侵蚀	提高土壤孔隙度	抑制杂草	防治害虫
东北	红三叶 毛苕子 埃及三叶草 草木樨	多花黑麦草 草木樨 高丹草 黑麦	黑麦 多花黑麦草 地三叶 燕麦	高丹草 草木樨 饲用萝卜	高丹草 多花黑麦草 黑麦 荞麦	黑麦 高丹草 油菜
大西洋中部	毛苕子 红三叶 埃及三叶草 绛三叶	多花黑麦草 黑麦 草木樨 高丹草	地三叶 豇豆 黑麦 多花黑麦草	高丹草 草木樨 饲用萝卜	黑麦 多花黑麦草 燕麦 荞麦	黑麦 高丹草 油菜
中南部	毛苕子 地三叶 埃及三叶草 绛三叶	多花黑麦草 黑麦 地三叶 高丹草	地三叶 豇豆 黑麦 多花黑麦草	高丹草 草木樨	荞麦 多花黑麦草 地三叶 黑麦	黑麦 高丹草
东南部高地	毛苕子 红三叶 埃及三叶草 绛三叶	一年黑麦草 黑麦 高丹草 草木樨	地三叶 豇豆 黑麦 多花黑麦草	高丹草 草木樨	荞麦 多花黑麦草 地三叶 黑麦	黑麦 高丹草
东南部低地	奥地利冬豌豆 地三叶 毛苕子 埃及三叶草 绛三叶	多花黑麦草 黑麦 高丹草 地三叶	地三叶 豇豆 黑麦 多花黑麦草 高丹草	高丹草	埃及三叶草 黑麦 小麦 豇豆 燕麦 多花黑麦草	黑麦 高丹草
大湖	毛苕子 红三叶 埃及三叶草 绛三叶	多花黑麦草 黑麦 高丹草 草木樨	燕麦 黑麦 高丹草 多花黑麦草	高丹草 草木樨 饲用萝卜	埃及三叶草 多花黑麦草 黑麦 荞麦 燕麦	黑麦 高丹草 油菜
中西部玉米带	毛苕子 红三叶 埃及三叶草 绛三叶	黑麦 大麦 高丹草 草木樨	白三叶 黑麦 多花黑麦草 大麦	高丹草 草木樨 饲用萝卜	黑麦 多花黑麦草 小麦 荞麦 燕麦	黑麦 高丹草
生物区	氮源	改善土壤	防止侵蚀	提高土壤孔隙度	抑制杂草	防治害虫
北部平原	毛苕子 草木樨 苜蓿	黑麦 大麦 苜蓿 草木樨	黑麦 大麦	高丹草 草木樨	苜蓿 黑麦 大麦	黑麦 高丹草
南部平原	奥地利冬豌豆 苜蓿 毛苕子	黑麦 大麦 苜蓿	黑麦 大麦	高丹草 草木樨	黑麦 大麦	黑麦 高丹草
西北内陆	奥地利冬豌豆 毛苕子	苜蓿 草木樨 黑麦 大麦	黑麦 大麦	高丹草 草木樨	黑麦 小麦 大麦	芥菜 高丹草
西北沿海	埃及三叶草 地三叶 Lana毛荚野豌豆 绛三叶	多花黑麦草 黑麦 高丹草 Lana毛荚野豌豆	白三叶 黑麦 多花黑麦草 大麦	高丹草 草木樨	黑麦 Lana毛荚野豌豆 燕麦 白三叶	黑麦 芥菜
加利福尼亚沿海	埃及三叶草 地三叶 Lana毛荚野豌豆 苜蓿	多花黑麦草 黑麦 高丹草 Lana毛荚野豌豆	白三叶 豇豆 黑麦 多花黑麦草	高丹草 草木樨	黑麦 多花黑麦草 埃及三叶草 白三叶	高丹草 绛三叶 黑麦
加州中央谷地	奥地利冬豌豆 Lana毛荚野豌豆 地三叶 苜蓿	苜蓿 地三叶	白三叶 大麦 黑麦 多花黑麦草	高丹草 草木樨	多花黑麦草 白三叶 黑麦 Lana毛荚野豌豆	高丹草 绛三叶 黑麦
西南部	苜蓿 地三叶	地三叶 苜蓿 大麦	大麦 高丹草		苜蓿 大麦	

表 2A 功能和表现 A

覆盖作物	种类	豆科氮源	总含氮量（磅/英亩）	干物质（磅/英亩/年）	氮的吸收	改良土壤	抵抗侵蚀	抑制杂草	放牧适宜性	生长速率
非豆科	多花黑麦草			2000～9000	◐	◐	◐	◐	◐	◐
	大麦			2000～10000	◐	◐	●	●	◐	●
	燕麦			2000～10000	◐	◐	●	●	◐	●
	黑麦			3000～10000	●	◐	●	●	◐	●
	小麦			3000～8000	◐	◐	●	●	◐	◐
	荞麦			2000～4000	○	◐	◐	●	○	●
	高丹草			8000～10000	●	●	◐	●	◐	●
芸薹属	芥菜		30～120	3000～9000	◐	◐	◐	●	◐	●
	萝卜		50～200	4000～7000	●	◐	◐	●	●	●
	油菜		40～5000	2000～5000	●	◐	◐	●	●	◐
豆科	埃及三叶草	●	75～220	6000～10000		●	●	●	●	●
	豇豆	●	100～150	2500～4500	◐	◐	◐	●	●	●
	绛三叶	◐	70～130	3500～5500	◐	◐	●	●	◐	◐
	紫花豌豆	◐	90～150	4000～5000	◐	●	●	●	○	●
	毛苕子	●	90～200	2300～5000		◐	◐	●	○	◐
	苜蓿	◐	50～120	1500～4000		●	●	◐	●	◐
	红三叶	◐	70～150	2000～5000		◐	●	◐	●	◐
豆科	地三叶	●	75～200	3000～8500	◐	◐	◐	◐	●	◐
	草木樨	●	90～170	3000～5000	◐	●	◐	●	◐	●
	白三叶	●	80～200	2000～6000	◐	◐	●	●	●	◐
	毛荚野豌豆	●	100～250	4000～8000	◐	●	●	●	◐	●

注：○=差；◐=尚可；◐=好；◐=很好；●=极好

[1] **总氮含量**——来自整个植株的总得氮。禾草不作为氮源作物。

[2] **氮的吸收**——吸收/存储多余氮的能力。

[3] **改良土壤**——有机质产量和改善土壤结构。

[4] **抵抗侵蚀**——根部和整个植株的持土能力。

[5] **放牧适应性**——产量、营养质量及适口性。单纯喂食豆类饲料会引起臌胀病。

表2B 功能和表现A

覆盖作物	种类	覆盖持久性	持续时间	收获价值 饲用	收获价值 种子	套播经济作物的适宜性	评价
非豆科	多花黑麦草	◐	◐	◕	◕	●	消耗大量氮和水;刈割会显著增加干物质
	大麦	●	◐	◐	◐	●	耐弱碱性条件,但在pH值小于6的酸性土中生长不佳
	燕麦	●	◐	◐	◐	●	喜含氮丰富的土壤
	黑麦	●	◐	◐	◐	●	耐三嗪类除草剂
	小麦	●	◐	◐	◐	●	春季消耗大量氮和水分
	荞麦	○	◔	◔	◔	◐	夏季覆盖作物;分解迅速
	高丹草	◐	◕	◕	◔	○	生长中期刈割会增加产量和根部入土深度
芸薹属	芥菜	◔	◐	◔	◐	◔	抑制线虫和杂草
	萝卜	◔	◐	◔	◐	◔	吸收氮和控制杂草能力强;氮释放迅速
	油菜	◐	◐	◔	●	◔	抑制丝核菌
豆科	埃及三叶草	◐	●	●	◕	◐	可灵活使用:覆盖作物、绿肥、饲料
	豇豆	◔	◐	◐	◐	◐	生长季长度和习性在不同品种间差异大
	绛三叶	◐	◐	●	◐	◐	若秋季种植早,则建植容易、生长快;初春成熟
	紫花豌豆	◐	◐	●	◐	◐	生物质分解快
豆科	毛苕子	◔	◐	◔	◐	◐	和小粒谷物混播可以扩大季节的适应性
	苜蓿	◐	◐	◔	◐	◐	使用一年生苜蓿套播
	红三叶	◐	◐	●	◐	◐	很好的饲料,建植容易;适应范围广
	地三叶	●	●	◐	○	◐	种苗强壮,结瘤快
	草木樨	●	●	◐	◐	◐	第二年茎秆高,扎根深
	白三叶	◔	●	◐	◐	●	在第一年生长后可以持久保持
	毛茛野豌豆	◔	◐	◔	◐	◐	落种的两个月内刈割自播效果差;过度放牧会使家畜中毒

注:○=差;◔=尚可;◐=好;◕=很好;●=极好

[1] **覆盖持久性**——评估灭生的植物残体在地表停留的时间。

[2] **持续时间**——营养生长阶段的时间长度。

[3] **收获价值**——评价覆盖作物作为牧草(F)的经济价值或作为收获种子(S)或粮食作物的经济价值。

[4] **套播经济作物的适宜性**——评估覆盖作物和一种适当伴生作物一起时的表现情况。

表 3A 栽培特点

覆盖作物	种类	别名	类型	耐寒分区	耐受性 热	耐受性 旱	耐受性 阴蔽	耐受性 淹水	耐受性 贫瘠	习性	适宜 pH	适宜建植期	最低发芽温度/F
非豆科	多花黑麦草	Italian ryegrass	WA	6	◐	◐	◐	◐	◐	U	6.0～7.0	ESp, LSu, EF, F	40
	大麦		WA	7	◐	◐	◐	◐	◐	U	6.0～8.5	F,W, Sp	38
	燕麦	spring oats	CSA	8	◐	◐	◐	◐	◐	U	4.5～7.5	Su, ESp, W in 8	34
	黑麦	winter, cereal, grain rye	CSA	3	◐	◐	◐	◐	◐	U	5.0～7.0	LSu, F	38
	小麦		WA	4	◐	◐	◐	◐	◐	U	6.0～7.5	LSu, F	50
	荞麦		SA	NFT	◐	◐	◐	◐	◐	U/SU, SU	5.0～7.0	Sp to LSu	65
	高丹草	Sudax	SA	NFT	●	●	◐	○	◐	U	6.0～7.0	LSp, ES	40
芸薹属	芥菜	brown, oriental white, yellow	WA, CSA	7	◐	◐	◐	◐	◐	U	5.5～7.5	Sp, LSu	45
	萝卜	oilseed, Daikon, forage radish	CSA	6	◐	◐	◐	◐	◐	U	6.0～7.5	Sp, LSu, EF	41
	油菜	rape, canola	WA	7	◐	◐	◐	◐	◐	U	5.5～8.0	F, Sp	42
豆科	埃及三叶草	Bigbee, multicut	SA, WA	7	◐	◐	◐	◐	◐	U/SU, SU	6.2～7.0	ESp, EF	58
	豇豆	crowder peas, southern peas	SA	NFT	◐	◐	○	○	◐	SU/C	5.5～6.5	ESu	
	绛三叶		WA, SA	7	◐	◐	◐	◐	◐	U/SU	5.5～7.0	LSu/ESu	41
	紫花豌豆	winter peas, black peas	WA	7	◐	◐	◐	◐	◐	C	6.0～7.0	F, ESp	60
	毛苕子	winter vetch	WA, CSA	4	◐	◐	◐	◐	◐	C	5.5～7.5	EF, ESp	45
	苜蓿		SP, SA	4/7	●	●	◐	◐	◐	P/SU	6.0～7.0	EF, ESp, ES	
	红三叶		SP, B	4	◐	◐	◐	◐	◐	U	6.2～7.0	LSu, ESp	41
	地三叶	subclover	CSA	7	◐	◐	◐	◐	◐	P/SP	5.5～7.0	LSu, EF	38
	草木樨		B, SA	4	●	●	◐	◐	◐	U	6.5～7.5	Sp/S	42
	白三叶	white dutch ladino	LP, WA	4	◐	◐	◐	◐	◐	P/SP	6.0～7.0	LW, E to LSp, EF	40
	毛莱野豌豆	Lana	CSA	7	◐	◐	◐	◐	◐	SP/C	6.0～8.0	F	

注：○=差；◔=尚可；◑=好；◕=很好；●=极好。

华氏温度 F 转换成摄氏温度的公式：℃=（F−32）/1.8。

[1] B=二年生；CSA=一年生冷季；LP=长寿多年生；SA=一年生夏季；SP=短寿多年生；WA=一年生冬季。

[2] NFT=不耐霜冻。

[3] C=攀缘；U=直立；P=匍匐；SP=半匍匐；SU=半直立。

[4] E=早；M=中；L=晚；F=秋季；Sp=春季；Su=夏季；W=冬季。

表3B 种植

覆盖作物	种类	深度/in.	播种量 条播 lb./A	播种量 条播 bu/A	播种量 撒播 lb./A	播种量 撒播 bu/A	播种量 撒播 oz./100 ft²	费用/($/lb.)[1]	费用/英亩（中间值）[2] 条播	费用/英亩（中间值）[2] 撒播	接种体类型	自播[3]
非豆科	多花黑麦草	0~1/2	10~20	0.4~0.8	20~30	0.8~1.25	1	0.70~1.30	12	24		U
	大麦	3/4~2	50~100	1.0~2.0	80~125	1.6~2.5	3~5	0.17~0.37	20	27		S
	燕麦	1/2~3/2	80~110	2.5~3.5	110~140	3.5~4.5	4~6	0.13~0.37	25	33		S
	黑麦	3/4~2	60~120	1.0~2.0	90~160	1.5~3.0	4~6	0.18~0.50	25	35		S
	小麦	1/2~3/2	60~120	1.0~2.0	60~150	1.0~2.5	3~6	0.10~0.30	18	22		S
	荞麦	1/2~3/2	48~70	1.0~1.4	50~90	1.2~1.5	3~4	0.30~0.75	32	38		R
	高丹草	1/2~3/2	35	1.0	40~50	1.0~1.25	2	0.40~1.00	26	34		S
芸薹属	芥菜	1/4~3/4	5~12		10~15		1	1.50~3.00	16	24		U
	萝卜	1/4~1/2	8~13		10~20		1	1.50~2.50	22	32		S
	油菜	1/4~3/4	5~10		8~14		1	1.00~2.00	11	16		S
豆科	埃及三叶草	1/4~1/2	8~12		15~20		2	1.70~2.50	22	39	绛三叶、埃及三叶草	N
	豇豆	1~3/2	30~90		70~120		5	0.85~1.50	71	113	豇豆、胡枝子	S
	绛三叶	1/4~1/2	15~20		22~30		2~3	1.25~2.00	27	40	绛三叶、埃及三叶草	U
	紫花豌豆	3/2~3	50~80		90~100		4	0.61~1.20	50	75	豌豆、野豌豆	S
	毛苕子	1/2~3/2	15~20		25~40		2	1.70~2.50	35	65	豌豆、野豌豆	S
	苜蓿	1/4~1/2	8~22		12~26		2/3	2.50~4.00	58	75	一年生苜蓿	R
	红三叶	1/4~1/2	8~10		10~12		3	1.40~3.30	23	28	红三叶、白三叶	S
	地三叶	1/4~1/2	10~20		20~30		3	2.50~3.50	45	75	地三叶、玫瑰、三叶草	U
	草木樨	1/4~1	6~10		10~20		1.5	1.00~3.00	16	32	苜蓿、草木樨	U
	白三叶	1/4~1/2	3~9		5~14		1.5	1.10~4.00	19	30	红三叶、白三叶	R
	毛荚野豌豆	1/2~1	10~30		30~60		2~3	1.25~1.60	30	65	豌豆、野豌豆	S

注：
1 截至2006年夏/秋50磅一袋中每磅；到当地买种子，见《附录C 种子供应商名单》（第218页）。
2 中等密度下中等价格，仅是种子的花费。
3 R=确切；U=通常；S=有时；N=从不（复播）。
in.是英尺，长度单位，1 in=2.54 厘米。
lb.是磅，重量单位，1 lb.≈0.454 千克。
A 是英亩，面积单位，1 A≈4046.86 m²，相当于0.4公顷多一点。
bu 是 Bushel，一种定量容器，在英国1 bu=36.268升，在美国1 bu=35.238升。
oz.是盎司，重量单位，1 oz=28.35 克。
ft.是 feet 的缩写，长度单位，1 ft=30.48 厘米。
$代表美元。

表4A　潜在的优势

覆盖作物	种类	土壤影响			土壤生态				其他		
		疏松底土	游离的磷和钾	改善表土	线虫	病害	化感作用	抑制杂草	诱集有益昆虫	耐碾压性	短空闲期
非豆科	多花黑麦草	◐	◐	◕	◐	◐	◐	◕	◔	◕	◕
	大麦	◐	◐	◕	◔	◕	◐	◐	◐	◐	◕
	燕麦	○	◐	◕	◔	◕	◔	◐	◔	◔	◕
	黑麦	◐	◕	◕	◐	◐	◐	●	◔	◐	◕
	小麦	◐	◐	◕	◐	◐	◐	◕	◔	◐	◐
	荞麦	◔	●	●	◔	○	◔	◕	◕	○	●
	高丹草	●	◐	◕	◐	◕	●	●	◔	◐	◔
芸薹属	芥菜	◔	◕	◕	◐	◕	●	●	◔	○	◕
	萝卜	●	◕	◕	●	◕	◐	●	◔	○	◕
	油菜	◐	◕	◕	◐	◕	◐	●	◔	○	◕
豆科	埃及三叶草	◔	◔	◐	○	○	◔	◐	●	○	◕
	豇豆	◐	◔	◕	◔	◔	◔	◐	●	◔	●
	绛三叶	◔	◔	◐	◔	◔	◔	◐	●	◔	◕
	紫花豌豆	◔	◔	◐	◔	◔	◔	◐	●	◔	◕
	毛苕子	◐	◔	◐	◔	◔	◔	◕	●	◔	○
	苜蓿	◐	◐	◐	◐	◐	◐	◐	●	◐	◕
	红三叶	◐	◔	◐	◔	◔	◔	◕	●	◔	◐
	地三叶	○	◔	◔	◔	◔	◔	◐	●	◔	◐
	草木樨	●	●	◐	◔	○	◕	◕	◕	◔	○
	白三叶	◔	◔	◔	○	○	◔	◐	◕	◐	◔
	毛荚野豌豆	◔	◐	◔	◔	◔	◔	●	●	◔	◔

注：○=差；◔=尚可；◐=好；◕=很好；●=极好

表 4B 潜在的不利因素

覆盖作物	种类	有害生物风险			管理的挑战					评 价
		逸生为杂草	害虫/线虫	作物病害	阻碍作物生长	建植	耕作-灭生	刈割-灭生	成熟期翻压还田	
非豆科	多花黑麦草	○	◐	◔	◐	●	●	●	◑	如果刈割，要留8~10cm残茬确保再生长
	大麦	◔	◐	◐	◐	●	●	●	○	成熟后比黑麦更难以翻压还田
	燕麦	●	◐	◐	◐	●	●	●	◔	滚筒清选的种子能够满足要求
	黑麦	◐	◐	◐	◐	●	●	●	○	如果耕翻期不适合，有可能变为杂草
	小麦	◐	◐	◐	◐	●	●	●	◐	因为茎秆生长期间消耗大量氮和水，所以在此之前要灭生
	荞麦	○	◐	●	●	●	●	●	●	荞麦结籽很快
	高丹草	◐	◐	◐	◐	●	◔	◐	●	成熟、受冻害的植株变得木质化
芸薹属	芥菜	◐	◐	◐	●	●	●	◐	●	很强的生物熏蒸潜力；气温零下4℃时会被冻死
	萝卜	◐	◐	◐	●	●	●	◐	●	气温零下4℃时会被冻死；品种间差异大
	油菜	◐	◐	◐	◐	●	●	●	◐	加拿大双低油菜（Canola）的生物毒素活性低于油菜
豆科	埃及三叶草	●	◐	◐	●	●	●	●	●	为了达到最大产氮量，需要多次刈割
	豇豆	●	◐	◐	●	●	●	●	●	一些品种具有抗线虫能力
	绛三叶	◐	○	◐	●	●	●	●	◐	适用于套播，容易通过刈割或耕作灭生
	紫花豌豆	●	◐	◐	●	●	●	●	●	在东部易感菌核病
	毛苕子	◐	◐	◐	●	●	●	●	◔	耐低肥力，酸碱度适应性广，耐寒及冬季的温度波动
	苜蓿	◐	◐	◐	◐	●	●	●	◐	多年生种类容易变成杂草
	红三叶	◐	◐	◐	●	●	●	●	◔	在玉米生长好的地方种植最好
	地三叶	◐	◐	◐	◐	●	●	●	●	品种间差异很大
	草木樨	◔	◐	◐	●	●	●	●	●	硬实种子可能是个问题；结种年不耐刈割
	白三叶	◐	◐	◐	●	●	●	●	◐	具有入侵性；能在耕作后继续存活
	毛荚野豌豆	◐	◐	◐	◐	◐	◐	●	◑	硬实种子可能造成一些问题；未来当地常见植被将终将取代它

注：○=有问题；◔=可能会有轻微问题；◐=可能会有小问题；◕=偶尔会有小问题；●=没问题

非豆科覆盖作物概述

常用的非豆科覆盖作物包括：
- 一年生禾谷类（黑麦，小麦，大麦，燕麦）。
- 一年生或多年生牧草，如黑麦草。
- 暖季型草，如高丹草。
- 芸薹属作物与芥菜。

非豆科覆盖作物主要用于：
- 吸收前作留下来的营养物质（尤其是氮）。
- 减轻或防止土壤侵蚀。
- 产生大量植物残体和增加土壤有机质。
- 抑制杂草。

一年生谷类作物已成功地应用于各种气候条件和刈割制度。冬季一年生覆盖作物通常在夏末或秋季播种，在冬季休眠前能够形成发达的根系和较高的地上生物量；然后返青，至成熟前产生很高的生物量。黑麦、小麦及耐寒的小黑麦都遵循这种模式，具体方式各覆盖作物间会稍有差异，将在各章分别进行描述。

芸薹属与芥菜具有"生物熏蒸"的作用，因此人们对使用它们作为覆盖作物越来越感兴趣。它们腐解后会释放生化毒素，可以减轻下茬作物的病害、杂草和线虫的发生。芸薹属与芥菜具有大部分其他非豆科覆盖作物的功能，其中一些（如饲用萝卜）可能还具有降低土壤紧实度的作用。详见第88页《芸薹属作物与芥菜》。

多年生牧草和暖季型牧草也可作为覆盖作物。禾草作为一类覆盖作物，吸收养分能力强，生物量大，能有效控制水土流失并抑制杂草。多年生牧草作为覆盖作物通常栽培一年左右。夏季（暖季型）一年生禾草可以作为填闲作物（例如，在种植蔬菜作物间期）产生生物量、控制杂草或水土流失。荞麦，虽然不属于禾草类，是一种暖季型植物，但是利用方式和一年生夏季禾草相同。

非豆科覆盖作物碳含量要高于豆科覆盖作物。由于碳含量高，所以这些禾草更不易分解，残体存留时间长。在禾草成熟之后，碳氮比（C:N）增加。这会有两个明显的后果：一是更高的碳含量使得植物残体更难以被土壤微生物所分解；二是覆盖作物残体的营养很难被接茬作物所利用。

尽管禾本科覆盖作物可从前茬吸收残留的氮，但它们成熟之后体内的氮也不能立即被接茬作物利用。田间的麦秆需要很长时间分解就是大家熟知的例子。随着时间的延长，植物残体终将被分解，营养得以释放。总体上，相对豆类而言，分解缓慢和碳含量高的禾草在增加土壤有机质方面效果更好。

依据成熟期来判断，芸薹属作物碳含量和分解速率通常介于禾草和豆类之间。芸薹属与芥菜能吸收和禾草覆盖作物一样多的氮，但释放的氮更易于接茬作物吸收。

非豆科覆盖作物会产生大量的植物残体，这有助于它们在生长期或留在地表做覆盖物时防止土壤侵蚀和抑制杂草。

虽然禾草和其他非豆科植物组织中含有一些氮，但是总体来说，它们不能作为耕作制度中氮的主要来源。不过它们确实能防止土壤多余氮的淋溶及土壤侵蚀造成的有机质流失。

管理非豆科作物残体时，不能仅考虑当季的残体生产量和氮固化量，还应考虑多个生长季之间的平衡。禾本科和豆科覆盖作物混播降低了氮的固定效率，干物质产量和单播禾草相当甚至更高，而且能更好地控制土壤侵蚀。在各章节会有覆盖作物混播的建议。

除禾草外，另一种夏季非豆科覆盖作物是荞麦，详见第98页的描述。荞麦是非禾本科作物，它的茎秆多汁、叶片大、花为白色。对它的管理类似于快速生长的谷物。

■ 多花黑麦草（Annual Ryegrass）

Lolium multiflorum

别名：Italian ryegrass。
类型：冷季一年生禾草。
作用：防止土壤侵蚀、改良土壤结构和提高渗透性、增加土壤有机质、抑制杂草、吸收残余养分。
混作：豆科、禾本科。
参阅第71~77页表中的排序和管理概要。

如果想改良土壤又不想在覆盖作物上投资太大，可以考虑种植多花黑麦草。多花黑麦草是一种生长快速、非匍匐性的丛生型禾草，在水分和土壤养分充足的地区是一种很好的覆盖作物。多花黑麦草在保持水土、吸收土壤多余氮和抑制杂草方面具有良好效果。

多花黑麦草具有良好的土壤改良效果。多花黑麦草可提高土壤水分渗透，增强保水能力或灌溉效率，可以减少土壤飞溅到茄果类作物和浆果类作物上，减轻病害和改善农产品品质。多花黑麦草也可以在玉米、大豆和其他高价值作物田套播。

功能　Benefits

控制侵蚀（Erosion fighter）　多花黑麦草有庞大的根系，具有保持水土的功能。不论是在贫瘠、多岩石的土壤或是潮湿土壤中，均可以快速建植。一旦建植后，能够经受一定程度的洪涝。多花黑麦草很适应在田间隔离带、水道或裸露的土地上进行种植。

改良土壤（Soil builder）　多花黑麦草浓密的浅根系可提高土壤的水分渗透性和土壤耕性。在多次刈割的条件下，平均每亩干物质产量为 302～605kg，在水分和养分水平都较高的情况下，每亩干物质产量可高达 680kg。

多花黑麦草（*Lolium multiflorum*）
Marianne Sarrantonio 绘

抑制杂草（Weed suppressor）　豆科或禾本科作物与多花黑麦草混播，通常黑麦草建植最早，这有助于控制早期的杂草。在水分充足的情况下，在耐寒分区第 6 区表现良好，因为它作为活地被物层具有很好的保温作用。在部分地区，尤其是在漫长的寒潮且没有积雪保护条件下它可能会受冻死亡，即便如此，产生的大量枯死物也可以实现抑制初春杂草的效果。

营养填闲作物（Nutrient catch crop）　多花黑麦草对氮的需求量较高，可以吸收土壤残余氮，减少硝酸盐的淋溶。加利福尼亚大学的一项研究表明[444]，如果多花黑麦草在冬天得以存活，它庞大的须根系每亩可以吸收 3.3kg 的氮。在马里兰州的一项研究表明，五月中旬播种玉米前多花黑麦草吸收的氮素达到每亩 4.5kg。在四月中旬，籽实黑麦在粉沙壤土中吸收了同样数量的氮[371]。在美国玉米种植带免耕玉米或大豆播种前，多花黑麦草无论是冻死还是刈割覆盖，都可以达到良好的杂草抑制效果[301]。

保护作物（Nurse/companion crop）　在北美，即使多花黑麦草被冻死，也有助于生长缓慢、秋季播种的豆科作物建植和越冬。在南方，虽然低氮肥有利于豆科作物，但多花黑麦草长势还是优于豆科作物。

应急饲草（Emergency forage）　多花黑麦草是一种十分适口的牧草[132]。无论单播还是混播，均可在秋末或初春进行放牧利用。多花黑麦草建植快，且能在短时间内产生较大的生物量，在苜蓿遭受冻害时，可以作为应急饲草。

管理　　Management

虽然多花黑麦草喜肥沃、排水良好的壤土或沙壤土，但在其他土壤类型上仍可以良好地建植，包括贫瘠或多岩石的土壤、黏土或排水不良的土壤，且比小粒谷物生长得更好[132, 420]。多花黑麦草在凉爽地区具有二年生的趋势。如能成功越冬，多花黑麦草会快速再生并在春末结籽。

虽然只有少量植株可以越冬，但再次结种的特点会给一些地方带来杂草问题，如大西洋中部地区或其他冬季气候温暖的地区。在美国的中西部和南部平原，多花黑麦草是燕麦和小麦田中的一种严重杂草，还发现它具有除草剂抗性，使得杂草问题更加复杂[161]。

建植和田间作业　　Establishment & Fieldwork

多花黑麦草即使在土壤温度较低的情况下也可以很好地发芽和建植[420]。撒播量一般每亩 1.5～2.3kg。在刚耕作过的土壤上撒播时不需要混入土壤中，因为第一次灌溉或降水就可以确保种子得以较好覆盖和发芽。碎土镇压机播种可以减少土地隆起，尤其是在秋末种植的时候。条播时种子量每亩 0.8～1.5kg，播深 7.6～15.2cm。没有认证的种子虽然可能会带来杂草问题，但可以降低种植成本。多花黑麦草可以与多年生黑麦草及草坪型多花黑麦草进行异花传粉，因此播种普通的多花黑麦草将很难得到单一的草地种群。

冬季利用（Winter annual use）　　在耐寒分区第 6 区及更温暖的区域适宜秋季播种，耐寒分区第 5 区或更冷的区域适宜仲夏到秋初播种（至少在初霜来临前 40 天）[193]，太晚播种会增加冻死概率。如果是飞播，那么播种量要比撒播至少增加 30%[18]。在最后一次中耕前后套播，或在青贮玉米收获后直播（可以考虑添加 2～5kg 红三叶或白三叶）。在大豆田中套播，需要在大豆叶子变黄或变黄以后进行[190, 193]；在茄属作物（如胡椒、番茄和茄子）田中套播，需要在初花期到盛花期之间进行。

春季播种（Spring seeding）　　在小粒谷物或春季蔬菜收获后播种黑麦草，4～8 周后种植秋季蔬菜[360]。

混播（Mixed seeding）　　在秋季或初春，多花黑麦草可以和豆科作物或小粒谷物混播，每亩播种量为 0.7～1.2kg。多花黑麦草在混播作物中会逐渐占优势，除非在播种时降低播种量或定期刈割。由于在低氮农田中具有更强的竞争力，所以豆科作物的播种量为正常播种量的 2/3。充足的磷和钾水平在多花黑麦草与豆科作物混播时是很重要的。

在加利福尼亚州葡萄园秋季的播种实践表明，多花黑麦草和绛三叶 50∶50 混播效果较好[210]。

多花黑麦草在初春和燕麦进行保护播种（燕麦和多花黑麦草虽不是常用的混播组合，每亩 1.5kg）或顶凌播种（播种量每亩 0.76kg）到越冬的小粒谷类作物中，混播草地在秋季可供放牧利用。多花黑麦草与红三叶或其他大粒的冷季型豆科植物顶凌播种效果也较好，但是多花黑麦草在一些情况下会被冻死。

管理（Maintenance）　避免过度放牧或刈割高度不低于 8~10cm。在自播且不遭受长时间炎热、寒冷或干旱的条件下，多花黑麦草可以在果园、葡萄园和其他区域存留多年。因为极端天气条件，在耐寒分区第 5 区和更冷的地区这种情况很少出现。如果看重持久性的话，那么多年生黑麦草是一个更好的选择。否则，在播种一年之后要考虑倒茬。多花黑麦草属于晚熟植物，在果园长时间生长，会消耗过多的水分和氮素。

灭生与控制（Killing & Controlling）　可以用机械的方式灭生多花黑麦草，如用圆盘耙耙地或犁地，时间选择在初花期（通常在春季）或未结籽前进行[360, 421]。刈割可能不能彻底灭生多花黑麦草[103]。虽然有些用户反映不能彻底灭生或是对草甘膦具有抗药性，但仍可以使用残效短的除草剂来灭生[161, 301]。

为了减少植株体分解过程中氮的固定，在将植株残体翻入土壤中几周后再播种接茬作物。与豆科作物（如红三叶）一起种植黑麦草，可以减少土壤氮素缺乏问题。让作物残体分解一部分，这样有了便于管理的苗床。

有害生物管理　Pest Management

逸生为杂草的风险（Weed potential）　如果对多花黑麦草管理不当，那么它就会通过自播成为一种农田杂草[360]。多花黑麦草经常出现在土壤肥力较高的葡萄园或果园，为了减少水肥竞争需要定期对多花黑麦草进行刈割[421]。如果多花黑麦草成为多年生草地的杂草，那么可以选择能够降低多花黑麦草发芽率的除草剂进行控制，如氯磺隆等[421]。

昆虫和其他害虫（Insect and other pests）　多花黑麦草吸引的害虫很少，在豆科作物和蔬菜地里种植有助于减少虫害发生（如块根作物和芸薹属作物）。当多花黑麦草用作活体覆盖层时，会出现出现啮齿动物滋生的问题。多花黑麦草时常会受到锈病的困扰，尤其花冠和茎秆锈病，所以需要选择抗病品种及区域性的改良品种。多花黑麦草也是高密度的突出针线虫（*Paratylenchus projectus*）和雀麦花叶病毒的寄主，雀麦花叶病毒可依靠寄生在植物上的剑线虫（*Xiphinema* spp.）传染[421]。

其他选项　Other Options

多花黑麦草提供了一个较好的放牧选择，对于大部分家畜来说可以延长放牧季。多花黑麦草种子很小，分蘖也不多，如果想得到建植较好的黑麦草草地需要加大播种量。有些品种具有较好的耐热能力，在补播和合理放牧条件下可以维持多年。多花黑麦草每亩可以生产 152~454kg 的干草，这取决于水分和肥力水平[421]。为了获得更高质量的干草，刈割应不晚于初花期，并考虑与豆科植物混播。当使用多花黑麦草作水渠两侧和易侵蚀陡坡的保护带时，播种后每亩用 227~302kg 的稻草覆盖有助于保持土壤并提高草地建植效果[421]。

管理注意事项　　Management Cautions

由于对水分和氮素消耗量较大，在干旱、长时间的高温或低温及低肥力土壤条件下，多花黑麦草表现很差。当作为活体覆盖层时，它对土壤水分有着强烈的竞争。另外，多花黑麦草有时也会带来杂草问题[360]。

对比特性　　Comparative Notes

- 建植速度比多年生黑麦草快，但耐寒性差些。
- 持留时间短，但比多年生黑麦草更容易混播。
- 建植成本低，大概是多年生黑麦草的50%。
- 在美国南部，多花黑麦草适应性更好，产量更高。

品种（Cultivars）　许多品种可以广泛使用。改良品种通常是为获得饲草。多花黑麦草有二倍体（$2n = 14$ 条染色体）和四倍体（$4n = 28$ 条染色体）两大类品种。四倍体植株更高大，叶片更宽，成熟期更晚。

种子来源（Seed sources）　详见第 218 页《附录 C　种子供应商名单》。

大麦（Barley）

Hordeum vulgare

类型（Type）：冷季一年生谷物。
作用（Roles）：防止侵蚀、抑制杂草、吸收多余土壤养分、增加土壤有机质。
混作（Mix with）：一年生豆科作物、黑麦草或其他小粒谷物。
参阅第71～77页表中的排序和管理概要。

大麦种植简单、成本低；在半干旱地区和轻质土壤地区，还具有防止土壤侵蚀和抑制杂草的作用；也可以满足短期轮作或在干旱条件下用作表层土保护作物。大麦比其他小粒谷物具有更强的耐盐性，可以吸收深层土壤过量水分从而抑制盐分向地表聚集[136]。大麦对于过度耕作、杂草丛生或遭受侵蚀的地区的土地恢复是很好的选择，或在耐寒分区第 8 区的多年生作物种植制度中提高土壤耕性和促进营养循环中都是不错的选择。大麦喜冷凉、干燥的生长环境。作为一种春季覆盖作物，大麦可以种植在比其他谷物更加偏北的地区，主要是因为它的生长期比较短。大麦在短时间内也比其他谷物产量更高[272]。

> 大麦生长迅速，相比其他谷类作物能生长在更北的地区，而且在短时间内生物产量更高。

功能　Benefits

防止侵蚀（Erosion control）　在耐寒分区第 8 区及更热的地区通常使用大麦作为越冬覆盖作物来控制土壤侵蚀，包括加利福尼亚州大部分地区、俄勒冈州西部和华盛顿州西部。大麦很适合于葡萄园和果园，或是作为混播的一部分。

作为冬季一年生覆盖作物，大麦具有很深的须根系，根系的深度可达 2m。作为春季覆盖作物，大麦的根系相对较浅，但对干旱条件下土壤的保持能力很强，可以最大程度减少土壤侵蚀[71]。

养分回收再利用（Nutrient recycler）　大麦可吸收大量的氮。加利福尼亚州的一项研究表明，作为冬季覆盖作物在蚕豆（*Vicia faba*）茬中种植的大麦每亩可以吸收 2.4kg 的氮，相比之下多花黑麦草每亩只吸收 1.5kg 的氮[264]。作为覆盖作物大麦平均减少了北美 8 个地区 64%的土壤氮损失，即平均每亩获得 8.1kg 的氮[264]。其他研究表明，紫花豌豆（*Pisum sativum*）和大麦间作可以增加大麦氮吸收量，并以植物残体的形式将氮素归还土壤中[214, 217]。在大麦植物残体不被移走的情况下，大麦可以提高磷和钾的回收利用。

抑制杂草（Weed suppressor）　大麦生长快，在生长早期可以吸收大量土壤水分，比杂草更具竞争力；另外，大麦还可通过较强的遮阴作用和释放化感物质来抑制杂草。

改善土壤耕性和增加有机质（Tilth-improving organic matter）　大麦可以快速形成较大的生物量，其茂密的根系可以改善土壤结构和提高水分渗透性[272,444]。在加利福尼亚州，品种 UC476 和 Cosina 的大麦生物产量可达每亩 975kg。

保护作物（Nurse crop）　大麦可以作为牧草和豆科作物建植的保护作物。相对其他小粒谷类来说大麦的竞争力较低，对水分的消耗也较其他覆盖作物少。在杂草严重的地里，播种牧草或豆科作物前在大麦 4~5 叶期时必须机械铲除杂草以减少竞争。作为一种成本低、容易灭生的伴生作物，大麦可以在最初的两个月保护甜菜幼苗，也可以在干旱时期保护土壤。

抑制害虫（Pest suppression）　一系列研究表明，大麦可以减轻叶蝉、蚜虫、黏虫、根结线虫及其他害虫的发生率。

大麦（*Hordeum vulgare*）

Elayne Sears 绘

管理　　Management

建植和田间作业　　Establishment & Fieldwork

大麦在准备好的苗床中很容易播种建植，免耕播种也容易成功。大麦喜水，但在积水的土壤中不能良好生长。大麦在排水良好、高肥力的壤土或轻质土壤中生长得最好，在冬季干爽温和的黏质土壤地区也可以很好生长。在干旱的轻质土壤中也能较好生长，而且比其他谷物有更好的耐盐碱能力。

有很多大麦品种可以供选择，确保挑选区域采用适应性较好的品种。许多品种能适应高海拔和寒冷，生长季较短。

春季利用（Spring annual use）　　条播种子量每亩 3.8~7.5 kg，播深 2~5cm，或用相同播种量进行免耕播种。

如果撒播，在准备苗床前至少进行一次轻度的耕作。每亩播种量为 6.0~9.5kg，播后耙地、镇压或用圆盘耙进行轻耙覆土。如果套播大麦作为伴生作物，那么播种量在 11~23kg，在杂草严重的地里播种量要达到每亩 63.5kg。在撒播的时候，先在一个方向上撒一半的种子，其余的撒在与之前相垂直的方向，这样撒种更加均匀[71]。

冬季利用（Winter annual use）　　在可以种植的地方，大麦都可以用作冬季一年生覆盖作物。大麦的耐寒性不如黑麦。在耐寒分区第 8 区或更热的地区从 9 月到来年 2 月播种，大麦的生长贯穿整个冬季。但在 11 月 1 日前播种一般来说生长得更好，这很大程度上是因为较为温暖的土壤条件。

如果利用大麦自播作为覆盖作物，那么结果可能好坏参半。

混播（Mixed seedings）　　大麦与其他禾本科或豆科作物混播效果较好。在土壤肥力较低或要减少土壤氮素固定的情况下，大麦和一种或几种豆科作物混播效果较好。混播虽然播种费用增加，但是可以通过适当减少播种量来抵消一些。佛蒙特州威斯特菲尔德（Westfield）有机农产品种植户 Jack Lazor 的种植实践表明，短生长季的加拿大紫花豌豆是一种理想的伴生作物，或采用燕麦/大麦/豌豆的混播。

在加利福尼亚州北部，Phil LaRocca（加利福尼亚州森林牧场的 LaRocca 葡萄园）通常在 10 月将大麦、羊茅、雀麦、LANA 毛荚野豌豆与绛三叶、红三叶及地三叶混播前轻犁葡萄园的表层土，以提高播种质量和出苗率，总播种量为每亩 2.3~2.7kg，其中大麦占 10%~20%。Phil LaRocca 建议，如果想大幅增产和更好地抑制杂草，那么可增加大麦的播种比例。

撒播后，LaRocca 在易发生侵蚀的地方每亩覆盖上 0.3t 稻草。稻草比燕麦秸便宜而且杂草种子更少。稻草分解得快，对种子和土壤的保护效果较好。除此之外，稻草还可促进土壤腐殖质形成（覆盖作物也可以这样），有助于保持苗床温暖、湿润。这对 LaRocca 的葡萄园来说是很有帮助的，因为当地冬季常会降雪。

在其他较少受侵蚀的葡萄园中，LaRocca 用圆盘耙对覆盖植被进行深翻，随后轻耙平整苗床，然后撒播类似的混播组合。

田间管理　　Field Management

大麦在生长早期吸收消耗水分较大，但比其他谷类作物水分利用效率更高，在某些情况下，不灌溉也能良好生长。然而，种植在干旱区的经济大麦仍需要进行灌溉。在加利福尼亚州种植的大麦也需要进行灌溉。大麦的营养生长非常旺盛，低的播种密度对保持土壤水分并没有太大作用。

种植大麦或其他覆盖作物对 LaRocca 葡萄园的土壤水分和葡萄产量没有影响，甚至对面积占 40%、没有沟灌的葡萄也没有影响。LaRocca 说："一旦建植，葡萄的根系就能达到很深，比一般覆盖作物的根系更具有竞争力。"

和其他谷类作物一样，刈割会推迟且延长大麦开花。作为春季覆盖作物，大麦生物量增加很快，所以有大量的时间进行灭生播种下茬作物。要让大麦自播，在大多数植株结穗、落种之前不要进行刈割。

为了实现混播覆盖作物的自播，Phil LaRocca 在葡萄园里每隔一行让覆盖作物进行结籽，然后用圆盘耙进行耙地，这让他节省了一些区域的补播作业。

明尼苏达州温德尔（Wendell）的 Alan Brutlag 建议是，如果担心间作时大麦自播或与作物竞争问题，那么可以考虑稀植。

在干旱条件下，Alan Brutlag 进行每亩撒播 1.8～2.3kg 大麦作为甜菜幼苗的保护作物。稀植草地易于在日后用除草剂和植物油（译者注：crop oil，一种类似于表面活性剂的物质）对甜菜地的杂草进行控制或灭生。另外也可以单一使用除草剂来控制杂草。

灭生　　Killing

在春末使用除草剂或用圆盘耙耙地进行大麦灭生，或在开花中期到末期进行刈割，一定要确保在大麦结籽前进行。如果植物存在寄生线虫问题，那么在初春要将越冬大麦进行翻耕灭生，以防止气温回暖线虫快速繁殖。

有害生物管理　　Pest Management

在高肥力的土壤中种植大麦，可能会带来一年生杂草和大麦倒伏问题，但是这些问题在大麦作为覆盖作物时不会产生。尽管大麦没有浓密的枝叶，六棱品种大麦仍比二棱品种植株高大并且对杂草更具有竞争力。考虑收获大麦籽粒，在大麦发芽前需要进行耙地或锄地，这样可以减少杂草危害。

大麦产生的生物碱能抑制白芥的发芽和生长[246]，也会保护大麦不受真菌、黏虫幼虫、细菌和蚜虫的侵害[247, 454]。

一位加利福尼亚州的种植户观察发现，大麦具有减少葡萄园叶蝉发生和增加有益蜘蛛的效果[211]。在西北太平洋的一项研究发现，种植生物量大的覆盖作物，如大麦或黑麦，可以增加蜈蚣、捕食螨和其他捕食者，这种效果不受种植制度影响[443]。

地老虎和其他小粒谷类害虫偶尔会发生。加利福尼亚州种植多年生作物的一些农户反映，覆盖作物混播会增加囊地鼠（gophers）发生率，可以通过增加猫头鹰来进行控制。

在寒冷、潮湿的土壤中播种，大麦容易受真菌和病害侵染。如果存在烂根病问题，那么可以通过造墒、浅播加速发芽，以减少烂根病的发生[396]。选择对叶片病害具有抗病能力的品种可以有效减少叶片病害的发生。二棱品种具有抗叶锈病和霉病的特点。另外，避免在种植小麦后种植大麦。

如果存在线虫问题，那么要在秋末或冬季进行播种以避免大麦在暖季旺盛生长，并在耐寒分区第8区及更热地区早春进行翻耕灭生。大麦是爪哇根结线虫（*Meloidogyne javanica*）的寄主，这种线虫对汤姆逊无核葡萄（Thompson seedless grapes）会产生不利影响。

在魁北克省对三年轮作制度的研究表明，大麦可以大幅度减少北方根结线虫（*Meloidogyne hapla*）的数量，并使胡萝卜产量增加17倍以上[241]。

其他选项　Other Options

大麦可以在冬季和春季进行轻度放牧或刈割做干草、青贮[190]。它比燕麦、小麦或黑小麦具有更高的饲用价值。大麦也可以收获籽粒，用作加工麦芽糖、做汤、面包或其他用途。作为饲用谷物（如猪的日粮），大麦可以替代价格较高的玉米。

对比特性　Comparative Notes

- 大麦分蘖比燕麦更多，抗旱性更好。但是，燕麦作为伴生作物或保护作物通常表现更好，因为燕麦的竞争力不如大麦强[396]。
- 大麦比其他谷物更耐盐碱。
- 冬性品种耐寒性不如冬小麦、小黑麦或谷物黑麦。

品种（Cultivars）　有许多商品化品种可供选择。但一定要选择发芽率不低于95%、价格低、地区适应性强的品种。六棱品种更适合自播，耐热性和抗旱性也更好。二棱品种比六棱品种籽粒更均匀，更抗病（如抗叶锈病和霉病）。

种子来源（Seed sources）　详见第218页《附录C 种子供应商名单》。

■ 芸薹属作物与芥菜（Brassicas and Mustards）*

类型（Type）：一年生（通常冬季或春季种植，夏天使用）。

作用（Roles）：防止土壤侵蚀、抑制杂草和土壤中的害虫、降低土壤紧实度，吸收残余养分。

混作（Mix with）：其他芸薹属与芥菜、小粒谷物或绛三叶。

种（Species）：甘蓝型油菜、白菜型油菜、芥菜、萝卜、白芥。

参阅第71~77页表中的排序和管理概要。

油菜（*Brassica rapa*）

Marianne Sarrantonio 绘

> **命名法**（Nomenclature Note） 本书中描述的覆盖作物属于十字花科的，其中大部分属于芸薹属。有时把这些种类都归为芸薹属，有时也把它们区分为芸薹属作物与芥菜。在本书中，我们把芸薹属作为所有种类的一种概括性术语；芥菜用来区分具有一些特质的亚种。
>
> **适应性**（Adaptation Note） 本章重点介绍八种不同耐寒性覆盖作物的管理方法。有些种类可作为冬季或春季一年生作物来管理，其他种类最好在夏末种植，否则会被冻死。查阅本书关于管理、耐寒性、冬春季使用方法及章节中的案例，然后咨询相关专家制定更适宜的芸薹属覆盖作物种植利用方案。

芸薹属作物与芥菜覆盖作物生长快、产量高和营养吸收能力强，也具有较强的病虫害防治效果。大部分芸薹属种类都会释放某些化学物质，这些化学物质对土壤中的病原体和其他有害生物具有较强的抑制作用，如线虫、真菌和一些杂草。这些化学物质的浓度通常在芥菜中更高。芸薹属作物现在越来越多地用作菜地和其他作物地冬季或轮作的覆盖作物，如马铃薯和果树。另外，在作物行间种植芸薹属作物，可以吸收土壤残余养分、诱集线虫、释放生物毒素和进行生物熏蒸。一些芸薹属作物强大的主根可以打破犁底层，比谷类覆盖作物或芥菜效果更好。芸薹属作物残体腐解速度很快，更容易创造便于播种的苗床。

有很多品种可供选择，一定要选择一种或几种适合特定种植制度的品种。但是，不要完全指望通过芸薹属作物就能减少病虫害。芸薹属作物可作为一种很好的覆盖作物和轮作作物，但病虫害控制效果不太一致。需要进一步开展研究以明确影响化感物质释放和毒性

---

* 本小节内容提供者：Guihua Chen, Andy Clark, Amy Kremen, Yvonne Lawley, Andrew Price, Lisa Stocking, RayWeil。

的相关因素。

功能　Benefits

控制土壤侵蚀和吸收残余养分（Erosion control and nutrient scavenging）　用作冬季覆盖作物时，芸薹属作物可以达到 80%以上的土壤覆盖率[176]。芸薹属作物的生物量可高达每亩 605kg，这取决于地理位置、种植时间和土壤肥力。由于芸薹属作物在秋季生长迅速，所以在经济作物收获后种植它们可用来吸收土壤中残余的氮。氮的吸收量主要与芸薹属作物生物量和土壤中可用氮量有关。

> 在大部分地区，芸薹属覆盖作物应比冬季谷类覆盖作物的种植时间早。

芸薹属作物对氮的固化比一些谷类覆盖作物要少，芸薹属作物吸收的大量氮素在早春到春末可被主要农作物吸收利用（也可见第 14 页的《利用覆盖作物增加土壤肥力和耕性》）。芸薹属作物根系可深达 1.8m 以上，对深层土壤中氮的吸收能力强于大部分作物。为了获得最大生物量和在秋季对土壤残余氮素更好地吸收，绝大多数地区芸薹属作物播种比其他冬季谷类覆盖作物要早，这也使得芸薹属作物更难适应谷类作物轮作。

有害生物管理（Pest management）　芸薹属作物释放的生物毒素或新陈代谢副产物可以抑制细菌、真菌、昆虫、线虫和杂草。因为熏蒸化学物质只有在植物细胞破裂时才会产生，所以芸薹属覆盖作物要经常进行刈割，以便最大程度发挥它们的自然熏蒸能力。

对有害生物的抑制主要是芥子油苷降解变成生物活性硫黄（含有硫氰酸酯化合物）的作用[152, 319]。为了使对有害生物的抑制效果最大化，翻耕灭生应该在有害生物生命最脆弱的阶段进行[445]。

芸薹属覆盖作物生物毒素的活性比商品熏蒸剂要低[387]。芸薹属覆盖作物熏蒸效果因品种、种植时期、生长阶段、气候和种植制度而异。因此，最好向当地专家咨询制定适宜方案。

▲**注意事项**　在有害生物发生初期使用芸薹属覆盖作物的抑制效果最好。不同地区、不同年份芸薹属作物对有害生物的抑制效果不同。不同品种的生物活性物质含量存在差异。因此，需要咨询当地专家并进行小区试验。

病害　Disease

SARE（译者注：SARE 是指美国 1988 年开始实施的"可持续农业研究与教育项目"）基金会在华盛顿州对不同马铃薯种植制度的研究表明，不使用杀菌剂的情况下，种植欧洲油菜绿肥的马铃薯地不带有丝核菌的马铃薯块茎比例（64%）比种植白芥子（27%）和没有绿肥的马铃薯地（28%）高；种植欧洲油菜绿肥的马铃薯地黄萎病发生率（7%）显著低于种植白芥子（21%）和没有绿肥的马铃薯地（22%）[88]。

在缅因州的研究发现，马铃薯地种植绿肥油菜或粮食油菜可显著减少马铃薯丝核菌

（溃疡病和黑痣病）[458, 459] 危害。研究还发现，种植芸薹属绿肥（尤其是印度芥菜）可明显减少粉痂病（由马铃薯粉痂菌引起）和普通疮痂病（链霉菌）[457,458]。

线虫　　Nematodes

在华盛顿州，大量的研究报道了各种芸薹属与芥菜覆盖作物对马铃薯种植制度中线虫的影响[259, 265, 282, 283, 284, 352]。

在西北太平洋，哥伦比亚根结线虫（*Meloidogyne chitwoodi*）是主要的有害线虫。仅在华盛顿州，每年防治根结线虫的土壤熏蒸剂成本就高达2000万美元。

已有研究将油菜、芝麻菜和芥菜作为熏蒸剂的替代品。芸薹属覆盖作物通常在夏末（8月）或早秋种植，并在春季种植芥菜前进行翻耕灭生。

虽然结果是很有前景的，线虫减少了80%，但是由于线虫的防治阈值低，因此不推荐单独使用绿肥来防治马铃薯地哥伦比亚根结线虫。目前推荐的熏蒸剂替代品是使用油菜或芥菜做覆盖作物加灭克磷。这种方法的成本和使用熏蒸剂相当（2006年的价格）。

一些芸薹属作物是植物寄生线虫的宿主，因此可用作诱虫作物，并配合使用合成的杀线虫剂进行线虫防治。华盛顿州立大学线虫学家 Ekaterini Riga 在八月底种植芝麻菜，然后在十月底翻耕灭生以防治线虫。

杀线虫剂要在覆盖作物翻耕灭生后两周使用，可选用减量的二氯丙烯或全量的灭克磷和涕灭克。两年的田间试验表明，芝麻菜与杀线虫剂配合使用可把哥伦比亚根结线虫降低到经济阈值。

与芥菜和非寄主覆盖作物等进行长期轮作对控制线虫有较好效果。例如，相比溴甲烷和其他广谱杀线虫剂，马铃薯、玉米和小麦的三年轮作可以显著控制北方根结线虫（*Meloidogyne hapla*）。

因为轮作物不如马铃薯经济价值高，所以它们的种植使用并不广泛。只有种植户认可覆盖作物在改善土壤、营养管理和防治有害生物等方面的作用及带来的长期效益，上述措施才能被更广泛的应用。

在怀俄明州，种植覆盖作物萝卜（*Raphanus sativus*）和白芥（*Sinapsis alba*）可明显减少甜菜胞囊线虫数量，抑制率高达19%~75%，抑制程度和覆盖作物的生物量呈正相关[230]。

在马里兰州的研究表明，油菜、饲用萝卜和芥菜混播并不能明显降低大豆胞囊线虫的发生率（这与甜菜的胞囊线虫很类似），但和黑麦或三叶草混播可以明显降低毛刺线虫的发生率[431]。

同样在马里兰州研究发现，在沙壤土免耕玉米地里，饲用萝卜冬季灭生增加了食细菌线虫，黑麦和油菜则会增加食真菌线虫的比例，不种植覆盖作物的玉米地线虫群体数量处于中等水平。聚集指数（Enrichment Index）是食细菌线虫聚集程度的重要指标，种植芸薹属覆盖作物小区的聚集指数比未进行杂草控制的小区土壤高23%。

以上这些例子表明，覆盖作物（不论是灭生或未灭生）都能提高细菌活性并通过食物链促进氮的回收利用[431]。

杂草　Weeds

和大部分绿肥一样，芸薹属覆盖作物在秋季快速的生长和高郁闭度能有效抑制杂草。在春季，芸薹属作物残体可以抑制一年生杂草，如苋菜（pigweed）、荠菜、狗尾草、地肤、毛茄（hairy nightshade）、蒺藜、长刺蒺藜草、稗草[292]，但黄芥（yellow mustard）不能抑制藜[178]。

在大部分情况下，早期杂草的控制除了利用芸薹属覆盖作物外，还需要配合使用除草剂或中耕，以避免后期因为杂草的竞争而影响作物产量。作为综合防治杂草的方法，与芸薹属覆盖作物进行轮作可以有效减少蔬菜地杂草和降低对除草剂的依赖[39]。

在缅因州，种植芸薹属覆盖作物的处理较休耕处理，16种杂草的密度和杂草种类减少了23%~34%，且杂草发生期推迟了2天。其他短季绿肥作物（如燕麦、绛三叶和荞麦）也同样能够抑制杂草的发生[176]。

在马里兰州和宾夕法尼亚州，八月底种植的饲用萝卜在初霜期开始枯亡（通常在12月）。植株覆盖层及植物残体能够有效抑制冬季一年生杂草，这种效果一直持续到来年四月，进而形成致密且无杂草的苗床，不需要使用除草剂即可进行玉米免耕播种。初步研究表明，饲用萝卜翻压灭生后在夏季对加拿大飞蓬有抑制作用，但对灰藜（lambsquarters）、苋菜或狗尾草无明显抑制效果[431]。

在加利福尼亚州萨利纳斯（Salinas），在耕作强度大、经济价值高的蔬菜地中种植覆盖作物芥菜（播种芥菜相对容易）可以有效抑制冬季杂草。然而，芥菜在冬季的长势和产量通常不如其他覆盖作物（如黑麦和豆科/谷类混播）[45]。

深耕（Deep tillage）　一些芸薹属作物（饲用萝卜、油菜、芜菁）的大型主根入土深度可以达到1.8m以上，可有效降低土壤紧实度[431]。这种"生物钻孔（biodrilling）"功能在植物生长季土壤潮湿和根系入土容易的条件下发挥得最有效。

根系入土深使得这些作物能够吸收深层土壤养分。上部根系的腐烂分解创造了有利于土壤水分下渗的土壤条件，提高了作物后续生长和根系对土壤的穿透能力。覆盖作物根系腐烂分解后进行犁地，可改善下茬作物根系的土壤穿透力[445]。

大部分芥菜属于须根系，生根效果和小粒谷物覆盖作物类似，扎根不深，大量根系分布于土壤表层。

种　Species

油菜（Rapeseed（or canola））　用来收获油菜籽的两个常用品种是甘蓝型油菜（*Brassica napus*）和白菜型油菜（*Brassica rapa*）。油菜籽主要是用来加工低浓度的芥酸（erucic acid）和芥子油苷（glucosinolates），统称为芥花油（canola），这个词源于Canadian oil。

一年生或春季型的油菜属于甘蓝型油菜，冬季型或二年生的品种属于白菜型油菜。油菜（rapeseed）主要用来提取工业用油，而加拿大双低油菜（canola）更广泛用于加工食用油和生物柴油。

油菜除了可用来榨油，还可以用作饲草。如果用于控制有害生物，那么要选择油菜（rapeseed）而不是加拿大双低油菜（canola），因为芥子油苷的分解产物是这些覆盖作物抑制有害生物的主要物质。

油菜（Rapeseed）的生物活性对植物寄生线虫和杂草具有一定抑制作用[176, 364]。

在马里兰州，油菜（rapeseed）在秋季的快速生长，吸收的土壤残余氮高达每亩9.1kg[6]。在俄勒冈州，油菜地上生物量、氮素累积量每亩分别达到454kg和6.1kg。

一些冬季油菜品种耐寒能力较强（零下12℃）[351]。油菜（rapeseed）既可以在春季或夏季播种做覆盖作物，又可以在秋季播种做冬季覆盖作物，这个特点使得油菜（rapeseed）成为十字花科中最常用的覆盖作物。油菜（rapeseed）株高通常可以达到0.9~1.5m。

芥菜（Mustard） 芥菜是对多种植物种类的统称，包括白芥（white mustard）或黄芥（yellow mustard）（*Sinapis alba*，有时候被称为 *Brassica hirta*）、棕芥（brown mustard）或印度芥菜（*Brassica juncea*）（有时误认为是加拿大双低油菜（canola））、黑芥（*Brassica nigra*）[230]。

相对其他芸薹属植物，大部分芥菜的芥子油苷含量都比较高。

在加利福尼亚州萨利纳斯山谷（Salinas Valley），芥菜的生物量达到每亩643kg。菜地土壤中残余氮含量可高达每亩24.8kg[387, 421]。

芥菜对低温比较敏感，在零下4℃时就会产生冻害，因此通常作为春季或夏季覆盖作物。棕芥（brown mustard）和田芥菜（field mustard）株高可以达到1.8m。

在华盛顿州，小麦/芥菜-马铃薯种植制度有望减少使用或不用威百亩土壤熏蒸剂（soil fumigant metham sodium）。白芥和东方芥菜（oriental mustard）可以抑制马铃薯黄萎病（*Verticillium dahliae*），减少马铃薯早期死亡，马铃薯产量与经过土壤熏蒸的相当，而且能够改善土壤通透性，每亩可节约成本 11 美元（参见 www.plantmanagementnetwork.org/pub/cm/research/2003/mustard/）。芥菜也能抑制杂草（见"杂草"第78页、第97页、第71~73页）。

萝卜（Radish） 萝卜或饲用萝卜（*Raphanus sativus*）非天然存在，只是在作为栽培种后才为人所知。萝卜栽培品种的育种目标是高饲草产量、利用年限长、种子含油量高，同时可做覆盖作物。常见品种有油料萝卜和饲用萝卜。

萝卜在秋季生长速度较快，具有从土壤深层吸收大量氮素的能力（在马里兰州，每亩吸氮12.9kg）[233]。在密歇根州，地上部干重、氮素积累量每亩分别达604.8kg和10.6kg[303]。萝卜的地下生物量可以高达每亩280kg。油料萝卜比饲用萝卜抗霜冻能力强，但温度低于零下 4℃也会被冻死。萝卜株高可达 0.6～0.9m。

萝卜可以降低土壤紧实度和抑制杂草[177, 445]。

芜菁（Turnips）（*B. rapa* L. var. *rapa* （L.）Thell） 由于根可食用，所以芜菁可作为人类和动物的食物来源。芜菁的生物产量不如其他芸薹属作物高。芜菁能降低土壤紧实度，提高土壤水分渗透性[358]。与萝卜类似，早期霜冻对芜菁影响不大，但温度低于零下 4℃时芜菁会产生严重冻害。在亚拉巴马州，研究了芸薹属、萝卜属和白芥属的 50 个品种，其中饲用萝卜和油料萝卜在亚拉巴马州中部和南部产量最高，而冬季型油菜在亚拉巴马州北部产量最高[424]。

一些芸薹属作物也可当作蔬菜（青菜）（Some brassicas are also used as vegetables （greens）） 白菜型油菜的栽培品种包括小白菜（chinensis group）、水菜（nipposinica group）、菜心（parachinensis group）、大白菜（pekinensis group）和萝卜（rapa group）。甘蓝型油菜栽培品种包括加拿大芜菁（canadian turnip）、无头甘蓝（kale）、芜菁甘蓝（rutabaga）、油菜（rape）、瑞典甘蓝（swede）、瑞典芜菁（swedish turnip）和黄芜菁（yellow turnip）。Collard，是另一种菜用甘蓝——羽衣甘蓝（*B. oleracea* var. *acephala*），和印度芥菜一样被人们当作芥菜食用。

有报道称马里兰州的种植户将块根较大的饲用萝卜（品种名为 Daikon）作为蔬菜销售。在加拿大，种植西兰花降低了核盘菌引起的生菜病害发生率[175]。

农艺制度 Agronomic Systems

为了获得更好的效果，芸薹属覆盖作物要比小粒谷物覆盖作物播种得早，致使芸薹属覆盖作物不容易和经济作物进行轮作。

在未收获的玉米田或大豆田撒播（包括飞播）芸薹属覆盖作物种子，在一些地区已获得成功[234]。可见第 55 页的《25 年后，改良效果持续显现》。虽然芸薹属作物在正常情况下不会影响大豆收获，但推迟大豆收获会影响芸薹属覆盖作物的播种。作物遮阴会影响覆盖作物的产量，尤其是对根部生长影响更明显，所以在这种情况下不推荐通过种植芸薹属覆盖作物来降低土壤紧实度。

在 SARE 基金会项目支持下，马里兰州奶农在收获青贮玉米后立即种植饲用萝卜。生长良好的饲用萝卜在冬季灭生后，早春可以不使用除草剂进行玉米免耕播种，大大降低种植成本。在大多数年份，饲用萝卜植物残体分解释放的氮可提高玉米产量。这个措施在秋季施肥的青贮玉米地里使用更有效。（详情请见 SARE LNE03-192：http://www.sare.org/reporting/report_viewer.asp?pn=LNE03-192）

▲**注意事项** 芸薹属覆盖作物对阔叶除草剂残留敏感。

在马铃薯/小麦种植制度中使用多种芥菜防治线虫

Dale Gies期望能够找到一种绿肥作物，既能保持马铃薯/小麦轮作系统的土壤质量，又能提高土壤渗透性和灌溉效率，同时Dale Gies建立了生物熏蒸法——一种有害生物防治的新理念。

为了改善土壤质量，Gies从1990年开始就在其经营的750亩灌溉地里种植绿肥作物。从那时起，芸薹属覆盖作物对有害生物的防治作用减少了他对土壤熏蒸剂的使用。Gies最感兴趣的是白芥或东方芥菜（oriental mustard）与芝麻菜（*Eruca sativa*）进行混播，芝麻菜也是一种芸薹属作物，可以用来控制线虫和减少马铃薯早期死亡。

"我们配合使用芥菜来提高病虫害防治效果，" Gies告诫，"别指望使用单一的方法就能完全解决病虫害问题。"

要想生产高品质的马铃薯，控制线虫是必不可少的，不管是国内市场还是国外市场。农户通常使用农药防治哥伦比亚根结线虫（*Meloidogyne chitwoodi*）和真菌性病害。例如，用威百亩（一种常规的土壤熏蒸剂）可以有效防治引起马铃薯早期死亡的黄萎病（*Verticillium dahliae*），用药成本每亩高达83美元。马铃薯连续种植超过3年，就特别容易感染引起早期死亡的病害。

随着马铃薯价格的下降，华盛顿州及其他地方马铃薯种植户都希望能够降低种植成本。Gies 联系了华盛顿州立大学推广教育的Andy McGuire 来帮助证实芸薹属覆盖作物的种植效果。有了SARE基金会经费的支持，McGuire证实了芥菜可以改善土壤渗透性。他也证实了白芥在防治马铃薯早期死亡病害的效果与威百亩相当。

McGuire说："在马铃薯种植中芥菜绿肥可以作为熏蒸剂威百亩的替代品；种植芥菜绿肥可以提高水分渗透率并为农户节省很大开支。在研究完全证实芥菜的作用前，使用芥菜覆盖作物只能作为辅助方法，不能完全取代化学药物控制线虫。"

研究者们发现芥菜也能抑制根腐丝囊霉（*Aphanomyces euteiches*）和北方根结线虫（*Meloidogyne hapla*）。

在哥伦比亚盆地常用的两种芥菜是白芥（white mustard，*Sinapis alba*，又称*Brassica hirta*或yellow mustard）和东方芥菜（oriental mustard，*Brassica juncea*，又称棕芥（brown mustard）或印度芥菜（Indian mustard））。经常混播这两种芥菜作为绿肥。秋季翻耕灭生对控制线虫和土传病害效果最佳，东方芥菜比白芥效果更好。

Gies对芥菜和NEMAT（NEMAT是一种在意大利培育的具有线虫抑制作用的芝麻品种）进行混播。华盛顿州州立大学Ekaterini Riga研究发现，芝麻菜会诱集线虫但线虫不能在其根部繁殖，因此减少了线虫数量。

Riga在温室的研究表明，相比对照或其他绿肥处理，芝麻菜减少了哥伦比亚根结线虫的数量。2005年和2006年的田间试验表明，芝麻菜和50%推荐量的二氯丙烯（另一种熏蒸剂）或100%推荐量的灭克磷和涕灭威均可以将每克土壤中根结线虫的数量从700降到0。芝麻菜和50%推荐量的二氯丙烯不仅可以提高马铃薯产量和块茎质量，而且对于种植户来说成本较低。

"芝麻菜具有绿肥和线虫诱集的双重功能，" Riga说。

"芝麻菜所分泌的生物活性物质类似于

人工合成的熏蒸剂。因为线虫会被芝麻菜的根部所吸引，所以芝麻菜可以当作诱虫作物进行利用。"

是什么导致了芸薹属作物具有致死害虫的特点呢？研究者们重点研究了芸薹属作物分泌的芥子油苷。当芸薹属作物翻耕灭生后，芥子油苷分解产生可以对抗害虫的次生化学物质。这些次生化学物质就像是熏蒸剂中的活跃化学成分，如威百亩。

如果要进一步明确芸薹属覆盖作物影响害虫的作用位点和物种专一性，还需要进行大量相关研究。这些研究对Dale Gies来说是非常有价值的，"这种种植方式适宜Dale Gies农场种植的早熟鲜食马铃薯品种，但可能不适用加工马铃薯品种"，Andy McGuire说。欲了解更多华盛顿州的覆盖作物方面的工作，请查看www.grant-adams.wsu.edu/agriculture/covercrops/green_manures/。

Gies说："把芸薹属作物和马铃薯作为一个完整的系统进行管理，不仅能够更经济高效地运行，而且还可以改善土壤质量。"

内容由Andy Clark编写

蔬菜种植制度（Vegetable Systems）　　在早收蔬菜种植制度中，秋季种植芸薹属覆盖作物是比较容易的。在华盛顿州东部哥伦比亚盆地的马铃薯生产地区，白芥和棕芥是常见的秋季种植覆盖作物。

在八月中下旬种植白芥，可以迅速发芽并在冻害发生前获得较大生物量。作为综合防治杂草的一部分，在作物轮作中使用芸薹属覆盖作物可以实现对杂草的有效防治，减少除草剂的使用[39]。

冬季灭生的饲用萝卜创造了几乎没有杂草和植物残体的苗床，有利于早春免耕播种胡萝卜、生菜、豌豆和甜玉米等。这种方法不仅节省了耕作次数和除草剂的使用，而且作物可以有效利用饲用萝卜早期释放的氮。而且早春土壤升温要比有大量植物残体覆盖的情况下快，且不用准备苗床和进行杂草处理，所以可以实现经济作物更早播种。

■管理　　Management

建植　　Establishment

大部分芸薹属作物在排水良好且pH值在5.5～8.5的土壤中生长较好。排水不良的土壤不利于芸薹属作物播种出苗。作为冬季覆盖作物时要尽早播种建植。根据实践经验，在零下2℃低温最常出现日期前4周播种芸薹属作物较好。播种的最低土壤温度为7℃，最高温度为29℃。

耐寒性　　Winter hardiness

一些芸薹属作物和大部分芥菜在冬季可能会被冻死，这主要取决于气候和品种。连续几个夜晚气温低于零下5℃时饲用萝卜通常就会被冻死。在初霜来临前恰好是大部分芸薹属作物6～8叶的莲座期，低温危害会更严重。

一些冬型油菜品种可以忍耐相对较低的温度（零下12℃）[351]。

播种太晚会导致油菜生长不良，造成生物产量低、营养吸收减少。然而播种太早，在北部地区可能会增加冻害发生率[166]。

在华盛顿州（耐寒分区第 6 区），油菜（rapeseed）和加拿大双低油菜（canola）可以越冬，而芥菜不行。相关研究表明，芝麻菜不仅可以越冬，而且可以提供与芥菜类似的作用[429]。

在密歇根州，八月中旬种植芥菜，一般第一次严重霜冻出现在十月。可能的情况下，可以种植其他冬季覆盖作物（如黑麦）或不耕翻芸薹属覆盖作物带以在冬季保护土壤[390]。

在缅因州，所有芸薹属覆盖作物与芥菜都用作冬季覆盖作物[166]。

冬季与春季 Winter vs. Spring Annual Use

芸薹属与芥菜覆盖作物可以在春季或秋季种植。一些品种可以在冬季进行灭生，在很少或不需要准备的情况下就可以创造出醇厚的苗床。为了能够充分发挥覆盖作物的功能，芸薹属作物一般在秋季播种最好，秋季播种不仅条件好（土壤温度和湿度），而且能够获得更高的生物产量。

在马里兰州，油菜和饲用萝卜更适合作为冬季一年生覆盖作物，其次才是作为春季一年生覆盖作物。早春种植的芸薹属覆盖作物在开花结籽前只能获得大概一半的生物产量，且根系入土较浅[431]。

在密歇根州，春季芥菜可以和玉米或马铃薯一起播种，秋季芥菜可以在小麦或豆角收获后播种。秋季播种在积温大于 482 日·℃时才会获得较高生物产量，一般在初霜时接茬种植（通常在 10 月）。土壤温度较低的春季播种效果不理想，对于晚播蔬菜作物，芥菜的作用受到了限制[390]。

在缅因州，芸薹属作物既可以在夏末经济作物收获后种植并在冬季灭生，也可在春季播种作为夏季覆盖作物[166]。

在大西洋中部地区，在种植草莓和果树前利用春末到夏季播种的油菜进行翻耕灭生和土壤生物熏蒸，成功地减少了线虫和病害。

混播（Mixtures） 可以跟小粒谷物（如燕麦、黑麦）、其他芸薹属作物或豆科作物（如三叶草）混播。相对混播中的其他作物，芸薹属作物竞争力更强，所以混播比例一定要适宜以确保伴生作物的良好生长。咨询当地专家并开始小区试验或试用几种混播比例。

华盛顿州的种植户使用白芥和棕芥进行混播，通常棕芥混比要更大。

在马里兰州和宾夕法尼亚州，种植户和研究人员将小粒谷物和饲用萝卜进行间行种植，而不是单纯地进行混播。这是通过控制设备的大种子播种箱和小种子播种箱来实现的。在饲用萝卜行间播种两行燕麦，实践证明这种种植方式是成功的[431]。黑麦（播种量为每亩 3.6kg）和易受冻害的饲用萝卜（播种量为每亩 0.98kg）混播种植效果更好。

灭生　　Killing

没有被冻死的芸薹属覆盖作物在春季开花前可以通过喷洒适宜的除草剂、刈割或翻耕进行灭生，如果开花也可以采用滚压的方式灭生。

油菜较难通过草甘膦灭生，所以必须加大用药量（至少0.19升/亩）和用药次数。萝卜、芥菜和芜菁可用一次足量的百草枯，多次单施草甘膦，或多次施用草甘膦加0.078升/亩的2,4-D进行去除。

在亚拉巴马州和佐治亚州，报道称芸薹属覆盖作物比冬季谷类覆盖作物更难用化学药物灭生，所以需要加强管理和多次使用除草剂。如果不能彻底灭生，那么油菜会影响后续作物的生长。除草剂的选用一定要参考轮作中农药使用规律。

另一种免耕灭生方法是用链枷式割草机对成熟芸薹属作物进行刈割。植物残体尽量要分布均匀以利于农事操作和减少对经济作物的化感作用。许多生产者经常使用常规耕作方法将芸薹属覆盖作物残体翻入土壤中来提高土壤生物毒素活性，尤其是在地膜栽培中。

芸薹属覆盖作物翻耕灭生对防治有害生物更有效。

种子和栽培　　Seed and Planting

芸薹属植物种子比较缺乏，在种植前几个月最好联系好种子供应商。芸薹属植物种子通常比较小，少量种子就可以播种较大面积。

- 油菜（加拿大双低油菜）播种量。条播每亩0.3～0.8kg，播深不超过1.9cm；撒播每亩0.7～1kg。
- 芥菜播种量。条播每亩0.3～0.8kg，播深0.6～1.9cm；撒播每亩0.8～1.2kg。
- 萝卜播种量。条播每亩0.7～0.8kg，播深0.6～1.3cm；撒播每亩0.8～1.5kg。在夏末或初秋日平均温度低于27℃时播种。
- 芜菁播种量。条播每亩0.3～0.5kg，播深约1.3cm；撒播每亩0.75～0.9kg。在秋季日平均温度低于27℃时播种。

养分管理　　Nutrient Management

芸薹属作物与芥菜属于喜氮和喜硫植物。芸薹属植物对硫的需求和吸收能力较强，因为硫是生产油脂和芥子油苷必需的营养元素。土壤中 N:S 比 7:1 时最适合种植油菜，大多数芸薹属作物适合在 N:S 比 4:1～8:1 的土壤中生长。

充足的氮素供给有利于芸薹属作物对氮的吸收和早期生长。一些芸薹属作物，尤其油菜，能通过根系分泌的有机酸活化土壤磷以利于吸收利用[168]。

芸薹属作物腐解速度快。地下部（C:N 比为 20:1～30:1）干物质分解和营养释放要比地上部（C:N 比为 10:1～20:1）慢，但总体比冬季黑麦快。尤其在初春，萝卜植株残体在分解过程中会释放速效氮，所以应尽早种植需氮作物以避免氮素流失[431]。

▇对比特性　　Comparative Notes

由于芥子油苷浓度低，所以加拿大双低油菜田比芥菜田的昆虫数量和种类更多。

萨利纳斯山谷（Salinas Valley）夏季和冬季气温较加利福尼亚州中部山谷温和，芸薹属覆盖作物对不利栽培条件的耐受力普遍较差（如反常的冬季低温、土壤低氮和土壤积水），因此相对其他覆盖作物生长不整齐[45]。

注意事项　　在有害生物发生初期利用芸薹属覆盖作物进行防治效果更好。不同地区、不同年份防治效果会有所不同。不同品种的生物活性物质含量也存在差异。因此，需要咨询当地专家并且进行田间小区试验。

生物毒素对经济作物生长存在影响，因此在覆盖作物刚灭生后避免立即播种经济作物。

芸薹属覆盖作物不要和其他芸薹属经济作物轮作，如卷心菜、花椰菜和萝卜，因为后者对类似病害同样敏感。要对芸薹属覆盖作物自播进行控制，避免出现在同属经济作物中否则极难防除。

黑芥（*Brassica nigra*）种子有硬实，可能会给后续作物带来杂草问题[39]。

油菜含有的芥酸和芥子油苷会产生内在毒性。这些化合物不是营养物质，而且对家畜有一定影响。食用芸薹属植物在一定程度上可以降低癌症发病率。所有加拿大双低油菜栽培品种都经过了育种改良，芥酸含量都在2%以下。

冬油菜是桑尼短体线虫（root lesion nematode）的寄主。SARE基金会在华盛顿州的一项研究表明，不熏蒸并套作绿肥冬油菜的小区桑尼短体线虫数量是种植白芥和没有绿肥冬油菜处理的3.8倍。两年研究都表明，不熏蒸并套作绿肥冬油菜处理的线虫数量都低于经济阈值（获取更多信息请访问 www.sare.org/projects/，并搜索SW95-021及SW02-037）。

在马里兰州，油菜可以为卷心菜斑色蝽提供越冬场所[431]。

▇荞麦（Buckwheat）

Fagopyrum esculentum

类型（Type）：暖季或冷季型一年生阔叶谷物。
作用（Roles）：土壤覆盖、抑制杂草、为昆虫提供花蜜、疏松表层土壤、培肥土壤。
混作（Mix with）：高丹草、柽麻（sunn hemp）。
参阅第71～77页表中的排序和管理概要。

荞麦生长迅速，可作为短季覆盖作物。从荞麦播种、开花到成熟仅需70～90天，而且荞麦植株残体分解也很快。荞麦可以有效抑制杂草和吸引有益昆虫。荞麦容易灭生，而且比大部分谷类覆盖作物能够从土壤中吸收更多的磷。

荞麦在冷凉、潮湿的条件下生长旺盛，但不耐霜冻。即使在南方，它也不能像冬季一年生作物那样进行越冬。荞麦也不耐旱，在炎热、干旱的条件下很容易枯萎。

然而，荞麦较短的生育期可以使其避开干旱。

功能　　Benefits

快速覆盖（Quick cover）　很少有覆盖作物能像荞麦建植得那么快那么容易。它的种子呈圆金字塔形，播种后3～5天就可以发芽。叶子可以达到7.6cm宽，2周内就可以达到相当高的覆盖度。荞麦干物质产量通常每亩只有0.3～0.5t，但它的生长速度非常快——仅需要6～8周时间[256]。荞麦的植株残体分解得很快，可以给后续作物提供养分。

> 荞麦发芽和生长都较快，能够在6～8周的时间内就产生2～3吨的干物质。

杂草抑制（Weed suppressor）　荞麦可以有效控制暖季一年生杂草。它也可以在集约化中耕除草后播种荞麦来控制多年生杂草。耕作和连续高密度播种荞麦可以有效抑制加拿大蓟（Canada thistle）、苣荬菜（sowthistle）、草甸排草（creeping jenny）、乳浆草（leafy spurge）、顶羽菊（Russian knapweed）和多年生独行菜（perennial peppergrass）[256]。荞麦分泌的化感物质可以有效抑制杂草[350]，但它对杂草的抑制主要还是通过遮阴和竞争。

磷的吸收者（Phosphorus scavenger）　荞麦可以吸收其他作物不能吸收利用形态的磷和其他营养元素（可能包括钙），然后通过植株残体分解将养分释放给后续作物利用。荞麦根部会分泌弱酸，这些酸可以促进土壤和缓释有机肥（如磷酸盐）养分的释放。荞麦根系是浓密的须根系，主要分布在25cm左右的土壤层，为养分的吸收提供了较大的根系表面积。

耐贫瘠（Thrives in poor soils）　在低肥力土壤和有机质退化土壤中荞麦比禾谷类作物生长得要好。所以，荞麦是幼林林间隙地和退化农田土壤恢复首选的先锋作物。但是，荞麦不适宜在紧实、干旱或过度潮湿的土壤中生长。

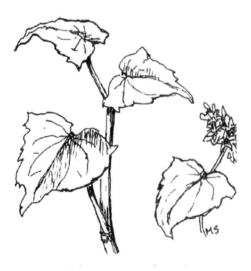

荞麦（*Fagopyrum esculentum*）

Marianne Sariantonio绘

快速再生（Quick regrowth）　在25%植株开花前进行刈割，荞麦再生速度较快。在开花中期进行简单的耕作后，即可再种一茬荞麦。一些种植户像这样连续种植三茬荞麦就可以明显提高新开垦土地的土壤肥力。

土壤改良剂（Soil conditioner） 即使很少进行耕作，荞麦丰富的根系也能疏松和破碎表层土壤，在温带地区播种秋季作物前，可以利用荞麦很好地改良土壤。

花蜜来源（Nectar source） 荞麦浅白色的花可以吸引捕食或寄生于蚜虫、螨虫或其他害虫的有益昆虫。这些有益昆虫包括食蚜蝇（Syrphidae）、黄蜂（predatory wasps）、小花蝽（minute pirate bugs）、花蝽（insidious flower bugs）、寄生蝇（tachinid flies）和瓢虫（lady beetles）等。荞麦播种后3周开始开花，花期长达10周。

保护作物（Nurse crop） 虽然荞麦能满足快速覆盖的要求，但是由于它早期快速旺盛的生长使得它很少被用作保护作物。有时可以用来作为早期生长缓慢的耐寒豆类的保护作物，不过荞麦在冰点温度会被冻死。

管理　　Management

荞麦喜轻质、排水良好的沙壤土、壤土和粉沙壤土等。荞麦在黏重、过湿土壤或石灰岩含量高的土壤中生长不良。荞麦在冷凉、湿润的条件下生长最好，但不耐霜冻干旱。极端炎热的午后会引起荞麦枯萎，但在夜晚会恢复活力。

建植　　Establishment

种植荞麦要避开所有霜冻危害。在免耕、少耕或常规耕作（clean-tilled）条件下，条播播种量每亩3.8～4.5kg，播深1.3～3.8cm，行距15～20cm。加大播种量可以使覆盖速度更快。在苗床上每亩撒播7.3kg种子并用碎土机、除草机、圆盘犁或农耕机进行镇压，以利于更好出苗、实现快速覆盖。总体来说，条播更有利于出苗和提高幼苗活力。作为生长缓慢的冬季一年生豆类的保护作物，荞麦需要在夏末或秋季进行播种，播种量为正常值的1/4～1/3。

荞麦可以通过增加分枝和提高种子结实来弥补因播种量不足而造成的群体密度低的问题。然而，播种量过低容易导致荞麦在生长早期遭受杂草危害。使用粗选种子甚至是轻质的小粒种子虽然可以降低种植成本，但是会增加杂草风险。随着植株成熟，变得纤弱的茎秆在遭受大风或大雨时容易倒伏。

轮作　　Rotations

荞麦最普遍的作用是作为仲夏覆盖作物来抑制杂草和代替休耕。在东北部和中西部地区，荞麦通常都是在早熟蔬菜收获后种植，随后种植秋季蔬菜、冬季谷物或冷季型覆盖作物。秋季种植的荞麦在冬季灭生后，植株残体可以提供较好的土壤覆盖并有利于免耕作业。在许多地方，荞麦可以在冬小麦或加拿大双低油菜收获后进行播种。

加利福尼亚州的部分地区，荞麦生长和开花处于冬季一年生豆类覆盖作物春季灭生与秋季重新播种之间。加利福尼亚州一些葡萄园主一般采取间行种植荞麦和夏季覆盖作物（如高丹草），荞麦带宽一般在90cm左右。

荞麦对前作残留的除草剂很敏感，尤其是在免耕播种条件下。氟乐灵和含有三嗪、磺酰脲除草剂的残留对荞麦幼苗具有很强的药害[79]。可以通过田间试验来检测土壤是否有农药残留。

有害生物管理 Pest Management

荞麦病虫害较轻。荞麦地杂草主要来自前茬种植的小粒谷物,但对荞麦生长影响不大,反而可以增加覆盖作物的产量。在荞麦植株稀疏的地方容易滋生其他杂草。荞麦结籽和落叶后杂草也会增加。荞麦病害是由柱隔孢属(*Ramularia*)真菌引起的叶斑病和丝核菌(*Rhizoctonia*)引起的根腐病。

其他选项 Other Options

当主要农作物衰亡或由于不利条件没能及时种植时,荞麦可以作为一种应急覆盖作物来保护土壤和抑制杂草。

为确保荞麦能为有益昆虫提供栖息地,可以让荞麦持续开花至少 20 天,这样就为小花蝽繁衍后代提供了充足的时间。

早熟农作物收获后种植荞麦(美国北方各州在 7 月中旬前进行播种,南方在 8 月初前播种)可以收获两茬荞麦籽实。但这两个月都需要相对冷凉、湿润,以防止过度开花。国内外市场对有机荞麦,尤其是食品级荞麦需求量很大。出口商往往会指定某些品种,因此荞麦种植收获粮食时,需要事先做好调查。

注意事项 Management Cautions

荞麦也会成为农田杂草,需要在开花 7~10 天内或第一颗种子变硬呈棕色前进行灭生。最早成熟的种子会在植株完全开花前落粒。一些种子在气温适宜的地区可以安全越冬。

荞麦可以给包括草盲蝽(*Lygus* bugs)、美国牧草盲蝽(tarnished plant bugs)和穿刺短体线虫(*Pratylynchus penetrans*)等提供庇护场所[255]。

对比特性 Comparative Notes

- 荞麦根系比重是其他小粒谷物比重的一半[354]。荞麦茎秆多汁、腐解快;土壤疏松效果好但易受侵蚀,尤其是在耕作后。所以,在荞麦灭生后应尽快种植土壤保持效果好的作物。
- 荞麦吸收磷的能力是大麦的3倍、黑麦的10倍以上,黑麦是谷类作物中磷吸收能力最差的[354]。
- 作为一种经济作物,荞麦对土壤水分的消耗量只有大豆的一半[298]。

种子来源(Seed sources)   详见第 218 页《附录 C 种子供应商名单》。

燕麦（Oats）

Avena sativa

别名（Also called）：春燕麦（spring oats）。
类型（Type）：冷季一年生作物。
作用（Roles）：抑制杂草、防止土壤侵蚀、吸收土壤残余养分、增加作物产量、保护作物。
混作（Mix with）：三叶草、豌豆、野豌豆、其他豆科或其他小粒谷类。

参阅第71～77页表中的排序和管理概要。

在耐寒分区第6区及更冷区域和第7区大部分地区，燕麦是一种种植成本低、冬季枯萎、效果极佳的秋季覆盖作物。燕麦生长迅速、生物量大，可以有效抑制杂草和吸收土壤残余养分，与豆科作物混播时可提高豆科作物产量。在轮作种植制度中燕麦的须根系可以在冬春季有效保持土壤，并在少耕或免耕播种作物前可以提供较好的覆盖。

作为直立一年生植物，燕麦适宜在排水良好的土壤、冷凉湿润的气候条件下生长。株高可超过1.2m。燕麦不适宜在炎热和干燥的气候条件下生长。

功能　　Benefits

燕麦具有适应性广、生长快速的特点，作为覆盖作物可以带来很多益处。

可观的生物量（Affordable biomass）　在良好的生长和适宜的管理条件下，夏末到秋初播种燕麦干物质亩产量可达151～302kg，春季播种的话，每亩干物质产量可高达605kg。

营养填闲作物（Nutrient catch crop）　播种较早的情况下，燕麦可以吸收土壤残余的大量氮和少量的磷、钾。美国东北部和中西部的研究表明，在夏末播种生长8～10周的燕麦每亩可以吸收多达5.8kg的氮素[312, 328]。

在燕麦不能越冬的地方，一些农户在夏季豆科作物收获后播种燕麦来吸收土壤残余氮素，减少了春季燕麦灭生作业。燕麦植株残体内的氮素在春季前会有一部分流失，主要是通过氮的消化作用以气体形式挥发或在土壤中淋溶。如果想为下茬作物累积更多的氮素，可以考虑将燕麦和越冬豆类一起混播。

> 燕麦是一种可靠的覆盖作物，需要投入的成本低，在耐寒分区第6区及第7区大部分地区冬季会冻死。

快速覆盖（Smother crop）　　燕麦发芽快、生长迅速、覆盖度高，能够有效抑制杂草，燕麦植株残体分泌的化感物质对杂草和作物种子发芽的抑制作用可以持续数周。为了减少对作物种子发芽出苗的影响，在作物播种前 2～3 周要对燕麦进行灭生。

秋季豆科植物的保护作物（Fall legume nurse crop）　　燕麦是豆科植物最理想的保护作物或伴生作物。它们可以有效提高豆科作物的固氮量。每亩混播 2.7～5.7kg 的燕麦可以有效提高豆科作物产量，如毛苕子、三叶草或冬豌豆。燕麦也可以有效防治秋季杂草。在许多地方燕麦可以有效保护豆科作物越冬，但自身不能越冬。

春季绿肥或伴生作物（Spring green manure or companion crop）　　在美国北部，春季与豆科作物混播，燕麦既可以收获作干草，也可以收获粮食和秸秆，同时豆科作物可以作为夏季或后续其他季节的覆盖作物。如果在蜡熟期收获燕麦，可以将豆科作物调制成半干青贮饲料。燕麦可以提高豆科作物的干物质产量和粗蛋白含量，但较高的氮含量会造成家畜硝酸盐中毒，尤其是在燕麦开花期收获的时候。

如果混播的豆科作物具有攀缘的特点，燕麦籽粒的收获将变得很困难。如果混播的豆科作物是以收获种子为目的，燕麦的支撑作用则有利于豆科作物种子的收获。

管理　　Management

建植和田间工作　　Establishment & Fieldwork

要及早播种保证在冬季前至少有 6～10 周的生长时间。肥力适中的土壤更有利于燕麦的生长。

夏末/初秋种植（Late-summer/early-fall planting）　　在耐寒分区第 7 区或更冷的地区，为了在冬季能够自然灭生覆盖作物，春燕麦品种通常在夏末或秋初播种。撒播或覆播不仅可以获得较好的播种效果还可以降低种植成本，但在植株残体比较多的情况下不适宜采取这种播种方法。清洁的、采用经滚筒粗选的种子能够满足以上要求。

如果进行撒播但又想获得较大的生物量，那就要采用当地推荐的最高播种量（大概每亩 7.3～10.2kg），至少在当地初霜前 40～60 天进行播种。如果土壤水分充足，那么燕麦发芽出苗很快，可以形成较好的植物覆盖层，以利于保护土壤和抑制杂草。

燕麦（*Avena sativa*）

Marianne Sarrantonio 绘

可用圆盘耙轻耙灭生。在很多地区，既可以让它在冬季自然灭生，也可以在秋季进行放牧利用。

如果在秋季作为豆科作物的保护作物，较低的燕麦播种量（每亩2.5～4.8kg）效果好。

燕麦条播，播种量为每亩4.8～7.3kg，播深1.3～2.5cm；作为收获粮食时，需要进行中耕除草，播深要增加到3.8cm。

在墒情好的土壤中，浅播可以促进燕麦快速发芽，减少根腐病的发生。

及时播种可以获得更大生物量和较高的地表覆盖。在美国东北和中西部地区，作为大豆收获后的冬季覆盖作物，春燕麦一般要在大豆叶子枯黄期或叶子脱落早期进行套播，在初冬地表覆盖度就可高达80%[199]。在艾奥瓦州和宾夕法尼亚州的研究表明，如果在大豆快收获或收获后播种，燕麦的生物量会很低。

在纽约州北部的研究表明，在夏末即使推迟播种两周也会明显降低燕麦抑制春季杂草的效果。8月25日播种燕麦的小区春季杂草数量和生物量分别比无燕麦种植的小区减少了39%和86%，但晚播种2周的燕麦种植小区春季杂草数量和生物量分别仅比无燕麦种植的小区减少了10%和19%[328,329]。

简单的田间作业（No-hassle fieldwork） 作为一种冬季枯死覆盖作物，在春季仅需圆盘耙轻耙就可以将燕麦植株残体打碎，以便使土壤大面积裸露，有利于加速土壤升温和作物及时播种。由于燕麦植株残体的分解速度很快，也可以进行免耕播种。

冬季种植（Winter planting） 在耐寒分区第8区或更温暖的地区，作为秋季或冬季覆盖作物，燕麦可以采取低量到中量播种。春季可以采用翻耕来灭生冬季种植的燕麦，免耕条件下可用除草剂进行灭生。

春季种植（Spring planting） 播种量主要取决于燕麦种植利用的目的：用作春季绿肥和抑制杂草时宜采用中高播种量，用于混播或豆科植物的伴生作物时宜采用低播种量。在过湿土壤或想得到更大覆盖度的情况下需要更高的播种量。土壤养分过高容易造成燕麦倒伏，但是如果种植燕麦仅是为了进行覆盖，那么燕麦倒伏则能更好地抑制杂草和保存水分。

易于灭生（Easy to kill） 在耐寒分区第7区的大部分地区或更冷的地区，燕麦冬季会被冻死。否则，通过刈割和营养阶段后期（如乳熟期或蜡熟期）喷洒除草剂都能达到灭生的目的。在免耕制度中，滚轧/揉切同样也可以有效灭生燕麦（蜡熟期及以后）（见第161页《免耕——覆盖作物专用滚刀式揉切机》）。如果春季土壤升温快，可以采取喷洒除草剂或刈割的方式灭生燕麦来进行土壤覆盖。

如果想进行翻耕灭生，至少在下茬作物播种前2～3周进行。

灭生过早会降低燕麦生物量，如果采用机械灭生，部分植株会重新再生。但是灭生太晚会影响常规耕作措施，而且会消耗过多的土壤水分。及时灭生很重要，因为成熟的燕麦植株会固化氮素。

有害生物管理　　Pest Management

化感作用（Allelopathic）　存在于燕麦根系和植物残体（自然产生的具有化学除草作用）中的化合物抑制杂草生长的作用可持续几周。这些化合物也会使生菜、水芹、猫尾草、水稻、小麦和豌豆等接茬作物萌发或根部生长速度变慢。燕麦灭生3周后播种上述敏感作物或播种其他替代作物可最大程度降低化感作用。单播燕麦时通过旋耕除草或其他萌前机械处理方式可防治一年生阔叶杂草。

燕麦比小麦或大麦的虫害少。无论是种植籽实燕麦还是牧草燕麦，黏虫、各种谷物蚜虫和螨虫、金针虫、夜蛾、蓟马、叶蝉、蛴螬和象甲等害虫都只是偶尔发生。

如果你所在的区域或你的地块存在锈菌病、黑粉病、枯萎病问题，选择抗病的燕麦品种可最大程度控制病害。美国南卡罗来纳州种植者的研究表明，燕麦等覆盖作物可减轻蔬菜根结线虫和丝核菌（*Rhizoctonia*）病害，不过芸薹属覆盖作物的效果更好。为减少燕麦田较易产生的线虫危害，应避免连续两年种植燕麦或在易感线虫的小麦、黑麦或小黑麦等小粒谷物之后种植燕麦[71]。

玉米/菜豆轮作中燕麦、黑麦的改土作用

Bryan和Donna Davis喜欢覆盖作物，因为它们能为玉米/大豆轮作带来好处。他们很少使用除草剂，过去六年里他们只用过一次杀虫剂，而且他们发现土壤有机质含量从以前的不到2%涨到现在的4%，几乎提高了1倍。

艾奥瓦州格林内尔附近，他们经营着近6000亩土地，黑麦和燕麦是主要的覆盖作物。Bryan和Donna1987年购买该农场（他们家族从1929年开始经营）后，立即采用几乎100%免耕方式，这种方式他们已试验了多年。农场里有些地仍然按传统方式耕作，有1800亩地仍处于向有机农业发展的过渡期。

在农场的1/3土地上实行有机方式，似乎是Davis当初以"远离化学制品"的理念改造农场的必然结果。这就是他们开始使用覆盖作物培肥土壤、防治有害生物的动机。

Bryan说："我们正在试图改变要消灭每个害虫和每棵杂草的观念。取而代之的是，我们需要管理这个耕作系统，容许一些杂草和昆虫存在。这样一来，系统会处于更加平衡的状态"。

Bryan和Donna是"生物农场"的实践者和倡导者，这一系统的管理基于如下原则：改良土壤保持其生物活性，减少化学制品的投入，重视微量元素或微量营养物质以保持系统平衡。覆盖作物在这个系统中发挥着综合作用。

他们根据时间和劳动力的情况，选择春季或秋季播种燕麦，播种量为每亩4.8～7.3kg。Donna负责大部分的收获和种植工作，即使两个人有很多土地要管理，覆盖作物仍是他们计划中优先考虑的工作。秋播燕麦要在大豆收获之后种植，"播后要马上下雨才能萌发"，在被霜冻冻死（艾奥瓦州中南部通常是12月）之前能长到30cm高。

春燕麦一般在3月中下旬用撒肥机撒播，然后耙地。如果接茬玉米，燕麦的播种量可提高至8.5kg，因为通常生长5～6周后他们就会耕翻燕麦，并在5月初播种玉米。至于种大豆，他们通常用化学除草剂灭生燕麦后免耕种植大豆或直接耕翻燕麦后按常规方法播种大豆。

> 多年来，他们采用不同的方式来管理黑麦，具体方式取决于它在轮作中的作用；不过，他们倾向于在灭生或翻耕的黑麦，而不是在正常生长的黑麦地播种作物。他们认为从燕麦中可以获得每亩15.9kg的氮，从黑麦中获得每亩高达27.2kg的氮。
>
> 他们在正处于过渡期的有机生产田里施鸡粪肥（0.3t/亩），此时覆盖作物作用很关键，可吸收过多养分，并抑制受养分增加刺激而产生的杂草萌发。
>
> 他们认为均衡土壤养分的管理措施也有助于杂草控制，因为（土壤）养分不均衡有利于杂草生长。
>
> 他们还发现，种植覆盖作物和免耕播种除了增加土壤有机质，还提高了土壤含水量和水分渗透性。地里不再因为下了场大雨就成水塘。大豆更加耐干旱，处于自然干枯期的玉米，其持绿时间更长。
>
> "这是一个需要大量时间投入和劳动密集型的系统，但是如果从总的预算看，我们现在做得更好了。我们大幅度削减了化学制品成本，而且在一些地块减少了1/3～1/2的肥料开销。"Bryan说，"照目前的能源成本来看，你不得不这么做。"
>
> Davis谨慎地指出，这个系统不仅是只增加了覆盖作物这么简单，"你需管理整个系统，而不是系统中的一部分。想实现可持续生产，就必须管理好这个生物系统。"要改良土壤，给土表加层覆盖物。
>
> 内容由Andy Clark编写

其他选项　　Other Options

市场上有许多适应不同区域的、价格低廉、应用广泛的燕麦品种，但你种植燕麦的目的只有几个：调制干草、放牧利用、生产秸秆或籽实。根据栽培条件和当地条件，选择最符合生产目标的品种。日照长度、茎秆高度、抗病性、干物质产量、籽粒自然容重和其他性状都是需要考虑的重要指标。在美国的南方腹地（the Deep South），生长迅速的毛燕麦（*Avena strigosa*）有望成为抑制大豆杂草的覆盖作物。见《附录 B 具有发展前景的覆盖作物》（第 213 页）。

明尼苏达州麦迪逊（Madison）的产粮和养猪农户 Carmen Fernholz 说，除了作为覆盖作物，燕麦还是一种很好的饲料。据他观察，有机燕麦市场虽小，但在有些地方也可以做。

燕麦适口性比黑麦好，因此也容易放牧。如果不进行放牧，要注意监测燕麦的蛋白质含量变化（变幅在 12%～25%）[433]。燕麦干草的钾含量有时也很高，作为泌乳奶牛的主要饲草可能会造成奶牛代谢病。燕麦田套播豆类会提高燕麦产量（相对于单播燕麦），既有利于燕麦的放牧利用，也可为后茬作物供氮。

■对比特性　　Comparative Notes

- 秋季芸薹属作物生长更快，积累的氮更多，且防治杂草、线虫和病害的能力都比燕麦强。
- 秋季和初春黑麦的生长量更大，吸收氮更多，更早成熟，但比燕麦难建植、难灭生、难耕翻。
- 作为豆类的伴生/保护作物，燕麦优于其他禾谷类作物的大多数品种。
- 燕麦比大麦更能耐受高土壤水分，但耗水量更大。

种子来源（Seed sources）　　详见第218页《附录C 种子供应商名单》。

黑麦（Rye）

Secale cereale

别名（Also called）：谷物黑麦（cereal rye）、冬黑麦（winter rye）、粮食黑麦（grain rye）。
类型（Type）：冷季型一年生禾谷类作物。
作用（Roles）：吸收多余的氮、防止土壤侵蚀、增加有机物质、抑制杂草。
混播作物（Mix with）：豆科作物、禾本科作物或其他禾谷类作物。
参阅第71～77页表中的排序和管理概要。

黑麦是最耐寒的禾谷类作物，它秋播比其他覆盖作物都晚，但仍可生产大量干物质，发育庞大的根系固持土壤，显著减少氮淋失，还能抑制杂草生长。

黑麦价格便宜且容易建植，在贫瘠的沙地或酸性土壤或地表不平整的地块表现胜过其他所有覆盖作物。黑麦适应范围广，但在气候冷凉的温带生长最好。黑麦比小麦长得高，生长速度也更快，可以作为防风植物，冬季可保存积雪或积蓄雨水。许多经济作物和农作物都适宜覆播黑麦，春季可以很快恢复生长，在适当的时机，通过旋耕、刈割或除草剂将其灭生。与毛苕子等冬季一年生豆类混播，可抵消黑麦春季对土壤氮的固化量。

> 黑麦在秋季可以比其他覆盖作物种植得更晚。

功能　Benefits

吸收养分（Nutrient catch crop）　　黑麦是吸收土壤未利用氮能力最强的冷季型禾谷类作物。它没有主根，但其生长迅速的须根系至春季前每亩通常可吸收并固定1.8～3.8 kg氮，甚至高达7.6kg氮/亩[421]。早播比晚播更有利于氮的吸收[46]。

- 马里兰州的一项研究证实，一块按计划过量施肥的玉米田，其粉壤土淋溶的氮的60%都被黑麦吸收固定[371]。

- 佐治亚州的研究表明，黑麦可吸收玉米种植后残留氮的69%～100%[219]。
- 艾奥瓦州的一项研究表明，8月在大豆田覆播黑麦或黑麦/燕麦混播组合可将9月到来年5月间的氮淋失量降低至0.38kg/亩[312]。通过从较深土层吸收钾，黑麦可以把钾带到地表，增加了表土可交换性钾的含量[123]。黑麦的快速生长（即使在较冷的秋季）有助于滞留冬季积雪，进一步提高了其耐寒性。黑麦庞大根系有助于排水；同其他覆盖作物相比，黑麦春季成熟更快，有助于保持春末的土壤水分。

减少土壤侵蚀（Reduces erosion）　采用保护性耕作时，黑麦可有效地保护坡地土壤，减少土壤流失[124]。

适合多种耕作制（Fits many rotations）　在大部分地区，种植玉米后，或种植大豆、水果或蔬菜之前或之后，种植黑麦作为冬季覆盖作物。黑麦之后接茬种植小麦或大麦等小粒谷物效果不佳，除非能干净彻底地将黑麦灭生，因为自播的黑麦会降低小粒谷物的品质。

在蔬菜田和果园种，带状种植的黑麦也可起到很好的覆盖和防风作用，还可以成为轮作空闲期的快速覆盖作物或在其他覆盖作物播种失败后作为替代作物。

蔬菜地和玉米地（抽穗或抽丝期）覆播黑麦效果一直很好。芸薹属作物也可覆播黑麦[368, 421]，也可在大豆开始落叶之前或在美洲山核桃树行间播黑麦。

生物量大（Plentiful organic matter）　免耕和少耕系统中，它是极佳的有机质来源，收获茎秆时黑麦每亩干物质产量高达756kg，东北地区产量一般为224～299kg[118, 360]。在有些种植制度下，黑麦作为覆盖作物时可能产生过多的植物残体，要确保接茬的作物管理能适应这一状况。纽约州的研究表明，8月26日在卷心菜地覆播黑麦，到10月中旬即覆盖了行间80%的地面，尽管受夏季炎热的影响，每亩黑麦也积累了近100kg的生物量。到5月19日翻地时，每亩黑麦生产了0.42t干物质，积累了6.1kg的氮。卷心菜的产量没受影响，所以不存在竞争的问题[328]。

抑制杂草（Weed suppressor）　黑麦是抑制杂草效果最好的冷季覆盖作物之一，尤其对灰藜（lambsquarters）、反枝苋（redroot pigweed）、苘麻（velvetleaf）、繁缕（chickweed）和狐尾草（foxtail）等光敏感型一年生杂草抑制效果好。黑麦也可通过化感作用抑制包括蒲公英和田蓟在内的多种杂草（像一种天然除草剂），并抑制一些抗三嗪类农药杂草的萌发[335]。马里兰州的免耕试验表明，当黑麦覆盖超过90%土表时，可使杂草密度平均下降78%[409]，而加利福尼亚州试验的降幅达

黑麦（Secale cereale）

Marianne Sarrantonio 绘

99%[421]。在免耕种植玉米前将黑麦和一年生豆类（如毛苕子）混播，可提高杂草抑制效果。不过，不要指望杂草因此就能被完全地控制，还需要辅以其他杂草管理措施。

抑制有害生物（Pest suppressor）　尽管为害黑麦和为害其他禾谷类作物的害虫种类一样，但黑麦却很少发生严重虫害。黑麦减少轮作中的有害生物问题[447]，还能吸引相当大数量的瓢虫等有益昆虫[56]。

黑麦比其他禾谷类作物病害少。南方的调查表明，黑麦有助于防治根结线虫和其他有害线虫[20, 447]。

保护作物/与豆科作物混播（Companion crop/legume mixtures）　秋季将燕麦与豆科或其他禾本科作物一起混播或在春季覆播豆科作物。豆类固氮可以抵消黑麦对氮的固定作用。豆科/黑麦混播更易适应土壤不同的残留氮水平。马里兰州的研究表明，如果有大量的氮，黑麦生长得更好；如果氮不足，豆科生长得更好[86]。毛苕子和黑麦混播是常用的方式，可在种植玉米前积累 3.8～7.5kg 氮/亩。黑麦有助于保护不耐寒的野豌豆幼苗越冬。

■管理　　　Management

建植和田间工作　　Establishment & Fieldwork

黑麦喜轻壤土或沙壤土，可以在水分含量较低的土壤萌发，也可在重黏土和排水不良的土壤中生长，而且许多品种都耐涝[63]。

黑麦可以在很寒冷的天气下建植。它可以在 1℃低温度下萌发，但营养生长需要 3℃或更高的温度[360]。

冬季利用（Winter annual use）　在耐寒分区第 3～7 区，从夏末到仲秋均可播种；在耐寒分区第 8 区及更暖地区，秋季到冬季中期均可播种。中西部地区的北部和气候冷凉的新英格兰地区各州，比小麦或籽实黑麦早 2～8 周播种，秋季、冬季和春季生长量最大。其他区域的播种期要根据种植制度和需要多大的秋季生长量来定。早播增加了冬前的氮吸收量，但会使春季田间管理（尤其是灭生和耕翻）变得更加困难。见第 114 页《黑麦：抑制大豆播前杂草》。

黑麦比其他禾谷类作物对播种深度更敏感，播种深度不要超过 5cm[71]。在平整的苗床上条播时，播种量为 4.5～9.0kg/亩，撒播的播种量为 6.8～12.2kg/亩，然后用圆盘耙轻耙或镇压[360,421]。

秋末撒播，规模和预算允许的话，可以将播种量提高到 22.7～26.5kg/亩以保证出苗密度。黑麦比许多其他覆盖作物更适合自播。

"我使用 Buffalo 秸秆切割机（Buffalo Rolling Stalk Chopper）来晃动黑麦植株，使种子落到地面，"Steve Groff（宾夕法尼亚州霍尔特伍德（Holtwood）的蔬菜种植户）说，"这种秋播黑麦的方法，很可靠，既快，成本又低。"（详见 www.cedarmeadowfarm.net）

混播（Mixed seeding）　当与豆类混播时，黑麦的播种量要控制在当地推荐播种量的最低值[360]，与其他禾本科作物混播时的适宜播种量在低等到中等水平。在马里兰州，在粉壤土土壤条件下的一项研究表明，覆盖作物/玉米轮作，秋播适宜播种量为每亩混播3.2kg黑麦和1.4kg毛苕子[81]。若与三叶草混播，黑麦播种量稍微高些，大概每亩4.2kg。

在易发生土壤侵蚀的坡地与番茄轮作时，Steve Groff 采用的秋播组合和播种量为每亩2.3kg黑麦、1.9kg毛苕子和0.75kg绛三叶。他喜欢这三种覆盖作物的混播效果：提供了足够的生物量和氮，并改良了土壤。

春季播种（Spring seeding） 虽然春播并不普遍，但春播黑麦作为过渡作物，可以抑制杂草，并作为牧草供早期利用。许多地方，因未经过春化（萌发后经历一段时间的低温），黑麦不结籽并在几个月内会自然死亡。威斯康星州韦罗奎（Viroqua）的 Rich de Wilde 说，春播很好地控制了芦笋地里的杂草。

条播大豆等大粒的夏季作物后，可以撒播黑麦。春季若温度较低，覆盖作物生长良好，待气温上升时夏季作物开始快速生长。如需抑制黑麦生长，降低其对水分的消耗量，需复耕或进行除草剂处理。

灭生与控制　　Killing & Controlling

营养的有效性（Nutrient availability concern） 黑麦春季生长和成熟得很快，但成熟日期依土壤水分和温度有所不同。黑麦长得高，茎秆量大，体内的氮随着植株残体的分解而被固定。黑麦的氮积累量与成熟度直接相关。氮的矿化过程缓慢，因此不要指望越冬后，黑麦的氮可以很快地转化为有效态。

及早灭生黑麦，在其茎秆尚处于鲜嫩多汁的阶段时即可灭生，这种方式可以减少氮的固定，并保持土壤水分。春季降雨会加速黑麦的氮淋溶，影响接茬作物，尤其是需氮型作物（如玉米）的生长。马里兰州的一项研究指出，即使大量的水分（降雨）使黑麦灭生最佳时期提前，在灭生后的几周内如果雨水过多的话，仍会发生明显的硝态氮淋溶[109]。如果用重型设备刈割黑麦，也会造成土壤紧实的问题。灭生太迟会耗尽土壤水分，而且黑麦生物量会更高，灭生难度大。不过，马里兰州的研究表明，气候湿润区免耕种植玉米时，覆盖作物虽在春季消耗了水分，但其植物残体覆盖有助于夏季的土壤水土保持，相比之下这对玉米生长的作用更重要[82, 84, 85]。

与豆科作物混播（Legume combo maintains yield） 弥补因黑麦固化氮而使作物产量降低的方法是增施氮肥。还有就是和豆类作物混播，尤其是豆类作物占到一半比例时，将灭生时间推后几周，可保持作物产量不下降。混播延长了豆类作物的固氮时间（某些情况下，可使供氮量提高一倍），而黑麦也有更多时间去多吸收淋溶氮。灭生日期可根据当地单播豆科作物的正常灭生日期来定[109]。

与单播黑麦相比，豆类/黑麦混播通常可以提高干物质总产量。植物残体量大有助于保持土壤水分。为了达到最好效果，灭生10天后再种植作物，在这段时间里，地温上升，土壤水分下降，以使黑麦能被播种机犁刀粉碎得更彻底，最大程度降低植物残体的化感效应[84, 109]。使用除草剂可能需要加大用药剂量或增加水压，以确保喷洒范围足够大。一旦豆科作物达到盛花期，就可对混播豆类/黑麦进行旋切处理[302]。

成熟前灭生（Kill before it matures）　只要黑麦高度不低于30cm，耕翻后的黑麦不会再生[360, 421]。美国中西部经常在黑麦高约50cm时犁地或用圆盘耙耙地[306]。在黑麦株高46cm之前耕翻，可以减少其对土壤氮的固化[360, 421]。在宾夕法尼亚州[118]及其他地方，至少要在玉米播种前10天灭生黑麦。

黑麦刚开始开花时刈割灭生的效果最好。黑麦是长日照植物，14小时以上的日照、温度不低于零下4℃的条件促进其开花。往复式割草机的效果要比链枷式割草机好，后者割下来的茎秆形成致密的覆盖层，会阻碍接茬作物的萌发[116]。

南方4月末，黑麦散粉后刈割灭生的效果不错[101]。如果土壤水分充足，那么可以在刈割黑麦3～5天后种植棉花，可使用残体清理机处理残茬，不需要完全耕翻。

> 黑麦是最好的氮吸收冷季型覆盖作物，通常其春季的含氮量达25～50 lb.N/A。

一些农场主更愿意在孕穗末期抽穗或开花之前切碎或刈割黑麦。"如果黑麦进入成熟期，你最好将它打成草捆或收获种子。"伊利诺伊州南部的有机谷物种植者Jack Erisman提醒说[38]。他常常是在黑麦地里放牧（牛）一个冬季后种植大豆。虽说他更愿意在地温升至15℃后再播大豆，但此时对免耕播种来说就太晚了。

"如果黑麦超过61cm高，我会用茎秆压扁切碎机（rolling stalk chopper）处理，黑麦的茎秆完全被压扁并呈卷曲状，"宾夕法尼亚州蔬菜种植户Steve Groff说，"有时这样处理就用不着再使用灭生性除草剂了，这取决于黑麦生长期和接茬作物的种类。"

威斯康星州韦罗奎（Viroqua）的Rich de Wilde说，重型旋耕机按5cm深度旋耕黑麦的效果很好。

能否推迟几周等到黑麦开花后再种夏季作物呢？如果当地没有早熟黑麦品种，而所在地区处于耐寒分区第5区或更冷地区的情况下是可以的，但要犁掉黑麦然后复耕。若不耕翻黑麦，可使用灭生性除草剂和苗后除草剂或采用定点喷药的方法来控制残茬上发生的杂草。

想让玉米、大豆等接茬作物生长发育得更快，灭生后应使黑麦植株保持直立（而不是扑倒平放）。加拿大安大略省三年的研究表明，除干旱年份外，这种通过提高地温和种子外周土壤温度的方式，加快作物的发育进程[146]。这对总体作物产量几乎没有影响，除非种得太早且黑麦植物残体或土壤低温限制作物的发芽。

黑麦：覆盖作物的主力

与美国各地的农场主谈论覆盖作物时，会发现他们大部分都种过黑麦当覆盖作物。几乎可以肯定种植最广泛的覆盖作物就是黑麦，现在它每年的种植面积达上千万亩。

有多少农场主，几乎就有多少种黑麦覆盖作物的管理方法。气候、生产体系、土壤类型、设备和劳动力这些都是决定黑麦管理方法的主要因素。你的实践经验将最终决定哪种方法最适合你。

通过本书、互联网和你所在的地区了解一下其他人如何管理黑麦。尝试不同的管理措施，让你可以播得更早一些或找到不一样的植物残体管理方法。多种植一种豆科作物、芸薹属作物或其他禾本科作物以提高农场的生物多样性。

黑麦得以广泛种植的原因包括：

- 耐寒性强，比大多数其他覆盖作物的秋季生长时间长，春季再生早。
- 生物量大，植物残体持久性强，适宜保护性耕作制。
- 比冬季一年生杂草生长竞争力强，植物残体可抑制夏季杂草生长。
- 吸收养分（尤其是氮）能力强，有助于保持土壤养分，避免养分随地表水和地下水流失。
- 种子价格相对便宜，且易于播种。
- 与豆科作物混播效果很好，提高了产量和秋冬季的地表覆盖率。
- 作为高品质牧草，可放牧利用或收获作青贮。
- 适应多种作物-家畜系统，包括玉米/大豆轮作、早播或晚播蔬菜种植、奶牛和肉牛养殖。

秋季管理（播种） Fall management（planting）

- 如果秋初播种黑麦效果最好，那么在美国大部分的地方都可在11月或12月播种，南方腹地甚至在延至1月播种，仍能获得实在的收益。
- 无论是否耕作，都可在主要农作物收获后条播或撒播。
- 可在主要作物收获前播种，通常撒播，有时用飞机或直升机播；北方气候条件下，经济作物中耕时播种。播种时土壤水分充足利于覆盖作物的萌发，还可避免与主要农作物竞争水分，是保证这种播种方式成功的关键因素。

春季管理（灭生） Spring management（termination）

方法多样：

- 可通过耕翻、刈割、旋切或喷药灭生。
- 可在经济作物播种之前或之后将其灭生，在保护性耕作时，可直接将经济作物条播在直立的黑麦株丛里。
- 有些人认为要尽可能地延长黑麦的生长时间，而有些人坚持认为春季要尽早地进行灭生。
- 菜农有时会一直保留蔬菜行间的黑麦株丛，以减少风蚀。

下面例子是全国各地实践者运用他们的聪明才智管理黑麦的一些方法：

- 密歇根州Fairgrove的Pat Sheridan Jr：玉米、甜菜、大豆、菜豆免耕轮作。"8月末，我们在玉米地（玉米处于直立生长状态）飞播黑麦（或大豆，如果下一年要种大豆）。黑麦长到60cm以上时比低于30cm时更容易焚烧。"
- 佐治亚州Hawksville的Barry Martin：花生和棉花。"10月末或11月，我们在棉花残茬上撒播黑麦（播种量为8.4kg/亩），然后将棉花茎秆粉碎或刈割下来以覆盖种子。通常在11月或12月土壤可积累足够的水分供萌发利用。收获花生后的9月中旬到10月中旬，我们用双圆盘播种机（播种量为6.4kg/亩）播黑麦。"
- 艾奥瓦州Grinell的Bryan和Donna Davis：玉米、大豆、干草。"我们试图将玉米和菜豆直接播到90cm高的黑麦株丛中，但没成功。C:N不正常，玉米看起来像被喷了除草剂。播种前如果不灭生黑麦，还会招来虫子。"

> 参见第105页《玉米/菜豆轮作中燕麦、黑麦的改土作用》。
>
> ● 宾夕法尼亚州Spruce Creek的Ed Quigley：养奶牛。"我们在青贮玉米收获后立即播种了黑麦（播种量为每8.4kg亩）。春季让它们长到25cm高，不过这时候灭生更困难（尤其在寒冷/多云的天气条件下）。如果我们需要饲草的话，就再等一段时间做黑麦青贮，这样一来，玉米播种会晚一点。"
>
> 在一些地方，农场主用其他小粒谷类覆盖作物代替黑麦。他们这么做是为了种植更适合当地特定生境的种类，更好地管理种植系统，或减少黑麦种子的开销。小麦是常见的替代种类。了解一下就开始试验吧！
>
> 内容由 Andy Clark 编写

有害生物管理　　Pest Management

草层致密，抑制杂草效果极佳（Thick stands ensure excellent weed suppression）　　为了延长黑麦防治杂草的效果，可不耕翻植物残体（留在地表），其化感作用持续时间会更长。化感作用通常在30天后逐步减弱。灭生后最好先等3～4周再种植胡萝卜或洋葱等小粒作物。采用条带式耕作法种植蔬菜时，要注意黑麦的幼苗比成熟黑麦的植物残体所含的化感物质多。移栽番茄等蔬菜或播种大粒作物（尤其是豆类）时，黑麦的化感作用影响不大[117]。

俄亥俄州的一项研究表明，相比刈割或耕翻，黑麦开花中期到末期，使用地下切割机切断根系，将地上部完整地留在地上（像正常生长时一样），可提高杂草抑制效果：防治阔叶杂草的效果与往复式割草机刈割的效果相当，比链枷式割草机刈割或常规耕翻处理的效果好[96]。

黑麦与豆科作物混播时如何抑制杂草是一个重要目标，那么播种时间要尽量提前，以利豆科作物的建植。否则，很可能最后建植成功的就只有黑麦。不过，种植普通玉米时，覆盖作物采用黑麦与豆科作物混播可能经济上不划算。黑麦和大花野豌豆（bigflower vetch）（一种建植迅速的自播型冬季一年生豆类，其花期和成熟期比毛苕子早几周）混播抑制杂草效果显著好于单播黑麦，而且氮积累量更高[110]。

Rich de Wilde 说："春季黑麦种子成熟前将其刈割或打成草捆，此时的覆盖层最好、最整齐。"但是，如果在黑麦长高到20cm高之前，即耕翻或灭生前种子已经开始成熟，那么黑麦就可通过再生和自播变成杂草。为了最大程度控制黑麦再生，耕翻时黑麦株高应不低于30cm，刈割灭生时间应在花期后、种子灌浆前。

害虫极少（Insect pests rarely a problem）　　南方的研究表明，黑麦可以减少作物轮作时的虫害问题[447]。大西洋中部的一些地方，在黑麦/野豌豆/绛三叶混播覆盖条件下免耕移栽的番茄上几乎见不到马铃薯甲虫，原因可能是马铃薯甲虫无法在覆盖作物残体中穿行。

> 黑麦可通过遮阴、竞争和化感作用，有效地抑制杂草生长。

> **黑麦：抑制大豆播前杂草**
>
> 易于建植的黑麦帮助俄亥俄州拿破仑市的农场主Rich Bennett提高了沙壤土肥力，降低了种植大豆的投入成本。10月底，Bennett在玉米残茬上撒播黑麦，（播种量每亩8.4kg)，然后用圆盘耙和压辊把种子埋入土中。
>
> 通常，黑麦萌发后至霜冻之前生长量很低。不过，秋季早播黑麦的话，播大豆之前产生的植物残体量过大，会给灭生黑麦带来困难。"即使秋季我看不到任何黑麦，但我知道它在春季会出现，即使春季天气寒冷或湿润。"他说。
>
> 5月初，黑麦通常至少有46cm高，还没开始抽穗。他直接在黑麦株丛中播种大豆，播种量每亩5.3kg，行距76cm。然后根据黑麦生长量决定是在大豆播后立即用除草剂灭生还是等黑麦长一段时间再灭生。
>
> "黑麦株高低于38～46cm，遮蔽阔叶杂草的效果就不那么好了"，Bennett强调。他喜欢利用黑麦抑制狐尾草、苋菜和灰藜（lambsquarters）。"我有时候会再等2周以获得更多的植物残体量"，他说。
>
> "每亩我用0.15升农达灭生黑麦，大概是推荐量的一半。每亩添加0.13kg硫酸铵化肥和0.07kg表面活性剂以使农达更容易渗透黑麦叶片。"他解释道。
>
> 覆盖作物大概在2周内会死亡。缓慢的药效有助于抑制大豆建植期的杂草。在这种栽培方式下，Bennett不用担心黑麦会再生。
>
> 在这种种植制度中，抗农达大豆给他提供了更多的管理灵活性。他过去要使用Buffalo免耕中耕机（no-till cultivator）作业两遍除草。现在，根据杂草（大叶豚草，苘麻）发生程度，他局部地或整块地喷一遍农达就可以了。Bennett指出，与常规的免耕种植大豆法相比，有了黑麦的覆盖，材料投入和田间作业都少了，每亩可为他节省2.5～5.0美元。
>
> 种黑麦也不影响大豆产量。通常，他的大豆每亩产量在204～286kg（取决于降水量），等于或高于本地区平均水平。
>
> "我真的很喜欢黑麦保持水土的功能，"他说，"黑麦降低了冬季风蚀，改善土壤结构，保持了土壤水分，减少了径流。" 黑麦秋冬季生长受到抑制（从秋末播种开始），吸收残留氮的量有限，尽管如此，它在此期间吸收和保存的氮都是有价值的。
>
> 内容由Andy Clark 更新于2007年

虽然黑麦很少发生严重的虫害，但是和其他禾谷类作物一样，偶尔也会发生虫害。有黏虫为害时，种植玉米前烧毁黑麦可避免这些害虫带入玉米田。

美国普渡大学推广中心的昆虫学家记录了1997年发生在印第安纳州东北部的玉米种植者反映过的上述现象。通过轮作和有害生物综合治理可以解决大部分的黑麦虫害问题。

病害少（Few diseases） 黑麦作为覆盖作物时病害极少。以黑麦为主形成的覆盖草层可以降低某些种植系统的病害发生率。例如，东北部分地区，在有混播黑麦/野豌豆/绛三叶覆盖的条件下移栽的番茄，可以明显地推迟早疫病的发生，可能是因为覆盖层防止土粒飞溅到番茄叶片上。要收获黑麦籽实，建议使用抗病品种，采用作物轮作和免耕的方式可以减少锈病、黑穗病和炭疽病。

其他选项　　Other Options

加利福尼亚州的一项研究表明，黑麦建植迅速，青绿多汁时易耕翻，在少耕的半永久性苗床系统（semi-permanent bed systems）中可填补轮作空闲期，且不会增加病虫害或推迟作物播种期[215]。

Erol Maddox，马里兰州 Hebron 的一位农场主，复种时利用了黑麦相对缓慢的分解速度。他喜欢春季在有黑麦/野豌豆覆盖时移栽油菜，花期时割倒覆盖作物，平铺在地上，一直到 8 月他才接着种秋季油菜。

种子成熟期的黑麦适口性不是很好，饲用价值低。但是，在孕穗期可以调制成高质量干草或青贮，或把籽粒磨碎后与其他谷物一起饲喂家畜。不要饲喂感染了麦角病菌的籽粒，以免造成家畜流产。

黑麦在秋末和早春均可放牧，延长了放牧期。在许多地区，秋季放牧或刈割后，对黑麦春季再生几乎没有影响[209]。与一些适口性好的覆盖作物混播（三叶草、野豌豆或黑麦草）可以防止过度放牧，促进了牧草再生[328]。

注意事项　　Management Cautions

虽然黑麦可通过发达的根系迅速地起到抑制杂草和改善土壤结构的作用，但不要指望只种植一季土壤就能得到显著的改良。在排水不良的土壤上覆盖时间过长，进一步降低了土壤排水速度和地温上升速度，推迟了作物播种时间。不能将黑麦当作可替代除草剂的良方，不过它可以防治生长季末、后茬作物中发生的某些杂草[409]。

对比特性　　Comparative Notes

- 黑麦比小麦更耐寒和耐旱。
- 在炎热的气候下，燕麦和大麦比黑麦表现更好。
- 黑麦比小麦长得高，但分蘖较少。土壤贫瘠和水分不足的条件下，干物质产量比小麦和其他一些禾谷类作物高，但比小麦或小黑麦更难焚烧灭生[240, 360]。
- 黑麦改良土壤效果比燕麦好[421]，土壤穿透力不如芸薹属和高丹草[450]。
- 芸薹属作物氮含量比黑麦高，氮吸收能力几乎相同，但因为分解快，固氮作用较弱。

种子来源（Seed sources）　　详见第 218 页《附录 C 种子供应商名单》。

高丹草（Sorghum-Sudangrass Hybrids）

Sorghum bicolor × *S. bicolor* var. *sudanese*

别名（Also called）：Sudex，Sudax。
类型（Type）：夏季一年生禾本科作物。
作用（Roles）：改良土壤、抑制杂草和线虫、疏松底土。
混作（Mix with）：荞麦、田菁属、柽麻、饲用大豆或豇豆。
参阅第71～77页表中的排序和管理概要。

高丹草在提高贫瘠土壤的有机质含量方面的作用是其他作物所不能匹敌的。它植株高大，生长迅速，属于喜热型夏季一年生禾草，能有效抑制杂草和一些线虫，刈割一次后其根系即可穿透紧实的底土。种子价格适中。高丹草甚至超过豆科作物成为改良过度耕作土壤或紧实土壤的首选覆盖作物。

高丹草是饲草高粱和苏丹草的杂交种。同玉米相比，叶面积小，次生根多，具有更厚的蜡质层，这些特点有助于其抵抗干旱[360]。和玉米一样，高丹草高产通常需要较高的土壤肥力和额外施氮。与苏丹草相比，高丹草茎秆更粗壮，产量更高。

与籽实高粱相比，饲草高粱植株高，叶量大，成熟期晚。籽实高粱较矮，抗旱性较弱，再生性也较差。尽管如此，饲草高粱与大部分苏丹草类型都能像高丹草那样作为覆盖作物而利用。所有高粱和苏丹草的近缘种都能产生抑制某些植物和线虫的化合物。它们都不耐寒，所以春季应在地温升高后播种，夏季至少要距初霜日6周之前播种。

功能　　Benefits

生物量大（Biomass producer）　　高丹草高1.5～3.7m，叶片细长，茎秆直径达1.3cm左右，根系发达。这些特征的结合提高了生物量，通常干物质产量为302～378kg/亩。在土壤肥沃、水分充足的条件下，多次刈割的干物质产量高达1362kg/亩。

疏松底土（Subsoil aerator）　　与未刈割的植株相比，每长高7.6～10.0cm时即进行刈割，植株的根量增加了5～8倍，根系也扎得更深。

此外，植株刈割后可再生并在霜冻之前一直进行营养生长，每个植株最多可新产生6个更粗的分蘖枝。在纽约州腐殖质土壤条件下，刈割一次的植株根系深达25～41cm，而未刈割植株的根系仅有15～20cm深。刈割植株的根系像蚯蚓一样能钻出孔道，降低了底土紧实度，提高了地表排水能力。不过，株高较低时进行4次刈割的植株表现得更像苏丹草，根量、根深及根的直径均显著下降[276, 449, 450]。

抑制杂草（Weed suppressor）　　当播种量高于饲草生产常用的播种量时，高丹草可有效地抑制杂草，其种苗、茎、叶和根系分泌的化感物质能抑制许多杂草。主要的根系分泌物——高粱醌在极低浓度下就具有强烈活性，其活性堪比一些人工合成的除草剂[369]。种子萌发后仅 5 天，根部就开始分泌这种化感物质，其作用可持续几周，即使在 10ppm* 的浓度下也能对生菜种苗产生明显的影响[439]。

高丹草可抑制苘麻（velvetleaf）、马唐（large crabgrass）、稗草（barnyard grass）[126, 304]、狗尾草（green foxtail）、绿穗苋（smooth pigweed）[189]、普通豚草（common ragweed）、反枝苋（redroot pigweed）和马齿苋（purslane）等一年生杂草[315]。温室试验表明，它们也抑制松树[213]和美国紫荆树种苗的生长[154]。使用稀禾定、草甘膦或百草枯（效果按降序排列）处理高丹草后，其残茬产生的化感物质防治杂草效果更好[144]。

防治线虫和病害（Nematode and disease fighter） 接茬感病作物种植高丹草是打破许多病菌、线虫和其他害虫的生命周期的好方法。在密苏里州，感染内生真菌的羊茅草地在两次喷施除草剂后，免耕播种高丹草或高粱后，病害几乎 100% 受到了控制。之后，免耕补播未感染内生真菌的羊茅草，以较低的经济代价完成了草地更新的同时，显著提高了一岁龄肉牛的增重幅度[16]。

修复退化土壤（Renews farmed-out soils） 生物量大、能疏松底土的根系、抑制杂草和线虫三个优点结合在一起时产生的效果是惊人的。

纽约州的一块低产田，洋葱产量已经降至不到当地平均水平的三分之一，仅种植一年高粱苏丹草（播种量高）就将土壤质量恢复到接近新开垦土地的水平[216]。

适应范围广（Widely adapted） 美国所有降雨充足、距初霜日两个月之前地温可达 18℃～21℃的地区均可种植高丹草。一旦建植成功，它们就可以通过一种接近休眠的状态来抵御干旱。高丹草可在 pH 值 5.0～9.0 的土壤上种植，通常与大麦一起轮作改良碱土[420]。

速生牧草（Quick forage） 高丹草被誉为夏季牧草。在豆科牧草不能越冬或因积水无法生长的地方，它可以快速覆盖地面，起到抑制杂草或防止水土流失的作用。饲喂家畜时应慎重，因为高丹草和其他高粱属植物一样，其体内产生的氰氢酸会使家畜中毒。植株处于生长初期（不足 61cm 高）、受干旱胁迫时或受霜冻致死后进行放牧对家畜的危害最大。不同品种的氰氢酸毒性也不同。

高粱-苏丹草杂交种（*Sorghum bicolor* × *S. bicolor* var. *sudanese*）

Marianne Sarrantonio 绘

---

* 1ppm=10^{-6}mol/L。

管理　　Management

建植　　Establishment

高丹草建植需要较高的地温和充足的土壤水分，一般在当地最佳玉米播种期之后至少间隔 2 周播种。它耐贫瘠、中等酸性和强碱性土壤，但喜肥沃和酸碱度近中性土壤[360]。达到正常的产量通常需要 5.7~7.8kg 的氮/亩。

土壤表层水分充足时，撒播播种量为 3.0~3.8kg/亩；条播播种量为 2.7~3.0kg/亩，播深 5cm，以利于吸收土壤水分。以上播种量比生产饲草时的播种量大，地上部迅速郁闭，抑制杂草，但是需要通过刈割或放牧来防止倒伏。如果出苗不均或有多年生杂草危害，就需要除草剂处理或使用机械除草机除草。纽约州的田间试验表明，用先耕翻后再通过旋耕灭除第一波杂草的老办法整地，防治杂草效果很好。

> 这些喜热植物在增加土壤有机质方面表现极佳。

混播覆盖作物（Warm season mixtures）　　高丹草可以与荞麦、田菁（*Sesbania exaltata*）、柽麻（*Crotolaria juncea*）等豆科作物、饲用大豆（*Glycine max*）或豇豆（*Vigna unguiculata*）混播。这些大种子覆盖作物与高丹草一起撒播，播深约 2.5cm。萌发迅速的荞麦有助于抑制早期的杂草。高丹草可以支撑蔓生田菁、饲用大豆和豇豆。柽麻有直立生长的习性，和株高相近的高丹草混播时也能很好地竞争阳光。

田间管理　　Field Management

高丹草长得高（可达 3.7m），生物量大，随着成熟木质化程度逐渐增加，其大量残茬很难处理，给来年春季的早播带来困难[276]。

茎秆 0.9~1.2m 高时刈割或放牧会促进分蘖和根的下扎，确保霜冻之前再生草一直进行营养生长，且木质化程度较低。仲夏刈割留茬高度至少 15cm，以确保再生良好并继续抑制杂草。距初霜日 7 周以内播种时没有必要刈割，在冻死前仍可良好生长[276, 360]。

植株还处于营养生长时使用圆盘耙耙地会加速其分解。用重耙或联合耕作机多耙几遍以破坏其密集的根系[276]。耕作前用往复式割草机或链枷式割草机刈割可减少耕翻作业次数，加速植物残体分解。往复式割草机割得干净，但割下来的茎秆是完整的。使用前悬挂式的链枷式割草机可以收割被拖拉机轮胎压倒的植株（后悬挂式割草机割不到）。

应采取措施把植物残体切割的尽量细碎，以缩短残体分解的时间，因为残体分解过程中会固定土壤中的氮，不利于早春播种作物的生长。即使经过切割处理，留在土表的植物残体也会变强韧，难以分解。

霜冻后用链枷式割草机刈割或用除草剂灭生，为免耕种植提供合适的植被覆盖层，起到保护土壤生物、维持土壤疏松结构的作用。

有害生物管理　　Pest Management

抑制杂草（Weeds）　　康奈尔大学植保技术推广中心的蔬菜专家 John Mishanec 建议种植高丹草防治莎草。莎草长到 10~13cm 高，但小坚果还没形成时（纽约州大约是 6 月中旬），用除草剂杀灭莎草，然后播种能抑制杂草的高丹草。

要想让抑制杂草的效果延续到下个生长季，需选择抑制杂草能力强的品种，并注意刈割或放牧时不要扰动根部[439]。

益虫栖息地（Beneficial habitat）　　一些近缘的高粱品种可以为益虫（如七星瓢虫（*Coccinella septempunctata*）和草蛉（*Chrysopa carnea*））提供栖息场所[420]。

防治线虫（Nematodes）　　高丹草和其他高粱属近缘种及品种可以抑制某些线虫。不同品种防治线虫的种类也不同。由于有机质含量高，这些高生物量的作物普遍具有抑制线虫的功能。但是许多研究表明，它们也能天然地合成抗线虫化合物，这些化学物质可以抑制某些种类的线虫。

刈割和耕作时间对抑制线虫效果有很大的影响。应在霜冻前高丹草还处于青绿期时耕翻，否则就没有抑制线虫效果。为了最大程度控制土传病害，应立即将割下来的或切碎的高丹草残体耕翻入土[307]。

爱达荷州的试验表明，油菜对马铃薯根结线虫的抑制效果比高丹草略好、效果更稳定[393]。

俄勒冈州的试验表明，TRUDAN 8 苏丹草可以控制马铃薯地的哥伦比亚根结线虫（*Meloidogoyne chitwoodi*）（一种可给许多蔬菜造成严重危害的线虫）。土壤中的所有残体形成了一个的防控区，可以连续 6 周内阻止线虫向上迁移至该区域，效果与杀线虫剂灭克磷一样。不过两种处理在生长季后期还会感染线虫[284]。

这项研究还表明，TRUDAN 8 苏丹草、SORDAN 79 和 SS-222 高丹草都能减少根结线虫的数量。因为这些品种不易感染线虫，而且它们的叶片（而不是根）具有杀线虫效果。放牧时应选择低氰氢酸毒性的 TRUDAN 8 苏丹草。如果只是用来防治线虫，则应选择高丹草品种[284]。俄勒冈州和华盛顿州的试验表明，种植覆盖作物防治线虫的同时，还要用化学杀线虫剂杀灭线虫，才能使"美国一号（U.S. No. 1）"马铃薯实现盈利[284]。然而，同样的苏丹草和高丹草品种，在威斯康星州马铃薯地中没有显示任何明显的线虫抑制效果[248]。

在纽约州奥斯维戈（Oswego），洋葱种植户 Dan Dunsmoor 发现高丹草（耕翻后与土壤充分地混合）防治南方根结线虫（*Meloidogoyne incognita*）和花生根结线虫（*M. arenaria*）的效果比土壤熏蒸好，其防线虫效果可以延续到下一生长季，而一年后土壤熏蒸处理地块的线虫病比未熏蒸前更严重。他发现高丹草还能控制葱蛆、蓟马和葡萄孢属叶疫病[216]。

> 高丹草能分泌抑制某些杂草和线虫的化学物质。

害虫（Insect pests）　　美洲谷长蝽（*Blissus leucopterus*）、高粱瘿蚊（*Contarinia* *sorghicola*)、玉米蚜（*Rhopalosiphum maidis*)、棉铃虫（*Heliothis zea*)、麦二叉蚜（*Schizaphis graminum*）和高粱瘤蛾（*Celama sorghiella*）有时会危害高丹草。早播有助于防治前两种害虫，还可减轻结网毛虫（webworms）危害。一些栽培品种和杂交种可以防治美洲谷长蝽（chinch bugs）和麦二叉蚜（greenbugs）等[360]。在佐治亚州，一些杂交种是玉米蚜、麦二叉蚜、稻绿蝽（*Nezara viridula*）和叶足缘蝽（*Leptoglossus phyllopus*）的寄主。

耕作制度　　Crop Systems

下面列出几个降低植物残体固氮作用的策略。

- 在高丹草中套种豆科作物。
- 高丹草灭生之后，夏末或来年春季，播豆科覆盖作物。
- 耕翻时施氮肥或施入其他氮源，在其后距土壤结冻还有几个月的时间里，撂荒，让植物残体分解。

如果秋季能尽早地灭生覆盖作物，那么在低温来临、降低分解速度之前，植物残体的一部分即已被分解[360]。某些区域，高丹草覆盖作物时，可尽量推迟作物的播种时间，以延长植物残体在春季的分解时间。

在纽约州，马铃薯和洋葱田每隔两年种一次高丹草，可恢复土壤、抑制杂草，防治土壤中的病原物及线虫。在轮作中加入豆科作物，可以进一步提高土壤健康水平和含氮量。任何因密集耕作导致土壤紧实和有机质流失的地方，都可以种高丹草来改良土壤结构。参见《夏季覆盖降低土壤紧实度》（第120页）。

作为夏季覆盖作物，刈割一次后镇压或灭生，高丹草覆盖层可减少秋播苜蓿地的杂草数量。弗吉尼亚州进行的温室试验发现，高丹草会显著抑制苜蓿根系生长[144]，但当在已灭生或正在生长的高丹草草层里免耕播种苜蓿时，苜蓿的萌发并未受到影响[145]。

在科罗拉多州，高丹草提高了灌溉条件下马铃薯块茎质量及经济总产量。它还提高了碱性沙质土壤条件下作物的养分吸收效率。在此种植制度下，虽然采用的是调亏灌溉方式，但这些水分足够使高丹草生物量达到可收获干草或耕翻做绿肥的水平[112, 113]。

在加利福尼亚州，一些鲜食葡萄种植户使用高丹草来增加有机质和减少土壤反射的光和热，减轻葡萄的阳光灼伤。

夏季覆盖降低土壤紧实度

康奈尔大学的研究团队发现，夏播苏丹草是在单个生长季内降低菜地土壤紧实度方面表现最好的覆盖作物。这项持续多年的研究还发现，黄芥（yellow mustard）、一年生白花草木樨（HUBAM品种）和多年生黑麦草也有一定的效果。"但到目前为止，苏丹草是最有发展前景的，"项目主持人David Wolfe说，"它的根生长最快。"

"管理苏丹草的最好方法是生长期间刈一次。"Wolfe 补充到。刈割促进其分蘖，并形成穿透力强的深根系。刈割还使这种高生物量作物的耕翻作业更容易完成。它的

C:N高，提高了土壤有机质含量。

农场主和研究人员早已知道紫花苜蓿的深根系是很好的"松土器"。但是，Wolfe提到，苜蓿在潮湿紧实土壤上不易建植，而且种植苜蓿后2～3年内不能种菜，这是大部分的菜农无法接受的。许多农场缺少疏松底土的深耕设备，但深耕顶多只能算权宜之计。这就是Wolfe有针对地开展覆盖作物研究，并发现其在单个生长季就能产生效果的动因。就喜热的苏丹草而言，甚至可与春播或秋播经济作物开展轮作，而夏季苏丹草仍可继续生长。

东北地区，频繁的降雨使菜农不得不在土壤还很潮湿的时候进行田间作业，最终重型设备、频繁耕作和有机质缺乏造成了菜地土壤紧实。土壤紧实降低了根系发育速度，阻碍了养分吸收，抑制了作物生长，推迟了成熟期，加剧了病虫害[450]。例如，康奈尔大学的研究人员发现，在紧实土壤上直接播种的卷心菜生长缓慢，更易受到跳甲危害[449]。

黄芥（yellow mustard）等芸薹属覆盖作物破除土壤紧实的能力和苏丹草几乎相当，但在试验过程中，这些作物有时难以建植。Wolfe说："我们还要研究芸薹属作物的最佳栽培措施，使它们适应与蔬菜轮作。"

在测定接茬作物的产量，分析渗透速率、持水能力、团聚体稳定性和有机质含量等一系列土壤质量指标的基础上，Wolfe和他的团队对参试覆盖作物的效果进行了综合评价。

想获取更多信息，请联系David Wolfe, 607-255-7888; dww5@cornell.edu。

内容由Andy Clark更新于2007年

对比特性　　Comparative Notes

高丹草比美国任何其他主要覆盖作物的单位面积有机质产量都高，但种子成本更低。把高丹草植株残体翻入土中会降低作物幼苗可利用的氮量，可利用氮的降幅比燕麦残体大，但比小麦残体小[388]。

品种（Cultivars）　选择高丹草品种时，应考虑潜在生物量、分蘖和再生能力、抗病性、抗虫害能力（如果有麦二叉蚜危害，尤其要考虑）和耐缺铁失绿症能力等性状。

如果计划放牧利用，那么选择与高丹草和低蜀黍苷水平的近缘作物，蜀黍苷是产生氢氰酸毒性的直接因素。为达到最好的防治杂草效果，选择高粱醌（sorgoleone）含量高的品种，高粱醌是根分泌的物质，可抑制杂草生长。在可能逸生为杂草，尤其是可能和假高粱（Sorghum halpense）杂交的地方，最好选择不育型品种。

种子来源（Seed sources）　详见第218页《附录C 种子供应商名单》。

冬小麦（Winter Wheat）

Triticum aestivum

类型（Type）：冬季一年生禾谷类粮食作物；可在春季种植。
作用（Roles）：防止土壤侵蚀、抑制杂草、吸收多余氮、增加有机质。
混作（Mix with）：一年生豆类、黑麦草或其他小粒谷物。
参阅第71~77页表中的排序和管理概要。

尽管经常把冬小麦作为一种经济作物来种植，但其他禾谷类覆盖作物的大部分优点冬小麦都具备，如可在春季分蘖拔节前进行放牧。它不像大麦或黑麦那样容易变成杂草，但容易灭生。小麦比一些禾谷类作物成熟得慢，所以不用冒着使潮湿土壤紧实的风险急于在早春将其灭生。越来越多的人种植冬小麦来代替黑麦，因为它更便宜且在春季容易管理。

不论是作为粮食作物还是覆盖作物，种植冬小麦后，都可套播豆科作物（如红三叶或草木樨）以生产饲草或供氮。它很适应免耕或少耕的制度，在半干旱地区，还可在马铃薯田（有灌溉条件）控制杂草。

功能　　Benefits

防止土壤侵蚀（Erosion control）　　在美国大陆的大部分地区，冬小麦可以用作越冬覆盖作物来控制土壤侵蚀。

吸收养分（Nutrient catch crop）　　小麦可促进氮、磷、钾的循环。小麦春季吸收大量的氮，秋季吸收氮的速度相对缓慢。不过，总体来说吸收量还是在增加。马里兰州的一项研究表明，9月播种的小麦到12月吸收了3kg氮/亩[46]。作为越冬覆盖作物而不是粮食作物管理时，小麦不需要秋季或春季追肥。

1361kg小麦作物到孕穗期时每亩可吸收1.5~1.8kg的P_2O_5和4.5kg的K_2O。如果收获后茎叶仍留在田间，那么大概有80%的钾被循环利用。作为覆盖作物时，小麦所含的养分都会被循环利用，具有吸收过量氮的作用。

"经济和覆盖"作物（"Cash and Cover" crop）　　冬小麦既可作经济作物，也可作覆盖作物，尽管这两种作物的管理方法不同。它既可以作经济作物-粮食作物，也为玉米>大豆或类似的轮作制中种植冬季一年生豆科作物提供空间。例如：

- 在棉花带，小麦和绛三叶混播是一种不错的组合。
- 在耐寒分区第6区和耐寒分区第7区的部分地区，收获小麦后种毛苕子，后者在秋季有充足的时间进行建植。在伊利诺伊州南部偏北地区，早春升温给毛苕子生长发育提供时间,其春季的生长可以为玉米等氮需求量大的作物提供大部分的氮,或满足高粱全部的氮需要。

- 在耐寒分区第7区的大部分地区,7月初收获小麦后或秋季播冬小麦之前种豇豆是一个不错的选择。
- 在玉米带和美国北部地区,如果想在来年种玉米前一直生产干草,可以在小麦田套种红三叶或顶凌播种草木樨。不论是否套种豆类作物或豆科作物-禾草混合组合,冬小麦都可生产营养价值极高的饲草,延长放牧时间。
- 在科罗拉多州的菜地,小麦可以减少风蚀并吸收土壤中1.5m深处的氮[111, 114]。
- 在耐寒分区第6区的部分地区及更暖地区,小麦复种也容易获得成功。见《种小麦:增收保土》(第124页)。

抑制杂草(Weed suppressor) 作为一种秋播禾谷类作物,小麦一旦建植就能竞争过大部分杂草[71]。小麦春季生长迅速,可抑制杂草,尤其是套播时,有豆科作物与杂草竞争光和表土营养时抑制效果更好。

改良土壤、增加有机质(Soil builder and organic matter source) 小麦会产生大量的秸秆和残茬。小麦的须根系也可以改善表土耕性。尽管小麦的产量通常比黑麦或大麦低,但其植物残体更容易管理和耕翻。

如果选择了一个适应当地条件的覆盖作物品种,那么你可能就不需要买精选种子。马里兰州对25个品种的研究表明,小麦成熟期的总生物量各品种间没有明显差异[92]。也是在马里兰州,施用大量的鸡粪(broiler litter)后小麦产量高达945kg/亩[87]。

在科罗拉多州,8月(早播蔬菜收获后)种植的小麦,生物量超过302kg/亩;10月种植小麦,生物量只有8月种植时的1/10,吸收的氮也少[114]。

如果防治杂草在你的种植体系中很重要,那就找一个初春生长量大的本地品种。如果目标是吸收氮,那么选择一个秋季至冬季休眠之前生长旺盛的品种。

冬小麦(*Triticum aestivum*)

Elayne Sears 绘

> **种小麦：增收保土**
>
> 棉花种植户Max Carter发现，小麦是一种理想的秋季覆盖作物，可以在之后决定是否将其当作经济作物来收获。Carter说，"它比黑麦易于管理，大量的植物残体可以保证表土不被雨水冲刷——而且它是一种极好的复种作物。"
>
> 佐治亚州的农户在收获棉花后立即免耕播种冬小麦，不需要任何整地作业，每亩播种量为9kg。"这样苗密，长势好。"他说。
>
> "我们通常在感恩节前种植小麦，但是只要在圣诞节前种植小麦都能生长得很好，"他补充道。条播小麦后，Carter就开始割棉花茎秆，保证小麦建植前一直有植物残体覆盖。
>
> 病害或虫害极少，他强调。
>
> "这是一种简易的种植制度，我们总是把小麦当作秋季覆盖作物，它改良土壤和提高有益土壤微生物数量。还可以放牧，或者3月我们将其中的一部分灭生，3~6月间什么时候种玉米或花生都可以。"他说。
>
> 小麦-棉花复种时，在种植棉花（2-bale-an-acre cotton）前，Carter在春季用指针式喷灌机灌溉一次，5月底之前每亩可收获204~272kg小麦。"带后置式悬粉碎机的联合收割机将粉碎的秸秆直接铺在地表，平得像地毯，6月1日我们开始种棉花。"
>
> "种小麦填补了土地空闲期，还可控制表土流失。"

■ 管理　　Management

建植和田间工作　　Establishment & Fieldwork

小麦喜排水良好、质地中等和肥力适中的土壤。它对排水不良的黏土适应性比大麦或燕麦强，但是水淹可以轻易毁灭整个小麦田。在一些土壤贫瘠的地方，种黑麦也许是更好的选择。

秋季，小麦生长和氮吸收速度相当缓慢。冬末或初春，恢复分蘖，拔节期氮吸收量迅速增加。

小麦生长初期（茎伸长之前）应供应足量（但不过量）的氮以确保其在冬季休眠之前产生足够的分蘖和根量。肥力低或质地轻的土壤，可以考虑与豆科作物混播[80]。见《种小麦：防治杂草更高效》（第125页）。

坚实的苗床可减轻小麦的冬季冻害。半干旱地区，为避免表土过于细碎和水分散失，应尽量较少耕翻作业[358]。

冬小麦（Winter annual use）　　在耐寒分区第3~7区，夏末到秋初播种，比黑麦或籽实小麦早几周；在耐寒分区第8区及更暖地区秋季到初冬播种。如果准备收获籽实，应该要等到没有麦瘿蚊的时候再播。作为覆盖作物种植时，如耽误了播种时间，可以考虑播黑麦来代替小麦。

条播到坚实的苗床上，播种量为 4.5～9.0kg/亩，播深 1.3～3.8cm；撒播时播种量为 4.5～12.2kg/亩，播后用圆盘耙轻耙或镇压覆土。如果播晚了，或当发生如下情形时需采用高播量：大豆黄叶期时覆播小麦；播种时苗床土壤含水量较低；需要致密的草层抑制杂草。若土壤水分充足，宜采用低到中等水平的播种量[71]。

在耐寒分区第 8 区及更温地区，收获棉花后，不用整地直接条播小麦时，播种量为 9.0kg/亩。在南部平原，如果播种（条播）及时，4.6kg 就够了[301]。

灌溉农业区或气候湿润地区，每亩可收获 204～272kg 小麦，然后再种一季大豆、棉花或其他夏季作物。参见《种小麦：增收保土》（第 124 页）。也可以在棉花脱叶和收获前覆播冬小麦。

耐寒分区第 7 区及更冷区域还可以采用以下方式：在有小麦残体覆盖的情况下播种晚熟大豆，大豆收获后播种小麦作为覆盖作物。

混播或保护播种（Mixed seeding or nurse crop） 冬小麦和其他小粒谷物或毛苕子等豆科作物混播效果很好。若雨量充沛，在有冬小麦植株保护的情况下，顶凌播种红三叶或草木樨效果极佳。在玉米带，一般都在冬季，小麦恢复营养生长前播种豆科作物。艾奥瓦州最近的研究表明，顶凌播种时小麦和豆科作物都采用各自最大的播种量[34]。如果秋季将草木樨与冬小麦一起混播，会抑制小麦的生长；若想收籽实，如何收获也是个问题。

种小麦：防治杂草更高效

在西北太平洋内陆的半干旱、有灌溉的轻质土壤条件下，在种植冬小麦做覆盖作物的基础上，施少量除草剂即可有效地防治马铃薯田杂草。SARE资助的一项研究表明，在华盛顿州、俄勒冈州和爱达荷州的人工灌溉的马铃薯田，冬小麦可有效抑制田间一年生杂草。

爱达荷大学亚伯丁研究与推广中心项目主持人Charlotte Eberlein博士的研究表明，播种马铃薯同时在播种行上喷施除草剂会提高该种植制度的效率。"在我们最开始的研究中，用农达灭生小麦后，免耕播马铃薯效果好。"Eberlein说，"这次我们的研究发现，我们灭生小麦后用常规的马铃薯播种机播马铃薯，该机械可清除行上的小麦残茬。"农户可以使用混合除草剂防行上杂草，利用小麦覆盖层控制行间杂草。

"是沙土地时，应尽早灭生冬小麦以减少马铃薯水分管理的问题，效果很好。"Eberlein 说。

"在这样的制度下，冬黑麦抑制杂草的效果略胜一筹。"她强调，"但在西部地区，小麦田里的自生黑麦是一个严重的问题；西北太平洋地区小麦是与马铃薯轮作的常见作物。"

她建议在苗床条件好的情况下，条播冬小麦的播种量为每亩6.8kg，爱达荷州一般是在9月中旬。"在我们这，农户秋季深松土壤，圆盘耙耙地后起垄，然后直接在苗床上条播小麦。"她说。播种时施氮（每亩3.8～4.5kg）有助于小麦建植。根据土壤测试结果，如需要，也可在秋季施磷肥和钾肥，供马铃薯生长利用。

小麦通常表现得不错，而且越冬率较

好。小麦灭生和马铃薯播种的最佳时间取决于春季的降雨量、土壤含水量和小麦生长速率。

有些年份,可以先播马铃薯(有小麦覆盖),大约1周后喷洒农达。有些年份,如果春季多雨耽误了马铃薯播种,可在小麦孕穗期之前灭生,然后等待更好的时机播种马铃薯。

水分管理是很重要的,尤其在春旱时期。她说:"我们通常在5月初到5月中旬灭生小麦——也就是播种马铃薯前的1~2周。及早灭生可以保证垄内有足够的水分供马铃薯出苗利用。"

也可在秋季灌溉小麦或在春季灌溉马铃薯以确保土壤水分充足,她补充道。"如果想利用小麦覆盖层,并结合播种时喷施混合除草剂的方法来防治杂草,前提条件是小麦长得好、有竞争力,而且马铃薯生长旺盛。"Eberlein说。根据她在试验站的观察,这两种方法结合使用可以获得较高产量。

春小麦(Spring annual use) 虽然这不是通常做法,但冬小麦的确可以春播,作为抑制杂草保护作物或作为可早期利用的牧草;不过,这是以牺牲秋季养分吸收作用为代价的。春播的原因有:冬小麦未越冬或仅部分植株越冬;来不及秋播。冬小麦不能春化,所以不会抽穗,更不会结籽,通常几个月内就会自然死亡,不会给接茬作物带来杂草问题。早春,当田间条件允许时播种,两个月内长到15~25cm高时即可免耕播种经济作物,或许你都用不着喷除草剂来灭生。

无论是否和豆科作物混播,都可以进行小麦春播,特别是轮作制度中有较长的空闲期。

田间管理 Field Management

如果以覆盖作物而不是粮食作物为种植目标,则不必在春季给冬小麦追肥。追肥会使小麦无法实现吸收氮素的功能,而这恰是小麦作为覆盖作物种植的主要目的。和管理其他冬季小粒谷物一样,需确保小麦的生长不会对接茬作物的水分和养分的利用产生负面影响。

> 与大麦和黑麦相比,小麦不易成为杂草,而且小麦也更易防除。

灭生 Killing

腊熟初期或之后使用茎秆压扁旋切机或防治禾草的除草剂灭生,或在种子成熟前使用犁、圆盘耙或割草机灭生。和其他小粒谷物一样,最好在播种经济作物前2~3周灭生小麦,但具体时间还取决于当地条件和种植制度。

小麦春季生长较慢,因此不需要像黑麦那样在春季要早早灭生。这是佛蒙特州肖勒姆的蔬菜种植户Will Stevens在他黏重的黏壤土上种植小麦而不是黑麦作为冬季覆盖作物的一个原因。他还发现,小麦成熟期晚,比灭生时间较早的黑麦产量高。如果种的是黑麦,在春季他必须提前2~3周用圆盘耙耙地,若此时土壤湿滑,机械作业也是个问题。"如果它真的很茂盛,那么我能有用凿式松土机来处理小麦了。"他强调。

有害生物管理 Pest Management

小麦不像黑麦或大麦那样在轮作中会变成杂草，但是它比黑麦或燕麦更易遭受病害和虫害。把小麦当成覆盖作物来管理，则很少会有虫害或病害的风险。如果你的农场地处气候湿润区，那么秋季播种越早，越容易发生病害。不过，种植冬小麦会促进病原物的累积，影响将来籽实小麦的生产。选择抗病品种和其他有害生物综合治理措施可以使籽实小麦避免出现许多有害生物问题。如果小麦病害或虫害在当地是个主要问题，那么黑麦或大麦可能是作为越冬覆盖作物的更好选择，也可用来生产籽实（尽管籽实产量较低）。

其他选项 Other Options

种植小麦做覆盖作物为种植者提供了另一种选择：还可在春末或夏初收获籽实。如收获籽实，小麦抽穗前迁出放牧家畜并撒施氮肥等春季管理措施是必不可少的。

种子来源（Seed sources） 详见第218页《附录C 种子供应商名单》。

覆盖作物混播的优势

两种或更多覆盖作物的混播比单播具有优势。从豆科作物和禾本科植物混播的收益来看，混播能综合双方优势，也可以利用不同植物的生长特点来满足不同的需求。

覆盖作物混播优点：

- 越冬性良好。
- 增加地表覆盖。
- 有效利用太阳能。
- 生物质生产和固氮。
- 控制杂草。
- 生长期较长。
- 吸引益虫种类较多。
- 抗逆性较强。
- 可用作饲草。
- 对不同类型的土壤适应性强。

覆盖作物混播的缺点：

- 种子费用较高。
- 植物残体过多。
- 管理难度加大。
- 播种困难。

不同作物对土壤、病虫害和天气条件反应不同，混播可以减少耕作系统中存在的风险。例如，在牧草或放牧系统中，黑麦、小麦和大麦混播，营养更丰富，能延长放牧时间，还能降低被某一种病害摧毁的概率。

多年生混播组合加入耐旱植物，可在干旱年份保持生长的持续性。采用多种种子硬实性的作物组合，硬实种子通常几个月后才能萌发，因此可提高立地条件下的地面覆盖度。

同一种类选择成熟期、生长特性不同的品种混播，可以在较长的时间内保持最佳效益。在加利福尼亚州，果农混播不同品种的地三叶已实现对隔离带杂草全年的控制。一个成熟期较早的品种会在另两个成熟期晚的品种（一高一矮）生长旺盛的时候枯死。由于地三叶自播繁殖，所以这三个协同作用的品种年复一年持续生长。

有时在经济作物收获之后不能确定土壤中残留氮的量，是需要种植禾草来吸收剩余的氮，还是种植豆科作物固氮提高氮的供应量？土壤中速效氮含量不同，混播时禾草/豆科作物的比例也会发生相应变化：若速效氮多，禾草占主导地位；若速效氮含量少，则豆科占主导地位。每种情况下，禾草吸收的氮和豆科作物固氮的功能都会同时得到发挥。

植株低矮和相对较高的作物或早期速生禾草和发育缓慢的豆科作物混播，地面覆盖度更高，水土保持效果更好。植被层可防止雨水直接冲刷地面，保护了土壤结构。混播中植株高低错落,能更有效地利用阳光。

在秋播豆科作物中混播禾草能提高冬季土壤的覆盖度,根还能使表土层更稳定。野豌豆等攀缘型作物能攀附在禾草上,可更有效地利用太阳能并增加固氮量,也更易收种。生长较快的作物能保护生长较慢的作物,并能迅速覆盖地面来保持水土。混播的潜力是无限的。

然而,混播作物的管理更复杂。例如:

- 播种成本增加。混播中每个作物的播种量通常比单一作物种植要低,但种子总成本仍会增加。
- 在进行灭生处理时,一种作物的最佳时间可能不是另一种作物的最佳时间,所以需要选择一个折中的日期。
- 如果混播的是豆科和非豆科作物,那么除草剂的选择范围会较窄。
- 有时候植物残体的量要超出设备能处理的限度。

混播利大于弊,要认真管理并做好准备来预防会发生的问题。

每个介绍覆盖作物的章节均给出了经过测试并表现良好的混播实例。可以尝试一些成熟的混播组合,或创建独特的混播方案。引入其他作物能增加农场的生物多样性,通过轮作实现比单一耕作制更多的收益。

豆科覆盖作物概述

常用的豆科覆盖作物包括：
- 冬季一年生作物：绛三叶、毛苕子、紫花豌豆、地三叶等。
- 多年生作物：红三叶、白三叶和几种苜蓿。
- 二年生作物：如草木樨。
- 夏季一年生作物（在寒冷气候条件下，夏季常播种冬季一年生作物）。

豆科覆盖作物的功能：
- 固定大气中的氮用于后续作物生长。
- 保持水土。
- 生产生物质，增加土壤有机质。
- 吸引益虫。

不同豆科作物在保持水土、抑制杂草和增加土壤有机质等方面的能力差异很大。一般情况下，豆科覆盖作物对土壤中氮的吸收能力较禾本科植物差。如果要吸收施用有机肥或化肥之后的过剩养分，那么通常选择禾草、芸薹或将其混播。

秋季建植的冬季一年生豆科作物，绝大部分的生物质生产和固氮发生在春季。在许多地区，冬季一年生豆科作物播期要早于禾谷类作物，才能顺利越冬。不同的气候条件下，春季豆科植物管理通常要平衡经济作物播种期及豆科植物收获期的关系，以期望能产生更多的生物质和固氮量。

多年生或两年生豆科作物可以适应多种不同的生境，这在后面章节中有更详细的描述。这些牧草有时可在两季经济作物之间短期种植，也可种植一年以上并在此期间收割用作饲草。它们也可以与小麦、燕麦等作物混播或覆播，然后在经济作物收获之后用作饲料。相对覆盖作物而言，它们更像轮作作物，即使如此，它们能有助于控制土壤侵蚀和抑制杂草、产生有机质和氮等。它们也可破坏杂草和病虫害的循环。

夏季一年生豆科作物既包括暖季型豆科作物（如豇豆），也包括寒冷条件下夏季种植的冬季一年生豆科作物。夏季一年生豆科作物可以固氮并作为地被来保持水土、控制杂草，还具有覆盖作物的其他作用。不同气候条件下，种植制度及豆科植物的种植和管理方式也不同。这些内容会在每种豆科作物的单独介绍中述及。

豆科作物与禾本科植物相比含有较低的碳和较高的氮。较低的碳氮比能加速分解豆科作物的植物残体。因此，豆科作物植物残体中的氮和养分要比禾本科植物中的更容易释放。豆科作物植物残体对杂草控制的持久性低于等量的禾本科植物残体，在增加土壤有机质方面也是一样的。

豆科和禾本科覆盖作物的混播可以综合双方优势，包括生物质生产、固氮和氮的吸收，以及控制杂草和保持水土。具体混播组合会在相关章节中做具体阐述。

亚历山大三叶草（Berseem Clover）

Trifolium alexandrinum

别名（Also called）：埃及三叶草。
类型（Type）：夏季或冬季一年生豆科作物。
作用（Roles）：抑制杂草、防止土壤侵蚀、绿肥、饲草、放牧。
混播对象（Mix with）：燕麦、黑麦草、小谷物（作为保护作物）、苜蓿（三叶草作为保护作物）。

参阅第71～77页表中的排序和管理概要。

作为一种生长迅速的夏季一年生作物，亚历山大三叶草在灌溉条件充足时产量多达8t。一年生三叶草都能产出大量的氮却不耐寒。这使其成为玉米带（Corn Belt）轮作中在玉米或其他需氮作物之前种植的理想冬季覆盖作物。亚历山大三叶草在开始时会吸收土壤中的氮，一旦土壤中的储备用完了，还可继续固定7.5～15.2kg/亩的氮。在燕麦作保护作物时，亚历山大三叶草可良好建植，从而成为中西部的小粒谷物>玉米>大豆轮作制中表现极佳的覆盖作物。

在艾奥瓦州，小粒谷物收获后建植的 BIGBEE 亚历山大三叶草再生、饲用价值和耐旱涝性方面比苜蓿强[156]。在加利福尼亚州，若要让冬季一年生的亚历山大三叶草充分发挥其生产潜力需充足的灌溉。在西海岸雨季，作为高产牧草和绿肥作物，亚历山大三叶草水资源利用效率要比苜蓿高。

功能　Benefits

绿肥（Green manure）　亚历山大三叶草是尼罗河三角洲（Nile Delta）农业的肥力基础，几千年来滋养着地中海地区的土壤。MULTICUT 亚历山大三叶草在加利福尼亚州每年刈割6次持续六年的试验中，氮产量平均为21kg/亩[162]；艾奥瓦州有研究指出，它比 BIGBEE 生长更迅速[155]。如果直到成熟期都不进行刈割，氮产量会达到7.5～9.5kg/亩，在这种模式下氮素不易淋失。当土壤中氮含量不足 11.3kg/亩时，氮固定量会达到极限[162]。单次刈割可以使地上部产生 3.8～7.5kg 氮/亩。亚历山大三叶草干物质氮含量大概是 2.5%[162]。

> 加利福尼亚州六年的试验表明，MULTICUT 亚历山大三叶草每亩平均产氮 21kg。

生物量（Biomass） 在路易斯安那州两年的试验中，亚历山大三叶草在 5 种冬季一年生豆科作物中生物量最高（491kg/亩），其产氮量为 14.4kg/亩，稍逊于箭叶三叶草（*Trifolium vesiculosum*）（15.4kg/亩）。其他 3 种为 TIBBEE 绛三叶、WOOGENELUP 地三叶和 WOODFORD 大花野豌豆。通常在春季使用除草剂灭生覆盖作物，从而控制了夏季杂草，但除箭叶三叶草外，其他几种能在 5 月 13 日前结籽并在秋季再生[36]。

在阿尔伯塔省（Alberta）持续三年的试验中，亚历山大三叶草每年干物质产量平均为 283.5kg/亩。毛苕子和紫花豌豆干物质产量平均为 401kg/亩 和 314.5kg/亩。在灌溉条件良好时，亚历山大三叶草产量都比其他 19 种豆科作物高，平均产量为 415.8kg/亩。

抑制杂草（Smother crop） 与燕麦或多花黑麦草混播，在建植期亚历山大三叶草可以抑制杂草，并且在燕麦收获之后可再生。

伴生作物（Companion crop） 与燕麦混播，根据作物的不同发育阶段，两种作物可以一起收获调制青贮、半干青贮或干草。若能在燕麦孕穗期进行刈割，亚历山大三叶草和燕麦的半干青贮的品质非常高。在中西部地区有利于籽实燕麦生长发育的旱季过后，可以对亚历山大三叶草进行一次、两次或三次刈割。

生长快速（Quick growing） 16℃时亚历山大三叶草可以在种植 60 天后进行刈割。

豆科保护作物（Legume nurse crop） 由于亚历山大三叶草萌发速度快（7 天），生长迅速并且会在冬季枯死，所以可以用作苜蓿的保护作物。

种子生产（Seed crop） 若种子能够成熟，亚历山大三叶草种子产量高达 75.6kg/亩。只有 BIGBEE 亚历山大三叶草种子具硬实性，能自然补种，其落种萌发较晚，不影响大部分夏季作物及时播种[103]。

牧草和饲料作物（Grazing and forage crop） 蛋白质含量在 18%～28%的亚历山大三叶草幼嫩植株的饲用品质与绛三叶或苜蓿相当或更高。至今没有关于亚历山大三叶草引起放牧家畜臌胀病的报道[158, 277]。在结实期之前，牧草品质一直保持在"可利用"水平之上。与南部其他冬季一年生三叶草相比，BIGBEE 亚历山大三叶草和 TIBBEE 绛三叶的秋季和冬季的生长量更高。在密西西比州，BIGBEE 进入春季之后比其他豆科作

亚历山大三叶草（*Trifolium alexandrinum*）

Marianne Sarrantonio 绘

物生长持续时间更久，可将刈割时间延伸至 5 月底或 6 月初[224]。

■ 管理　　Management

建植　　Establishment

亚历山大三叶草喜微碱性和沙质土壤，但也可在除沙土外的任何类型的土壤中生长。土壤中的磷会限制亚历山大三叶草的生长，在土壤中磷含量低于 20ppm 时，就要施肥，施肥量为 4.5～7.5kg P_2O_5/亩[162]。硼也可能限制三叶草的生长，所以土壤中硼含量要保持一定的水平[277]。亚历山大三叶草的抗盐性要优于苜蓿和红三叶[120]。R 型接种剂适用于亚历山大三叶草和绛三叶。

将亚历山大三叶草或与春季谷物撒播或条播至坚实的苗床或留茬极低的草皮上，并覆土 0.6cm 厚。为了使种子和土壤紧密接触并保持种子区湿润，在种子播种前后要进行机械镇压[162]。干燥松软的土壤会抑制萌发。

最佳播种量：条播是 0.6～0.9kg/亩，撒播是 1.1～1.5kg/亩。过量播种会形成厚草丛，阻碍根颈分枝和伸展。蒙大拿州的试验表明，最佳播种量是 0.6kg/亩，条播行距为 30cm，行距变小、提高播种量可有效控制杂草，无须使用除草剂[441]。

中西部地区　　Midwest

在 4 月 15 日后播种可避免晚霜带来的损失。在中西部的北部地区，亚历山大三叶草的晚霜期播种量为 1.1kg/亩。在密歇根州南部，霜期播种的亚历山大三叶草的干物质产量为 250kg/亩，氮产量为 6.4kg/亩[372, 375]，但是霜冻的风险非常大。

在艾奥瓦州的一项研究表明，亚历山大三叶草与燕麦间作比单播燕麦干物质产量平均高 76%（19%～150%）。另一项研究指出，套种的亚历山大三叶草对燕麦的产量没有明显影响。播种时间为 4 月初到 4 月中旬[159]。

艾奥瓦州的研究者发现，目标产物决定了混播时的品种选择和播种量。当亚历山大三叶草作为绿肥时建植是最重要的，燕麦或其他小粒谷物播种量 2.5kg/亩时，不仅可以保护三叶草幼苗，并有助于打破土壤结皮。如果在耕翻作为绿肥之前作饲草用，燕麦和亚历山大三叶草混播播种量分别为 9.7kg/亩和 1.1kg/亩。若生物量是主要目标，要选择一个矮秆、生育期长的燕麦品种。如果以籽实为目的，播种量不变，但选择一个生育期短、高秆的燕麦品种，降低亚历山大三叶草对籽实收获的影响[156]。

亚历山大三叶草也可以在夏末播种。在玉米带（Corn Belt）8 月中旬播种，确保在霜降之前植株长到 38cm 高以降低冬季水土流失，春季地上部和根迅速腐解释放氮。

在小谷物作物田中也可撒播亚历山大三叶草，这已经在艾奥瓦州的一系列农场试验中奏效并表现良好[155]。在冬季播种的小谷物作物萌发后或分蘖之后的 3 周后，都可播种亚历山大三叶草。要增加播种量来弥补种子与土壤的接触面的不足。在宾夕法尼亚州和艾奥瓦州的几次尝试，晚冬播种冬小麦都以失败告终[360]。

东南部地区　　　Southeast

在气候温和的区域，秋季种植亚历山大三叶草可为春播作物提供氮和有机质，并有效地控制杂草。在密西西比州，在 8 月 25 日至 10 月 15 日播种；在佛罗里达州，播种期可延至 12 月 1 日。与冷季禾草混播时，亚历山大三叶草播种量为 0.9kg/亩，鸭茅播种量为 0.75kg/亩，一年生或多年生黑麦草播种量为 1.52kg/亩。

西部地区　　　West

在加利福尼亚州中央谷地区（Central Valley），10 月的第 1 周或第 2 周之前种植亚历山大三叶草表现最好。如果迟至 11 月播种，会导致幼苗在寒冷的冬季生长缓慢。

田间管理　　　Field Management

刈割作绿肥用　　　Mowing for green manure

当植物生长至 30～38cm 高，并且基部的枝条开始生长时就要进行刈割。时间大概在播种后的 30～60 天，具体日期取决于天气、田间条件和湿度。每隔 25～30 天进行刈割会促进三叶草生长，每亩（鲜重）产量可达 667kg。由于三叶草都是从较低的茎分支再生，故留茬高度至少保持在 8～10cm。

为了最大程度提高干物质的产量，要在基部芽长到 5cm 时刈割[162]。最迟在初花期之前刈割，否则三叶草将无法再生。田间机械碾压最小时，亚历山大三叶草表现最好[156]。

将割下来的亚历山大三叶草留在田地里作为绿肥会抑制其再生。为了缓解这一问题，用甩刀式或镰刀式割草机割草后定期翻耙，直到再生开始。

亚历山大三叶草的根系由主根和分布在浅层的 15～20cm 的须根系组成[156]。在稀植或排水良好的土壤，很容易受到干旱胁迫，从而使刈割、放牧或灭生的时间提前[185]。

土壤中丰富的氮会抑制亚历山大三叶草固氮，但是在氮含量低于 11.3kg/亩的加利福尼亚州中北部并无明显影响。研究显示，亚历山大三叶草在生长初期会大量吸收土壤中的氮。当土壤中的氮被耗尽时，会迅速开始固定空气中的氮，直到结籽并枯死[446]。

六年的研究发现，无论最初土壤中氮的有效性如何，亚历山大三叶草都会在刈割周期的第三个阶段向土壤中提供氮。试验发现，氮的固定与水利用率下降密切相关。前四次刈割，在每英亩耗水 25.4mm 时，干物质产量为 30～48kg/亩；而最后两次刈割时，产量则下降到 22.7kg/亩[446]。

小粒谷物　　　Small grain companion

在艾奥瓦州，与燕麦套种的亚历山大三叶草干物质产量能达到 200kg/亩。收割牧草带来了短期的经济效益，却降低了植被覆盖度和氮供应量[159]。

在中西部，当燕麦处在孕穗期前对混播的燕麦/亚历山大三叶草进行青刈，以避免亚历山大三叶草过早产种及产生大量的氮。此阶段燕麦粗蛋白含量较高。在暖季要仔细监测，避免氮中毒。

蒙大拿州的研究发现，春季单播（clear seeded）亚历山大三叶草干物质产量和氮产量最高。要获得最高的干物质和蛋白总产量，最好与燕麦间作。小区试验表明，不管割两次、三次或四次，燕麦作为保护作物都可以很好地抑制杂草，并使干物质总产量提高了50%～100%[433]。

灭生　　Killing

当亚历山大三叶草暴露在温度低于零下6℃几天之后就会死亡，这使得其在耐寒分区第7区及更寒冷的地区无法越冬，因此寒冬过后不必使用除草剂或机械灭生，而营养物质能加速转移至土壤中。

> 最不耐寒的一年生三叶草，它们在玉米带可与燕麦混播，冬枯前可产大量的氮。

在秋季种植作物之前，要多次耙地或用除草剂来对亚历山大三叶草进行灭生处理，或等待它开花后自然死亡。在气候温和地区，亚历山大三叶草在晚春生长旺盛。在密西西比州北部（耐寒分区第7区）的一个试验中，BIGBEE亚历山大三叶草在5月初甚至更晚还能保持生长状态。在盛花期前，需要耕翻或机械与除草剂结合使用才能灭生亚历山大三叶草。

在密西西比州北部的一个机械除草试验中，与毛苕子、MT.BARKER地三叶和TIBBEE绛三叶相比，亚历山大三叶草在4月中旬以后干物质产量最高。亚历山大三叶草和毛苕子在5月中旬前一直进行营养生长，但在5月初之前亚历山大三叶草和绛三叶已经产生了大量的匍匐茎[105]。

当亚历山大三叶草的匍匐茎超过25cm长时，使用滚压揉切机（10cm）碾压对亚历山大三叶草的灭生效果不如毛苕子和绛三叶。后两种作物的灭生率大约80%，亚历山大三叶草的灭生率仅有53%。在使用甩刀式割草机刈割或犁刀旋耕（rolling with coulters）的前两周不使用莠去津，5月初之前进行旋耕对亚历山大三叶草的灭生率最多可达64%，甩刀式割草机则能控制93%。4月初单独用莠去津灭生率就达68%，4月中旬能达到72%，5月初能达到88%[105]。

结瘤：匹配合适的接种体，提高固氮效率

在固氮菌的帮助下，豆科作物可以为后续作物提供其所需的部分或全部氮。不同豆科覆盖作物种类只有搭配适宜的接种体才能正常固氮。

豆科作物的生长也像其他植物一样需要氮。如果土壤中有足够的氮以能利用的形式存在，它们也能从土壤中吸收氮。豆科作物的根也在土壤中寻求特定的细菌来固定空气中的氮为植物所用。多种细菌都会来争夺豆科作物根上的生存空间，但根组织直到结合到特定的根瘤菌时才会共生固氮。只有特定的根瘤菌和特定的豆类匹配才能达到最佳的固氮效果。

当根毛找到合适的细菌时，它们会将细菌包被成一个瘤。这些根表面的瘤状物从BB（气枪子弹）颗粒到玉米粒大小不等。它们内部呈现粉红色时就表明其具备固氮功能。

存在于土壤颗粒之间的空气中的氮气进入根瘤，根瘤菌会产生一种酶将氮气转化成氨。植物则利用这种形式的氮来合成蛋白质的基本成分——氨基酸。作为交换，豆类宿主为细菌提供碳水化合物作为固氮作用所需能量的来源。

固氮量主要取决于不同种类豆科作物的遗传潜力和土壤中有效氮的含量。其他环境因素，如热量和水分也起到了很大的作用。植物宿主将其产生的20%的碳水化合物提供给根瘤菌进行固氮，代价巨大。如果豆科作物可以吸收土壤中游离的氮，就不必消耗这么多能量去产生根瘤和供养细菌去固定空气中的氮。

多年生豆科作物在生长旺盛期的任何时间都能固氮。一年生豆科作物在开花的时候达到固氮高峰。在形成种子时，根瘤从根上脱落，固氮停止。根瘤菌回到土壤中将与下一个豆科作物根结合。这些细菌在土壤中会保持3~5年的活力，但往往地中再有豆科作物时，细菌活力水平太低，固氮效果不能达到最佳。

即使没有理想的适配细菌，根也会找到相对最好的菌株合作。但它们不能高效固氮，产氮量也少。豆科作物发挥固氮遗传潜力最有效的方式是在播种前对种子接种合适的细菌。例如，给三叶草接种只需花几美分进行种子处理，而且这种包衣层具有缓冲作用，还能为幼苗提供营养。

生长中的豆科作物很少向土壤中释放氮或不释放。当植株自然死亡或被耕翻、刈割或除草剂灭生后，它们根、茎、叶子和种子中的氮便可被利用了。植株本身会被微生物、蠕虫、昆虫或其他方式分解。

在植物残体中以复杂有机形式存在的氮经过微生物矿化会转换成无机铵盐和硝酸盐，以便再次被植物吸收利用。氮的矿化速度取决于植株所处的环境和化学因素。这些因素会影响豆科作物中的氮有多少能被接茬作物利用或从土壤中淋溶。

有关矿化和为豆科作物之后的植物施氮量减少量的信息，可参阅《如何计算固氮量》这一章节（第20页）。

采用如下方法可使豆科作物/根瘤菌共生效益最大化：

● 根据气候、土壤和种植制度**选择适宜的豆科种类**（choose appropriate legume）。如果需要植物供氮，则要考虑固氮量。

● 要为豆科作物选择**合适的根瘤菌**（Match inoculant）。参考《表3B 种植》（第75页）来确定最佳菌种。

● 播种前用接种体对**种子包衣**（Coat seed）。用牛奶、稀糖水或商业黏合剂，将包衣材料黏在种子表面。接种体一定要新鲜（检查包装上的到期日期），不要在高温或阳光直射条件下暴露包装或接种。

将黏合剂与不含氯的水混合并加入接种体形成悬浮液，然后将种子充分包衣。应在接种后半个小时之内充分干燥并播种。

如果48小时之内没有播种，则要重新

接种。数量少的话可选用 19 升的桶，手工或使用涂料混合器进行包衣。若种子数量较多，则要使用特殊的接种剂混合料斗或没有挡板的水泥搅拌车。

接种剂水溶液结合阿拉伯树胶、糖和石灰剂能提高结瘤率。预先包衣的（rhizo-coated）种子比纯种子重 1/3，因此也要相应地增加播种量。

在接近植物盛花期时检查结瘤情况。将铲子推入植物下方 15cm 深左右。轻轻提起植物和土壤，使根系和根瘤露出（在土壤中猛拉出根往往会使根瘤脱落）。用水清洗根看结瘤数量。将分离的结瘤切开，内部呈粉红色或淡红色的表示固氮活性高。土壤从化肥、厩肥或堆肥获得过量氮素会减少结瘤。

有关根瘤的更多信息请参阅 Marianne Sarrantonio 的两本书：《东北覆盖作物手册》（*Northeast Cover Crop Handbook*）[360] 和《筛选改良土壤的豆科植物的方法》（*Methodologies for Screening Soil-Improving Legumes*）[359]。

有害生物管理 Pest Management

由于三叶草残体中含有化感物质，在灭生后的一个月内不要播种小粒种子蔬菜。实验室检测结果表明，亚历山大三叶草、绛三叶和毛苕子在种子区的植物残体可能会抑制洋葱、胡萝卜和番茄的种子萌发和幼苗生长[40]。

盲蝽在加利福尼亚州种子生产中已经成为一个严重的问题。在湿润的春季，作为冬季一年生植物的亚历山大三叶草，容易感染病毒，会造成严重灾害。在病毒发生地可选用抗性品种 JOE BURTON。BIGBEE 易感颈腐病和豆科牧草常见的其他根部病害[162]。

像其他三叶草一样，亚历山大三叶草对根结线虫（*Meloidogyne* spp.）抵抗力很弱。兔子喜食[360]。

种植制度 Crop Systems

提高燕麦收益，利用方式灵活（Flexible oats booster） 在玉米带（Corn Belt），亚历山大三叶草与燕麦混播可以增加玉米>大豆轮作的多样性，打破害虫生长循环，并为接茬种植的玉米作物提供一个同时收获籽实和/或牧草的选择，还可供氮并保持水土。还有个好处是不必在春季耕作或用除草剂进行灭生[159]。燕麦和亚历山大三叶草的播种量分别为 9.7kg/亩和 0.9kg/亩。

在艾奥瓦州持续四年的试验表明，亚历山大三叶草和燕麦混播净收益比单播燕麦多。三叶草打捆做牧草，燕麦则收获籽实。没有计算在收益里的是为接茬玉米提供 3.0～4.5kg/亩的氮并改善了土壤。与单播燕麦相比，燕麦与亚历山大三叶草混播生物量增加了 70%，使随后种植的玉米产量增加了 10%并减少了杂草的竞争[159]。

> 刈割蔬菜行间的亚历山大三叶草条带，并将割下来的草屑吹集到蔬菜条带，形成覆盖层。

仅就亚历山大三叶草而言，其再生草的干物质产量为200kg/亩，可以用来作牧草或绿肥。在政府降低玉米和大豆的补助时，燕麦可以作为中西部作物/畜牧农场一种不错的经济作物[159, 160]。

小麦的伴生作物（Wheat companion） 在墨西哥西北部灌溉条件下的低氮土壤中，亚历山大三叶草是可提高小麦和大麦产出和收益的6种豆类间作作物之一。所有的豆类，包括箭筈豌豆（common vetch）、毛苕子、绛三叶、新西兰（New Zealand）、拉迪若（Ladino）白三叶以及蚕豆，在黏重土壤中与小麦间作，籽实产量为68～272kg/亩，不仅产量没有下降，还提供了许多收益。

起垄种植，垄上播2行小麦，行距为20cm，垄高为76cm，垄沟播种豆类，按正常单播播种量种植。在第二个相关试验中，研究人员发现在田间间作61cm宽带状的亚历山大三叶草或毛苕子，2行种植小麦行距20cm，小麦的总产量（籽实和总的干物质）提高了一倍多。对照小区显示，播种密度较大的小麦并未增产[349]。

蔬菜覆播（Vegetable Overseeding） 在北方适宜的温湿度条件下，覆播在春播蔬菜中的亚历山大三叶草生长旺盛。亚历山大三叶草非常适合"割吹"（mow and blow）系统：将其切碎等风吹到相邻作物条带作为绿肥和覆盖物[360]。

通过补播（条播，可采用免耕）亚历山大三叶草的方式，可以促进衰老草地或未成功越冬的苜蓿地的氮素加速转移到土壤中。或采用撒播方式，播后轻耙使种子入土。

▌对比特性　　Comparative Notes

亚历山大三叶草：

● 耐寒性较苜蓿差。有些品种比苜蓿或草木樨更适应高水分含量的土壤环境，但不耐水淹。

● 种子大小与绛三叶相似。

● 白色或乳白色的花无须弹开（tripping）就能传粉，便于蜂采集花粉。

● 根短，无法像多年生苜蓿那样利用土壤深层的磷。

● 与耐寒的冬季一年生作物相比，亚历山大三叶草冬季死亡有利于尽早播种接茬作物。相对于易受侵蚀的裸地，作为一个立枯的有机覆盖层它不消耗土壤水分，但可能会降低土地升温和变干速率。

品种（Cultivars） BIGBEE 亚历山大三叶草是从其他传统品种中选育的一个耐寒品种，与绛三叶相似。虽然 BIGBEE 耐寒性增强，但不能像其他不耐寒品种那样在冬季保持旺盛生长[162]。BIGBEE 植株种子持留性强，并产生数量足够的硬实种子，有利于自播。其他品种的硬实种子数量少，不能自播[277]。

加利福尼亚州的试验表明，MULTICUT 亚历山大三叶草的干物质产量要比 BIGBEE 多出20%～25%。MULTICUT 与其他品种相比，固氮能力更强、花期晚、生长期更长，但耐寒性不如 BIGBEE [162]。从 MULTICUT 筛选出来的 JOE BURTON 更耐寒。

在加利福尼亚州，BIGBEE 在 5 月中旬开花，比 MULTICUT 要早 2 周左右。但 MULTICUT 生长更快，干物质产量更高，6 年试验的平均产量是 267kg/亩。每年刈割 5～6 次（把草移走），每次刈割时 MULTICUT 植株均比其他品种高 15cm 左右[446]。在蒙大拿州 13 个试验点中，有 8 个地点 BIGBEE 的产量要高于 MULTICUT[380]。

种子来源（Seed sources） 详见第 218 页《附录 C 种子供应商名单》。

豇豆（Cowpeas）

Vigna unguiculata

别名（Also called）：角豆、带豆、挂豆角。
类型（Type）：夏季一年生豆科作物。
作用（Roles）：抑制杂草、提供氮源、改良土壤、保持水土、作为饲草。
混播对象（Mix with）：高丹草或饲用谷子作为覆盖物，或在种植蔬菜之前翻入土壤；与玉米或高粱间作。

参阅第71～77页表中的排序和管理概要。

豇豆在美国是一个最高产的适应高温的豆科作物[274]。豇豆能在玉米生长旺盛的湿热地区良好生长，但要达到最佳生长状态还需要更高的温度[262]。豇豆的不同品种生长习性不同。一些是直立矮生灌木类型的；攀缘茎发达，植株较高的类型生长更旺盛，更适合用作覆盖作物。豇豆能防止土壤侵蚀，抑制杂草生长，每亩产氮量达到 7.5～11.3kg。致密的植物残体改善了土壤质地，在炎热的天气能迅速分解。豇豆抗旱性强并耐高温，在整个美国夏季温暖及干热地区都能生长。

豇豆为秋季作物提供氮，并吸引许多益虫来捕食害虫。在加利福尼亚州的蔬菜系统中经常使用，有时也用在树木系统中。豇豆在贫瘠土壤上也可种植，和其他覆盖作物一起用来改良土壤。

功能 Benefits

抑制杂草，生物量高（Weed-smothering biomass） 条播或撒播豇豆使其快速地覆盖地面，从而抑制杂草生长。一般生物量在每亩 227～302kg[360]。在内布拉斯加州两年的覆盖作物筛选试验中，豇豆的干物质产量约为 386kg/亩，而大豆约为 590kg/亩[331]。

豇豆草层密集，可抑制狗牙根生长，使得狗牙根不能产种子并在豇豆种植之前会被翻耕入土[262]。在纽约州，豇豆和大豆都能抑制杂草。虽然都不能彻底地控制杂草，但在与荞麦或高丹草混播之后可以增强抑制杂草的能力[43]。

在加利福尼亚州，豇豆作为覆盖层为秋播生菜抑制了杂草，但与其混种却没有益处。作为优秀的荒漠覆盖作物，豇豆也为加利福尼亚州辣椒的生产抑制了杂草[208]。

> 豇豆在湿热的条件下生长旺盛，但也具有耐旱性和耐贫瘠性。

豇豆对杂草的抑制能力一部分原因许是其植物残体的化感作用。相同的化合物也可能对主栽作物造成不利的影响。播种前务必要咨询当地专家，了解其对经济作物的影响。

高效绿肥（Quick green manure） 豇豆结瘤非常丰富，在东部地区平均能产氮9.8kg/亩，在加利福尼亚州产氮为 15.1kg/亩。在氮贫乏的土壤接种适宜的菌种，豇豆每亩可以产出超过 22.7kg 氮[120]。在加利福尼亚州一般都是在播种 60~90 天后进行刈割[274]。土壤水分含量及氮含量高，更有利于营养生长，但对种子生产不利。与其他豆类不同，豇豆在收获种子之后，仍然可继续固氮以提高土壤氮含量[360]。

吸引益虫，防治害虫（IPM insectary crop） 豇豆有"花外蜜腺"（在叶柄和小叶释放花蜜），可以吸引包括黄蜂、蜜蜂、瓢虫、蚂蚁和姬萤科甲虫（Melyridae）等多种益虫[421]。在叶冠层上面伸出的叶柄上，通常着生细长的豆荚。

在印度，棉花间作豇豆，增加了捕食性瓢虫和棉铃虫寄生蜂的数量。与间作洋葱或单播棉花相比，棉花与大豆间作也可以增加棉铃虫寄生蜂的数量。对蚜虫、叶蝉或棉铃虫数量无明显影响[421]。

伴生作物（Companion crop） 由于其具有一定的耐阴性并能吸引益虫，豇豆在加利福尼亚州温带地区的果园和葡萄园可作为夏季覆盖作物组合的一部分。然而在重度遮阴下豇豆很容易霉变，所以避免在树冠特别大的树下种植[262]。在热带地区，豇豆是一种非常受欢迎的粮食作物，可以套种在玉米田中以抑制后期杂草，玉米收获还起到覆盖土壤的作用[360]。

种子和饲料（Seed and feed options） 由于蛋白质类型互补，豇豆籽实（每亩产量26.5~204.2kg）可以作为谷物的营养补充来源。种子会在 90~140 天的时候成熟。在豆荚发育完成并且第一个豆荚已经成熟时，豇豆（干草和鲜草）饲用价值最高[120]。常规往复式割草机（sickle-bar mower）更适合刈割直立型品种[120, 421]。机械压扁处理可以促进肉质茎失水干燥从而避免在打捆前叶子过干。

豇豆（*Vigna unguiculata*）
Marianne Sarrantonio 绘

需水少（Low moisture need） 一旦有足够的水分使其建植成功，之后整个生长期豇豆就非常抗旱。豇豆叶片衰老速度慢，因而在生长中期能经受干旱胁迫后恢复生长[21]。生长 8 周后，豇豆主根能深入到近 2.4m 的地下汲取水分[107]。

适合不同生境的品种（Cultivars for diverse niches） 覆盖作物品种包括 CHINESE RED、CALHOUN 和 RED RIPPER，所有的攀缘茎发达的品种都有优越的抗啮齿类动物危害的特性[317]。IRON CLAY，是由在东南部地区广泛应用的两个品种组成的混合品种，结合了半灌木和攀缘茎植物的特点，抗根结线虫和枯萎病。

豇豆有 50 多种商业品种，其中大部分都是蔬菜类型。其中，crowder peas（豆荚内挤满种子）适合青鲜加工，在整个东南部温带地区都有种植。在加利福尼亚州种植的 blackeye peas，收获的是干种子。要密切关注用作覆盖作物的新品种。

撒播枝叶茂盛的匍匐型品种水土保持效果最好。环境条件不同，品种表现有很大差异。西非、南美和亚洲的品种总和超过 7000 个[120]，遗传多样性非常丰富，表明饲草生产力改良[21, 421]和覆盖作物性能提高方面有很好的育种潜力。

易建植（Easy to establish） 豇豆萌发迅速，幼株健壮，但在板结的土壤中出苗能力不如大豆。

管理　　Management

建植　　Establishment

当土壤的温度持续达到 18℃、土壤水分充足，适合种子萌发时才能种植豇豆，播种所需条件与大豆一样。种子在冷凉潮湿的土壤中会腐烂[107]。作为绿肥，豇豆可以在夏季末至霜降 9 周前播种[360]。豇豆可以在排水性良好的强酸性至中性的土壤中生长，但不能很好适应碱性土壤。豇豆不耐涝和水淹[120]。

在苗床水分较充足时，条播播种量为 2.3～6.8kg/亩，播深为 2.5～5.0cm，对于大粒品种或在比较干燥和寒冷的地区要加大播种量[360, 421]。生长季短或需快速覆盖地面时，最佳行距为 15～18cm，攀缘型品种也可以选择 38～76cm 行距。条播种植前一定要特别注意控制杂草，可以播前翻耕及/或使用除草剂。

撒播的播种量需增加至 7.5kg/亩并覆土。水分充足，种子与土壤接触充分时，可以采用 5.3kg/亩的低播种量[360]。由于豇豆的种子比较大，所以条播要比撒播效果好。可以在收获小粒谷物之后种植豇豆，若杂草不多，只耙一次即可，也可采用免耕播种。豇豆有专用接种剂，该接种剂也可用于暖季型一年生豆科作物柽麻（*Crotolaria juncea*）。参阅《附录 B　具有发展前景的覆盖作物》（第 213 页）。

田间管理　　Field Management

在用作绿肥之前，有时会对豇豆进行刈割或辗轧来抑制其再生。最好在豇豆整个植株都是绿色时作绿肥[360]，这时植物会以最快的速度释放养分。豆荚在成熟时会变成乳白色或棕色且易碎。茎木质化程度越来越高，叶子最终脱落。

作物生育期和产量明显受昼夜温度和日照时间影响。干物质积累会在白天温度达到27℃和晚上温度达到22℃时达到最高[120]。

灭生　　Killing

在任何时候进行刈割都会使植物停止营养生长，但浅耕才能使植株死亡。刈割或辗轧不是每次都能使豇豆死亡[95]，也可以结合使用除草剂。如果能自然结实，那么豇豆会在接茬作物中自播生长。

豇豆——解决田间生产问题

豇豆为 Jim French 填补了迈罗高粱（籽实型）与小麦轮作之间的空白，他在堪萨斯州帕特里奇的农场面积近 260 公顷。

"在 10 月末或 11 月收获高粱直到第二年 10 月种植小麦期间，整整一个生长季都没有收获。"French 说，"有人种植燕麦或大豆等经济作物。但豇豆可以控制风蚀、改善土壤耕层、增加有机质、节省肥料并为小麦抑制杂草生长，还可获得干草或牧草。"

在 4 月末使用犁将高粱残茬翻入土地，5 月用圆盘耙耙地，并在 6 月第 1 周种植之前整地。当土壤温度达到 21℃时，以 2.3~3.0kg/亩的播种量条播 CHINESE RED 豇豆，播深为 2.5~5.0cm。豇豆生长非常迅速，8 月初就可以调制干草、放牧或耕翻入土来改良土壤。

French 说豇豆氮产量通常为 6.8~9.0kg/亩，在豆科作物中产量适中。但他认为植物残体很好地改良了土壤，条件好的地块生物量最高可达 605kg/亩。他先将枝繁叶茂的蔓生型豇豆地耙一遍，然后浅耕，使其停止生长并保留水分。比较坚硬的茎需要水分才能降解。

当他将整株豇豆还田时，要进行第二次耙地来加速其分解。在种植小麦之前用 S-齿旋耕机翻耕 2.5~5.0cm 深的土壤以抑制杂草生长，使植物残体覆盖度降至 20%~25%。豇豆会提高降雨的渗入率及土壤持水力。

French 指出，豇豆播种后的降雨时间在很大程度上决定了田间的杂草发生情况。"如果在播种后一周到 10 天间天气都比较干燥，会抑制杂草生长从而使豇豆良好生长；但如果播种几天后就降雨，就会杂草丛生。"

French 一直遵照美国农业部农场规划条款来管理豆科作物。农业法案（Farm Act）允许在规划用地上种植用作绿肥、干草或牧草的蔬菜，但不能收获种子。条款中也把豇豆视作一种蔬菜，但实际上用作烹饪的品种并不用作覆盖作物。法案并不限制使用籽实型豆类，如扁豆、绿豆、豌豆（dry peas 包括奥地利冬豌豆），使得轮作选择更灵活。

French 与堪萨斯州州立大学的 Rhonda Janke 更精确地定义了土壤健康。覆盖作物提高了土壤的"流动性"（flow）。继地上部之后，他正在研究根系的生长。他觉得酶和二氧化碳水平的检测，将会提供评估微生物活性和整体土壤健康水平的新方法。

有害生物管理　　Pest Management

当豇豆用作覆盖作物时，尚未发现商业豇豆生产中遇到的如盲蝽和黄瓜十一星叶甲等虫害问题[95, 83]。用作覆盖作物时，虫害最有可能发生在苗期。

豇豆形成荚后可能会吸引蝽，蝽在东南部地区危害严重。然而经过三年调查，在北卡罗来纳州并未有大量蝽发生。如果出现蝽问题，采取如下措施：

- 用甩刀式割草机刈割或在结荚期耕翻以防蝽入侵。此时豇豆能很好控制杂草并可释放出约 90%的氮。延迟割草或耕翻的时间会使蝽涌入临近的作物田。留出部分豇豆条带吸引蝽以减少其涌入其他作物田的数量，只要豇豆持续产生足够的新豆荚，经济作物就不会受到危害。
- 做好作物轮作计划，使前作、毗邻和后续作物不会轻易受到蝽危害或对蝽产生抗性。
- 用来控制另一种害虫的杀虫剂最好对蝽也有作用。

有些豇豆品种对茎腐病有一定的抵抗性，却没有抗根腐病的品种。在第一片真叶长出前持续潮湿的天气及播种过密造成的幼苗过多，可能会增加猝倒病的发病概率。用非寄主的作物进行 4~5 年的轮作可以减少病害和线虫危害。此外，在土壤温度较高时播种并使用经认证的抗性品种[107]。温室试验表明，IRON 和其他抗线虫病的豇豆品种减轻了大豆囊肿病和根腐病、线虫病的危害[421]。尽管有些研究[421]显示豇豆会增加线虫病风险，但加利福尼亚州的农民却未遇到此类问题。

种植制度　　Crop Systems

豇豆嗜热的特性使它成为一种仲夏土壤中有机物和矿化氮的理想供应者。豇豆荚形成需要几周时间，攀缘型品种在此期间会继续增加干物质产量。

将豇豆和荞麦混播，播种量分别为 1.1kg/亩和 2.3kg/亩，短短 6 周就可以提供氮并起到覆盖作用。用速生耐旱的高丹草替换 10%的豇豆会提高干物质产量并有利于豇豆的刈割。豇豆也可以与珍珠粟（Pearl millet）等其他高秆一年生作物一起播种。在东北地区的耐寒分区第 5 区和第 6 区，6 月在快收获的春播西兰花中撒播豇豆，不仅可以改良土壤还能抑制杂草生长[360]。在春播豌豆收获之后的 6 月底或 7 月初，在中西部的北部地区种植豇豆可以用作绿肥或应急牧草[421]。

豇豆可以填补北卡罗来纳州春季和夏季蔬菜种植之间的休闲期。可以在种植秋季西兰花之前借助机械对 6 月末混播的 IRON CLAY 豇豆（3.8kg/亩）和饲用谷子（1.1kg/亩）进行灭生处理。同一个试验点多年的筛选试验表明，豇豆的干物质产量（286kg/亩）要高于大豆（268kg/亩），但是田菁（*Sesbania exaltata*）的干物质产量最高，为 378kg/亩[95]。

■ 对比特性　　Comparative Notes

豇豆耐旱性比大豆强，但是不耐涝[360]和霜冻[262]。7月播种，豇豆郁闭更迅速，杂草抑制能力比胡枝子（*Lespedeza cuneata*）、美洲合萌（*Aeschynomene americana*）、田菁、链荚豆（*Alysicarpus* spp.）和其他暖季型豆科作物更强[421]。与三叶草和苜蓿相比，豇豆对贫瘠或酸性土壤的适应性更强。豇豆的植物残体比白花草木樨植物残体分解速度更快[360]，但比奥地利冬豌豆慢。

有两种作物可替代豇豆在夏季发挥部分作用。荞麦能够提供良好有益的生境，能很好抑制杂草却不吸引蟥。在炎热季节较长的地区，绒毛豆（*Mucuna deeringiana*）可供氮，保持水土，后期还可用作饲草。绒毛豆不吸引蟥并抗线虫病[107]。

品种（Cultivars）　参阅《适合不同生境的品种》（第141页）。

种子来源（Seed sources）　详见第218页《附录C 种子供应商名单》。

■ 绛三叶（Crimson Clover）

Trifolium incarnatum

类型（Type）：冬季一年生/夏季一年生豆科作物。

作用（Roles）：提供氮源、改良土壤、防止土壤侵蚀、行间自播作地表覆盖作物、用作饲草。

混播作物（Mix with）：黑麦、其他谷类、野豌豆、多花黑麦草、地三叶、红三叶、黄花苜蓿。

参阅第71～77页表中的排序和管理概要。

绛三叶生长迅速，可以在早春为目标作物提供氮。在冷凉地区的短期轮作中，秋季或夏季快速生长的特性使其成为抑制杂草首选绿肥。正如整个东南部将绛三叶作为主要牧草和路边覆盖作物一样；在较寒冷地区，作为多功能夏季一年生覆盖作物也获得越来越多的认可。开花期景观美丽，即使与其他开花豆科作物混播也能明显可见，常用于加利福尼亚州坚果林和果园。在密歇根州，在蓝莓行间表现良好。

■ 功能　　Benefits

氮源（Nitrogen source）　在不同地点，可用它作为春季或秋季氮源，或充分利用其强大的自播能力。在密西西比州东部、宾夕法尼亚州南部和伊利诺伊州南部，绛三叶带（crimson clover zone）通常种植冬季一年生绛三叶来提供大量的早期氮源。在耐寒分区第

8 区（热量要比东南部多一半），绛三叶越冬良好，只是偶尔会被冻死。绛三叶一般氮产量为 5.3～11.3kg/亩。

自播型绛三叶品种是玉米田和棉花田的天然肥料。在籽实型高粱播种前（比玉米播的稍晚），种植绛三叶效果非常好。免耕区和带状耕作区（zone-till）正在对这一模式进行广泛的测试。目标之一就是使得豆科作物每年自播实现零成本，全生长季保护水土、抑制杂草，并为来年储备氮。

绛三叶带的北部边缘地带，更易发生冻害和真菌病害。在本区及北部地区，毛苕子是冬季一年生豆科作物中越冬性较好的作物。绛三叶在耐寒分区第 6 区以南，尤其是从东南部宾夕法尼亚州的东北部到新英格兰地区的沿海区，通常越冬良好[194]。

在耐寒分区第 5 区及更寒冷的地区，绛三叶像燕麦等冬枯型一年生作物（winter-killed annual）一样，越来越受欢迎。在夏季末种植，它固定空气中的氮并吸收土壤中的氮素，形成良好地面覆盖并抑制杂草生长。其冬季枯死残体在春季也易于管理。

生物量（Biomass） 在耐寒分区第 8 区（南部腹地的内陆区），作为冬季一年生植物的绛三叶在 5 月中旬前干物质的生物量可达 265～416kg/亩，产氮量为 5.3～11.3kg/亩。密西西比州的研究显示，绛三叶种子在 4 月 21 日成熟，同时每亩产出 416kg 干物质和 10.2kg 氮。研究得出，在能为南方籽实作物高粱生产提供足够但不过量的氮的几种冬季一年生豆科作物中就包括绛三叶[22, 36, 105]。在马里兰州贝尔茨维尔市的美国农业部农业研究局试验点，绛三叶的干物质产量已多次超过 529kg/亩，1996 年产氮 13.6kg/亩，干物质产量为 590kg/亩[411]。

在密西西比州，6 种一年生豆科作物的田间试验表明，与毛苕子、大花野豌豆、埃及三叶草、箭叶三叶草（*Trifolium vesiculosum*）和冬豌豆相比，绛三叶干物质的产量最高（4230～4542kg/亩），氮产量为 7.5～9.5kg/亩，因秋初干物质产量高，常用作水土保持作物[426]。

在密歇根州南部，作为夏季一年生植物的绛三叶在盛夏播种（播种量为 1.5kg/亩），11 月末干物质产量可达 113～151kg/亩、氮产量达 3.8～4.5kg/亩[269]。

混播（Mixtures） 绛三叶与小粒谷物、禾草和其他三叶草混播生长良好。燕麦是常见的伴生作物，它既可以作为保护作物来建植纯绛三叶草地，也可以作为高生物量、吸收多余养分的混播作物。在加利福尼亚州，绛三叶与玫瑰三叶草和苜蓿在果园和坚果林混播，能减少土壤侵蚀并为树木提供氮[421]。

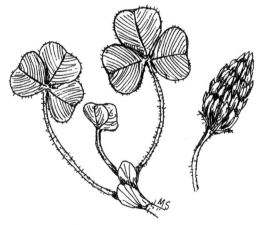

绛三叶（*Trifolium incarnatum*）

Marianne Sarrantonio 绘

有益生境和蜜源（Beneficial habitat and nectar source）　绛三叶花色深红亮丽，长 1.3～2.5cm，可产生大量的花蜜，易吸引各种蜂类。花季可以容纳许多小花蝽，它是一种捕食许多小型害虫尤其是蓟马的重要益虫[421]。在密歇根州，在行间种植绛三叶能增加蓝莓授粉率。佐治亚州的研究表明，绛三叶维持着豌豆蚜和苜蓿蓝蚜种群数量，这两种蚜虫不直接危害山核桃，但瓢虫等益虫以其为食，后期捕食山核桃蚜。

促进养分循环（Nutrient cycler）　绛三叶通过吸收矿化氮和正常豆科固氮方式来增加土壤中的有机氮。矿化氮的吸收（通常最有效的是禾草）有助于降低冬季和春季的氮淋溶量，减轻地下水污染[180, 264]。在模拟降雨条件下，与多花黑麦草混播，绛三叶能减少克阔乐 94%的随水流失量，并能使达草灭和伏草隆完全不流失[345]。禾草和豆科作物混播能同时发挥较短主根和表层须根的作用。

■ 管理　　Management

建植和田间工作　　Establishment & Fieldwork

绛三叶在任何一种排水良好的土壤中都能良好生长，尤其是在沙质土壤中。而在重黏土、涝、极酸或碱性土壤中可能表现不佳。一旦建植成功会在冷凉潮湿的环境中茁壮成长。南方干燥的土壤往往阻碍秋播植株的正常生长。

播种前对绛三叶进行接种。亚拉巴马州的研究表明，缺磷和钾或土壤 pH<5.0 的强酸性土壤条件下，绛三叶无法固氮。测试中 pH=5.0 时不能形成根瘤。磷的缺乏会导致形成许多小而无效的根瘤[187]。

冬季利用（Winter annual use）　在初霜期前 6～8 周进行播种，条播播种量为 1.1～1.4kg/亩，撒播为 1.7～2.3kg/亩。当与其他冬季豆科作物混播时，播种日期取决于海拔高度。例如，在北卡罗来纳州沿海岸地区的最适播种日期要比山区晚 3 周。

绛三叶不能太早播种，否则会在秋季结籽并且直到春季土壤温度适合种子萌发时才会重新生长。在北部冬季一年生绛三叶生长地区，普遍在 8 月中旬播种。在密歇根州南部（耐寒分区第 5b～6a 区），绛三叶在 7 月中旬免耕播种到麦茬中，在秋天生长良好并在春季也能保持旺盛的生长，几乎可以和毛苕子媲美[269]。

> 在耐寒分区第 5 区以及更冷地区，绛三叶可作为冬季枯死覆盖物。

虽然密西西比州三角洲南部可以在 10 月进行播种，但在密西西比州北部的测试表明在 8 月 15 日播种时产量更高[227]。在墨西哥湾沿岸地区（Gulf South）的滨海平原（Coastal Plain）南部 11 月中旬也可以播种。

如果将覆盖作物翻耕入土，那么绛三叶植物残体会更快地释放养分，其他冬季一年生豆科作物也是如此。在接茬作物生长季初期，不考虑土壤侵蚀问题，翻耕虽提高了肥力但会增加成本，降低抑制杂草的有效性。

夏季利用（Summer annual use） 通常霜期一过就要立即播种。在缅因州春季播种建植绛三叶草地，接茬轮作马铃薯。在密歇根州，在四季豆等短季作物收获之后播种绛三叶也能建植成功[228,269]。

在北部的玉米种植区，密歇根州的研究显示，可以在中耕时玉米长到41～61cm高的时候套播绛三叶。用喷药箱或播种机以51cm的行距播种在76cm宽的行中间，播种量为1.1kg/亩，绛三叶生长良好且没有降低玉米产量[294]。绛三叶在这个小生境里要比黄花苜蓿、红三叶及多花黑麦草有潜力，平均每亩产113kg干物质和超过3.8kg的氮。

在缅因州，春季播种的绛三叶在7月可以生产出302～378kg/亩的干物质，并为秋季蔬菜增加了6kg/亩的氮。截至10月末，7月中旬播种的植物生物量达到416kg/亩，成功抑制了杂草。夏季一年生作物一般都会被冻死（因寒风和冻拔）。但是，在密歇根州南部有时也能越冬，所以在北部地区仍需要进行春季灭生处理。

在加利福尼亚州，春季播种往往会导致植株发育不良、花少、种子产量低并需要经常灌溉[421]。

轮作（Rotations） 在南方，作物初秋收获后播种绛三叶，接着春末播种作物效果很理想。适时播种能使绛三叶迅速生长，从而最大程度固氮，并有可能进行自播。玉米播种期较早和棉花收获期较晚都限制了绛三叶作为冬季一年生作物的传统功能，但带状种植和带状耕作为绛三叶提供了新空间。在耕作区作物行间种植的绛三叶在5月成熟结籽，大部分硬实种子将会在秋季萌发。

要解决硬实种子自播产生的杂草问题，要在结籽前将绛三叶灭生或使用生长期长的作物品种。

在行间25%～80%的区域通过用除草剂或机械中耕除草后，可成功将作物耕种到绛三叶条带上。种植条带越窄，抑制杂草越好，但会降低绛三叶对水分的竞争力。种植带越宽，绛三叶自播效果越好[235]。

在绛三叶-玉米种植系统中，在不清理绛三叶植物残体时免耕播种作物可以提高粮食产量，或在种植玉米（生产籽实或青贮利用）之前及时收割绛三叶来提高牧草总产量[203]。在密西西比州，若不耕翻进行免耕播种，红薯和花生将不会遭受产量或品质损失。该系统会减轻水土侵蚀并抑制杂草生长[35]。

在俄亥俄州，绛三叶与毛苕子、黑麦和大麦混播为加工用番茄的免耕移栽提供了一个肥力较高的土壤表层。使用一个装有滚动耙的地下切割机样机对植物进行灭生处理。由于宽刀片就在隆起的种植带土壤表层的下面进行切割不会破坏茎秆，可以使植物残体保持更久。在不同管理条件下，长期持久的植物残体都表现出极好的效果，即使是在不使用除草剂、杀虫剂或杀菌剂的有机管理模式下的对照小区，效果也很好。北卡罗来纳大学的Nancy Creamer正在研制地下切割机和有机蔬菜系统中的覆盖作物[96]。

混播（Mixed seeding） 对于覆盖作物混播，绛三叶的播种量约为其正常播种量的2/3，其他植物约为单播播种量的1/3～1/2。绛三叶的发育过程与高羊茅相似。对侵占性禾草进行齐地刈割或放牧后，播种后浅覆土就能使绛三叶良好建植。

自播（Reseeding） 越冬后的绛三叶至少在整个 4 月生长期获得足够的水分，才能正常结籽[130]。要使其在早春成熟，品种选择至关重要。

以 Dixie 和 Chief 为标准品种，Au Robin 和 Flame 能提前成熟 2 周。据报道新品种 Au Sunrise 能提前 1～3 周成熟，畅销品种 Tibbee 比标准品种提前约 1 周。价格变动多取决于季节供应而非品种本身。

灭生（Killing） 绛三叶的主根不发达，容易机械灭生。在现蕾初期后刈割会导致绛三叶死亡。在开花末期或结实初期，甚至在植物自然死亡之前产氮量可以达到最高水平。在结籽前 30 天左右的营养生长阶段后期对绛三叶进行灭生处理，会使产量降低，产氮量最低可降至 3.8kg/亩[341]。

在宾夕法尼亚州东南部的 Steve Groff's 农场，在蔬菜免耕移栽前可以用割草机将绛三叶、毛苕子和黑麦草的混播草地灭生。在盛花期可以将绛三叶完全灭生，甚至在初花期灭生率也比营养期要高。

有害生物管理 Pest Management

对于包括玉米穗蛾和棉铃虫在内的螟虫类（*Heliothus*）植物害虫来讲，绛三叶是次要寄主。尽管绛三叶有许多益处，在密西西比州的许多路边已经完全被清除，因为一些三角洲农民担心虫害问题会恶化[106]。

> 在密西西比州，4 月 21 日之前，绛三叶的种子即成熟，并可产氮 10.1kg/亩。

绛三叶不会像毛苕子那样会增加免耕玉米感染玉米根叶甲的风险[67]。它比其他种类的三叶草有更强的抗病[421]和抗某类线虫能力[336]。据报道，绛三叶能抗病毒性疾病，但在密西西比州 7 月种植的绛三叶死于病毒病[227]，在马里兰州秋季种植的植株死于菌核病[108]。

在实验室检测中，绛三叶、埃及三叶草和毛苕子已经被证实能抑制洋葱、胡萝卜和西红柿的种子萌发和幼苗发育[40]。然而，这种抑制作用在北卡罗来纳州带状耕作的大田作物和绛三叶被部分灭生作为有机覆盖层的相关研究中没有发现。在宾夕法尼亚州兰开斯特县 Steve Groff's 的农场，用机械对混播覆盖作物进行灭生处理的当天即进行蔬菜移栽，并无负面效果。

在作物灭生后，要等有机物开始分解和土壤生物活动稳定之后开始播种，时间需要 2～3 周。在这期间，大量的细菌（如腐霉菌）和丝核菌会使植物迅速腐烂。这些细菌也会危害作物幼苗。为了能尽快播种，须在三叶草刈割后用清扫机清理播种区表面。"刈割/等待/播种"这一周期也许会因需要等待降雨提高苗床水分而有所变化。

在俄克拉荷马州的天然与人工山核桃林里混播毛苕子与绛三叶会吸引益虫，提供氮并抑制杂草。两种豆科作物结实后即收获为牧草。箭叶三叶草能提供较多的生物质和氮，但是虫害防治效果不好，易受根结线虫病危害。

绛三叶是花蓟马的寄主，并且比毛苕子或地三叶更容易成为牧草盲蝽的寄主[56]。大样本调查显示，以绛三叶为食的节肢食草动物和捕食者要比毛苕子少[205]。

在佛罗里达州北部的玉米地里[263]，耕作措施和植物残体管理方法的变化（免耕、耕翻、清除），对羽扇豆、黑麦、毛苕子或绛三叶等覆盖作物抗线虫病的作用效果极不稳定。

其他选项　Other Options

放牧和干草利用（Pasture and hay crop）　绛三叶非常适宜放牧利用和调制干草。只要在现蕾早期之前放牧或刈割高度不低于 8～10cm 都可以再生。与禾草混播进一步降低了它本来较低的臌胀病风险。开花前 4～6 周适时刈割可以促进生长、减少倒伏，并能使其在高肥力的土壤中开花更一致，并产生更多成熟的种子[120, 421]。

绛三叶可以在秋天轻度放牧，春季可以提高放牧。只要在花期之前停止放牧，让其积累氮并结籽，其对土壤氮贡献率几乎不受影响[80]。

对比特性　Comparative Notes

绛三叶：
- 与地三叶或苜蓿相比，耐刈割性差[421]。
- 总产氮量与东南部毛苕子和奥地利冬豌豆相近。
- 秋季抑制杂草的能力比毛苕子强。
- 春季比毛苕子成熟更早。

品种（Cultivars）　参阅《褐斑苜蓿可持久自播》（第 171 页）来进行品种比较。
种子来源（Seed Sources）　详见第 218 页《附录 C　种子供应商名单》。

紫花豌豆（Field Peas）

Pisum sativum ssp. *arvense*

别名（Also called）：奥地利冬豌豆（black peas），加拿大紫花豌豆（spring peas）
类型（Type）：夏季一年生和冬季一年生豆科作物。
作用（Roles）：氮源（plow-down N source）、抑制杂草、牧草。
混播作物（Mix with）：茎秆粗壮的小麦、黑麦、小黑麦或大麦，起支撑作用。
参阅第 71～77 页表中的排序和管理概要。

紫花豌豆固氮量高，牧草产量高，适用于短期土壤改良，因肉质茎易降解而作为速效氮源作物[360]。因冬季冷凉湿润的气候条件下适宜其迅速生长，紫花豌豆在南部地区和爱达荷州的一部分地区用作冬季一年生作物；在东北区、北中区和北部平原区（Northern Plains）作为早播型夏季一年生作物。紫花豌豆可以收获为高质量牧草，也可以繁种增加收益。

耐寒型紫花豌豆，尤其是奥地利冬豌豆，可以在零下 12℃的低温下生长且受影响很小，但不能在比耐寒分区第 6 区更寒冷的地方安全越冬。它们对高温尤其是湿热的地方非常敏感。即使在冷凉的东北区也会在夏季凋萎[360]，此区域夏季超过 30℃的天数平均不到 30 气天；超过 32℃会使花朵枯萎并降低种子产量。在富含腐殖质的黑土中紫花豌豆会产生大量的攀缘茎，但很少结荚。

紫花豌豆易感染菌核病和冠腐病，大西洋地区中部冬季发生的病害会产生毁灭性的危害，因此使其在东部和东南部的利用受到限制。如果与其在同一块土地连续轮作，会使病害风险增加。

加拿大紫花豌豆是蔓生型豌豆的近缘种。这些一年生"春豌豆"比春播冬豌豆生长速度快，经常与小黑麦或其他小粒谷物混播。紫花豌豆的种子较大，故每千克种子数较少，播种量较高，7.5～12.2kg/亩。紫花豌豆种子比奥地利冬豌豆种子要便宜一点。Trapper 是最常见的加拿大紫花豌豆品种。

本节重点介绍广泛种植的奥地利冬豌豆。"紫花豌豆"包括冬季和春季两种类型。

▌功能　　Benefits

生物量大（Bountiful biomass）　在较长的营养生长期，气候冷凉湿润，即使在春季较冷时期种植，奥地利冬豌豆都会产出超过 378kg/亩的干物质。爱达荷州的农民通常能从秋季种植的奥地利冬豌豆获得每亩 454～605kg 的干物质。因为植物残体会迅速降解，只有在高产区有机质才能长时间得到积累。豌豆的生物覆盖作用差，杂草抑制效果不好[360]。

氮源（Nitrogen source）　奥地利冬豌豆产氮能力极佳，产量为 6.8～11.3kg/亩，有时高达 22.7kg/亩。

堪萨斯州的研究表明，将秋季播种的奥地利冬豌豆、苜蓿和毛苕子作为绿肥，都能为有塑料地膜覆盖和滴灌条件的高品质甜瓜生产提供足够的氮。在豆科作物供氮（4.8kg/亩）与施复合肥供氮（6.8kg/亩）时甜瓜的产量相近。试验中第一年冬豌豆氮产量为 7.3kg/亩，第二年为 15.7kg/亩[387]。

紫花豌豆（*Pisum sativum* ssp. *arvense*）

Marianne Sarrantonio 绘

奥地利冬豌豆收获为干草然后用作覆盖物，矿化氮的量是苜蓿干草的 2 倍以上。在秋季植物残体耕翻之后，来年夏天检测氮贡献量。耕翻入地 10 个月之后，奥地利冬豌豆的氮回收率为 77%，其中春小麦回收 58%、土壤回收 19%[253]。

在蒙大拿州的一个包括 10 种苜蓿、7 种三叶草、越年生黄花草木樨和 3 种禾谷类作物的比较试验中，利用奥地利冬豌豆作为绿肥的来年春小麦产量最高。在这些作物中，绿肥产量较高的作物通常会由于越冬期间水分不足而对接茬的小麦作物产生不利影响[380]。在干旱地区，紫花豌豆若在生长中期收获，并在夏季休闲，会产出 6.1kg/亩的氮；而在生长季末收获，每亩氮产量只有 2.3kg[74]。

在蒙大拿州另一个试验中，当种植其他豆类和休闲相比，冬豌豆作为绿肥后再种植啤酒大麦，会获得更多蛋白质。收获种子的一年生豆科作物土壤中的氮比休耕小区中的少。试验中其他豆类包括蚕豆、扁豆、鹰嘴豆、春豌豆、冬豌豆干草和菜豆[261]。

轮作效应（Rotation effects）　在加拿大萨斯喀彻温省，豆类作物（籽实豆类如紫花豌豆、蚕豆和小扁豆）可以通过防治病害、改善耕作和提高土壤质量来提高旱地作物轮作的可持续性。连作的大麦，即使施氮 13.6kg/亩，产量也低于轮作时的产量[163]。

节约水资源（Water thrifty）　在水分利用效率方面，与 INDIANHEAD 扁豆和 GEORGE 天蓝苜蓿做比较，奥地利冬豌豆在生物量生产过程中的水分利用效率最高。当作物用水量为 100mm 时，奥地利冬豌豆的匍匐茎伸长了 41cm，扁豆长高了 15~20cm，天蓝苜蓿主茎长高了 10cm[382]。

在温度为 10℃可控条件下的研究表明，奥地利冬豌豆在其生长的第 63 天单位耗水量的生物固氮量（N_2）即超过 75%，而白三叶、绛三叶和毛苕子生长 105 天才能达到同样的水分利用效率[333]。

生长迅速（Quick growing）　豌豆春季生长迅速，抑制杂草效果好，并能为某些地区的夏季经济作物提供氮。

促进牧草生长（Forage booster）　紫花豌豆与大麦、燕麦、黑小麦或小麦混播，能提供优良牧草。混播豌豆虽牧草产量提高有限，但是显著提高了蛋白质含量及小粒谷物干草的相对饲用价值。

种子生产（Seed crop）　在蒙大拿州，紫花豌豆种子产量为 151kg/亩，在太平洋西北地区为 113kg/亩。作为食物和饲料用的紫花豌豆需求在持续增长[74]。

花期长（Long-term bloomer）　紫花豌豆的紫色和白色花朵给蜜蜂提供了早期且持久的蜜源。

耐寒（Chill tolerant）　奥地利冬豌豆地上部在霜冻期可能会停止生长，但是在零下 12℃的低温下仍能继续生长。浅根和肉质茎限制了其越冬能力。没有积雪覆盖时，持续低于零下 8℃的低温通常会将奥地利冬豌豆冻死[201]。为了最大限度地提高冬天的存活率，需要采取如下措施：

- 选用最耐寒的品种——Granger、Melrose 和 Common Winter。
- 因其浅根性和易遭受冻拔危害，应尽早播种以使植物在土壤冻结前长至 15～20cm 高。在耐寒分区第 5 区，应在 8 月中旬到 9 月中旬期间播种。
- 在禾谷类作物残茬等留有残茬的土地中，或在越冬的禾谷类作物中套种，这种环境可以防止土壤冻融产生的冻拔危害以保护豌豆幼根。积雪也可以保护植物。

管理　　Management

建植和田间工作　　Establishment & Fieldwork

豌豆喜灰质良好、排水良好的黏土或黏壤土，pH 值接近中性或更高，并具有适度肥力。它们在北卡罗来纳州肥沃的沙土上也生长良好。紫花豌豆通常条播至 2.5～7.6cm 深来确保其与湿润土壤的接触，为植株提供良好的支撑环境。

由于种子通常暴露在表层，导致不能良好的萌发，撒播时将种子混入土壤将大大提高出苗率。攀缘茎较长的植物播种量较低并浅播，会使其容易倒伏并腐烂。可以通过种植小粒谷物作保护作物来改善这一情况，如燕麦、小麦、大麦、黑麦或小黑麦。当豌豆/谷类作物混播时，豌豆播种量要减少 1/4，谷类作物减少 1/3。

在明尼苏达州，播种量在 4.5～6.0kg/亩时，奥地利冬豌豆是首荐很好的保护作物。

紫花豌豆种子的安全贮藏期比其他作物短。若种子存放超过 2 年，需要做萌发试验并相应调整播种量。如果在播种区几年没有种过豌豆，则需要在播种前对豌豆接种。

西部地区（West）　在加利福尼亚州和爱达荷州这些暖冬区域，秋播可获得最大产量。在这些区域，春播冬豌豆产量是秋播的一半。耐寒分区第 5 区受保护的山区谷地，冬季温和并长期被积雪覆盖，宜在 9 月 15 日之前播种。在萨克拉门托河谷的 9 区可在 10 月冷凉湿润的气候条件下播种，来年 4 月初可获得 11.3kg/亩的氮。

在其他半干旱的西部地区有积雪覆盖的情况下，一般在秋季谷物收获之后种植豌豆。在蒙大拿州和爱达荷州的干旱地区，在土壤温度太低不能使种子萌发时，通过"顶凌播种"撒播 6.8～7.5kg/亩的豌豆种子。随着土壤温度提高，种子会随着冻融交替进入土壤中，要防止植物残体过于密集而阻止这一过程[382]。

在降雨较少的北部平原区（Northern Plains），早春的播种量要依照具体种植制度而定。播种量为 7.5kg/亩可以在某种程度上稍微补偿种子与土壤的接触率低的损失，从而与杂草进行强有力的早期竞争[382]。在土壤表层温度达到 4℃时要及时播种，以期最大限度的利用春季水分[74]。

奥地利冬豌豆和小粒谷物混播非常适合旱地牧草的生产，因为它可利用积雪提高春季水分，所以产量比春播时更高[74]。只要有充足的水分，春豌豆的牧草产量通常要比奥地利冬豌豆高。

东部地区（East）　在东北地区早春作为混播作物种植，奥地利冬豌豆可以在 Memorial

Day（美国阵亡将士纪念日，每年5月最后一个星期一）之前为夏季作物提供可观的氮产量[360]。在大西洋中部地区，奥地利冬豌豆和毛苕子在10月1日种植并在5月1日死亡，它们的氮产量和对玉米产量的影响相同[108]。

东南部地区（Southeast）　　在南方内陆的耐寒分区第8区，10月1日之前播种，可以使根冠发育良好，足以抵抗冻拔危害。与春季温度回升速度较快的地区比较而言，豌豆在南部比较寒冷的地区生物量更大[74, 360]。在南卡罗来纳州的耐寒分区第8区，豌豆在10月末种植并在4月中下旬收获，可产出204~302kg/亩的干物质[23]。

灭生　　Killing

豌豆在盛花期氮贡献量最大，之后能轻易地被除草剂、耙地或刈割灭生。要轻度耙地来保护植物残体，从而在短期内保持水土。

如果被冻死，尤其是致密单播草地，豌豆攀缘茎在春季快速分解的不足之处就是覆盖物通常黏结在一起。和冬季禾谷类混播，可以降低其冬季死亡率及枯死植被的黏结程度。

> 冬豌豆残体可以很快地分解并释放氮。

有害生物管理　　Pest Management

密西西比州佩特尔的Ben Buorkett发现，冬季豌豆打破了作物病害周期。在四季豆收获之后的秋季至第二年夏季羽衣甘蓝和芥菜的生长季之间种植奥地利冬豌豆，会减轻经济作物的壳针孢属叶斑病危害。10月15日到11月15日，撒播3.8kg/亩的豌豆种子，然后用耕作机械浅耕，将种子埋入土中。在墨西哥湾北部约120千米的耐寒分区第8区，奥地利冬豌豆12月末进入休眠之前可长至7.6~15.0cm高；来年1月第3周迅速再生；4月中旬耙地灭生，然后将大量的植物残体浅耕入土[201]。

农民和研究人员需要留意有害生物综合治理的几项注意事项，因为奥地利冬豌豆：

- 是某些线虫的寄主。
- 在冬季易遭受菌核病、冠腐病、镰刀菌根腐病及种腐病和茎、叶或豆荚的枯萎病。
- 易遭受壳二孢叶枯病（Melrose品种有一定的抗性）。
- 菌核病病原菌的寄主。在两年试验中，在奥地利冬豌豆种植一年后种植的加州莴苣条纹落叶病的发病率较高[231]。

在马里兰州四年的研究中，奥地利冬豌豆几年中均被三叶草核盘菌严重损害，但是该作物五年中有四年的平均年干物质产量为196~378kg/亩，另外一年干物质产量仅为55kg/亩。尽管在病害威胁下，氮的平均产量仍为10kg/亩。比起冬天酷寒的山麓地区，奥地利冬豌豆更适合在马里兰州沿海平原使用[203]。

避免在同一个地点几年连续种植豌豆，进行轮作以防治病害。为了最大限度降低病害风险，最好隔几年再种植。为了最大限度降低某一生长季节菌核病发病造成的经济损失，可以与黑麦等覆盖作物混播。

种植制度　　Crops Systems

北部平原区（Northern Plains）　奥地利冬豌豆（以及其他的食用豆类）在旱地谷物轮作中使用得越来越多，代替了休耕。豆科作物有助于防止粮食作物之间土壤水分过多引起的盐分累积，并给种植系统提供氮。在春季或秋季种植食用豆类（替代休耕）后，种植小粒谷物，从而开始豆科作物>谷类作物的轮作。

在这个制度中，豌豆生长良好，豌豆根较浅，不需要汲取土壤深处的水分。

豌豆作物的管理要根据土壤水分条件进行。根据生长季节降雨情况的不同，豌豆可以进行放牧、终止生长或作为籽实收获。在土壤还有约 100mm 可利用水时终止作物生长，分别采取如下操作：

- **降雨量低于正常值**（Below-normal rainfall）　及早终止食用豆类作物生长。
- **降雨量充足**（Adequate rainfall）　在土壤水分还有约 100mm 的水分时终止食用豆类植物生长。植物残体留作绿肥，保湿和防止水土流失。
- **降雨量高于平均值**（Above-average rainfall）　待作物成熟，收获籽实。

在传统种植制度中，一般不种植覆盖作物为经济作物积累土壤养分。控制杂草的方式也仅限于翻耕土地和使用除草剂。

种植食用豆类替代休耕可以保持水土，通过有效管理以确保有足够的水分供谷物生长。豆类通过产氮，打破疾病、昆虫和杂草循环、改善土壤，使接茬作物长久受益。

在年降雨量至少为 460mm 的地方，轮作系统中可以选用奥地利冬豌豆。INDIANHEAD 小扁豆（*Lens culinaris* Medik）——一种专门用作覆盖作物的小扁豆，在轮作系统中也得到了广泛应用。

蒙大拿州的研究表明，当冬季降水补足土壤中的水分时，一年生豆科作物可以替代休耕，并不显著减少大麦作物的产量。蒙大拿州的降雨量平均在 300～410mm，可以种植豌豆，但只能在降雨量高于正常值的年份收获籽实。豆科作物可以通过收获干草、籽实或为小粒谷物提供氮肥等方面获得收益[136]。

在爱达荷州关于豆科覆盖物利用的有效性研究表明，秋季种植奥地利冬豌豆的收益来自收获种子、获得豌豆秸秆中残留的氮、降低土壤病害。在奥地利冬豌豆（食用）>冬小麦>春季大麦的轮作中，小麦的产量与用豌豆做绿肥或第一年休耕的产量相差不多。夏季休耕并无收益，但奥地利冬豌豆作为绿肥可以提高土壤有机质，为小麦生长提供氮。休耕会导致有限的土壤有机质损耗，造成土壤肥力的净损失[252]。

在加拿大阿尔伯塔北部传统耕作方式下，在化学（除草剂）和绿色（紫花豌豆）

> 在东北区，春播豌豆可在美国阵亡将士纪念日（Memorial Day）前翻耕。

休耕耕作系统的比较中，春播紫花豌豆每亩能产生 5.5kg 的氮，明显多于其他耕作系统。综合考虑全部投入，紫花豌豆系统的收益也最多，使接茬的两种经济作物获得了较高的产量，有较高的收益并改善了土壤质量[12]。

东南部地区（Southeast） 在北卡罗来纳州沿海平原为期三年的试验中，秋播奥地利冬豌豆在干物质和氮产量方面都超出毛苕子 18% 左右。当豆科作物与黑麦、小麦或春播燕麦混播时，奥地利冬豌豆混合物的干物质产量最高。在过去三年，奥地利冬豌豆在豆科作物试验中排名最高（干物质和氮产量方面），在豆科作物/谷物混播时也是一样。其次为毛苕子、箭筈豌豆和绛三叶。豌豆单播播种量为 4.1kg/亩，混播播种量为 3.1kg/亩[343]。

固氮量达到最大时，混播含奥地利冬豌豆土壤中的氮含量要超出其他方案平均含量的 50%。研究人员指出，奥地利冬豌豆攀缘茎底部的叶子比其他豆科作物更容易分解并较早供氮给其他作物。在冬季，奥地利冬豌豆种植层下 15cm 的土壤中的氮占土壤总无机氮含量的 30%~50%，而其他豆科作物土壤表层的氮含量都不到 30%。奥地利冬豌豆与谷物混播有助于调节夏初过量的氮，并减缓氮释放到土壤中的速度[343]。

植物体的碳氮比是植物降解速度的指标。小粒谷物与奥地利冬豌豆和野豌豆混播产物的 C:N 值为 13:1~34:1（但通常低于正常值 25:1~30:1），低于此阈值范围，可避免氮的净固定[343]。

奥地利冬豌豆和绛三叶可以为南卡罗来纳州的棉花提供充足的氮。在三年试验中，含氮量高达 11.3kg/亩的施肥量没有提高豌豆小区的棉花产量。研究表明，在奥地利冬豌豆耕翻 9 周之后，土壤硝态氮含量达到最大值[22]。

在宾夕法尼亚州东南部，在大豆遭受叶枯黄时奥地利冬豌豆以 5.7kg/亩的播种量撒播，地被覆盖率可达 50%~60%，并顺利越冬。结果表明，5 月 20 日每亩豌豆产出近 333kg 的干物质和 9.8kg 的氮[190]。由于豌豆耐阴性差，不能在玉米最后一次中耕时撒播。

像野豌豆和蚕豆这种多汁、茎中空的覆盖作物一样，奥地利冬豌豆开花后不耐刈割。在生长初期，即使经过多次放牧，奥地利冬豌豆仍可再生。参阅《豌豆的双重功能》（第 156 页）。

在经过三年水分测试后，堪萨斯州农民 Jim French 揭示了春季放牧后豌豆田土壤水分会比未放牧多的原因："由于叶面积变小，从土壤中释放到空气中的水分减少，总的蒸腾量就减弱了。而根的量是相同的。"未放牧的豌豆会随着生长吸收更多的水分。

其他选项 Other Options

当大部分豆荚形成时，将紫花豌豆作为干草收获加工。使用有起重装置和堆料附件的割草机来收割攀缘茎。

豌豆的双重功能

堪萨斯州，帕特里奇。Jim French 指出奥地利冬豌豆可放牧、产氮或二者兼有之。他甚至让有血统证明的盖普威（Gelbvied）牛群在冬季一年生作物春季生长期间内任意采食，具有攀缘茎的奥地利冬豌豆仍然会为接茬籽实高粱生长提供同样多的氮。

French 的农场位于平坦、排水良好、土壤沙质的堪萨斯州帕特里奇附近。他经营着约 3840 亩的经济作物（冬小麦和高粱）和牧草（苜蓿、苏丹草、冬豌豆和豇豆，以及一块面积一样大的禾草放牧草地）。堪萨斯州中南部农场的三年作物轮作中，豌豆在小麦之后种植。他耕翻麦茬 2 次，耕深约 18cm，用圆盘耙耙地 1 次封住地表（切断土壤毛细管以利保水），如有必要用轻型耕作机械控制杂草。

9 月中旬至 10 月中旬期间，用一台老式约翰迪尔双列圆盘播种机将接种的种子以 20cm 的行距条播，播种量为 2.3kg/亩。建植通常不是问题，唯一的问题是春季的冻融交替。French 说："每当豌豆打破休眠开始生长时，会消耗根系储藏物，此时再次遭遇冻害，抵抗力不如以前那么强了。只要有足够的储藏营养物，即使植株遭遇冻害，也会重新发芽。"

然而在缓慢解冻前冰冻时间较长的更北地区春季霜冻是一个无足轻重的问题。积雪覆盖从初冬到隆冬一直都在保护豌豆不被低温所伤害。在大多数年份里，4 月 1 日左右，他会设置临时围栏在豌豆地里放牧（放牧强度：0.3 头牛/亩）。即使在气候温和水分充足的好年份，"养牛也很困难（不放牧的话。）"French 说。根据对牧草或植物残体量的需求，放牧后将残茬耕翻或让其再生产牧草。

不管是否放牧，产氮量都为 6.8～9.0kg/亩，原因是在放牧的同时冬豌豆根系也在继续生长并固氮。土壤测试表明，在春季末耕翻时以硝酸盐形式存在氮可达 1.8～2.3kg/亩，还有一部分以有机质的形式存在，夏天逐步矿化。豌豆放牧会消灭旱雀麦，否则在播种高粱之前，耕翻入土的旱雀麦会固定土壤中的氮。

French 在高粱之前种冬豌豆是因为它能抑制旱雀麦和藜等杂草，降低根腐病（charcoal root rot）感病率，还能提供氮。选择豌豆作为牧草——同时使高粱有足够的产量——可以减少工业饲料的购买，改善牲畜健康水平，加快豌豆有机物转换成可用土壤养分的速度。

"在作物和家畜结合方面冬豌豆的效果最好，"French 说，"它的优点非常多。"

■对比特性　　Comparative Notes

紫花豌豆的肉质茎不耐机械碾压[190]。选择攀缘茎较长的品种对杂草的控制力更强。

品种（Cultivars）　Melrose 是以耐寒性著称的奥地利冬豌豆品种。在爱达荷州，9

月第1周播种，Melrose在第二年6月每亩会产出22.7kg的氮和1000kg干物质。如果在4月中旬播种，每亩氮产量和干物质产量仅为13.2kg和583kg[201]。

Granger是一个改良的奥地利冬豌豆品种，叶子较少、卷须较多，种子比标准品种硬实率高。它的植株更直立，豆荚比其他品种失水更快。在加利福尼亚州，Magnus紫花豌豆比奥地利冬豌豆产量更高，开花时间也早60天。

> 在旱作条件下，冬豌豆可利用有限的水分生产大量的生物质。

种子来源（Seed sources） 详见第218页《附录C 种子供应商名单》。

毛苕子（Hairy Vetch）

Vicia villosa

类型（Type）：冬季一年生或夏季一年生豆科作物。
作用（Roles）：提供氮源、杂草抑制、改良表层土壤、减少侵蚀。
混播作物（Mix with）：小粒谷物、紫花豌豆、钟豆（bell beans）、绛三叶、荞麦。
参阅第71～77页表中的排序和管理概要。

毛苕子春季生长量及氮的产量都很高，几乎没有豆科作物可与之相匹敌。非常耐寒，能广泛适应寒冷的耐寒分区第4区和积雪覆盖的第3区。毛苕子在温带和亚热带地区是一个顶级的氮生产者。

这种覆盖作物在秋季生长缓慢，整个冬天根都在持续生长。春季它的生长速度会加快，攀缘茎会生长至3.6m。但其高度很少超过0.9m，除非有另一种作物支撑。丰富的攀缘茎生物量既能带来收益，也是一个挑战。它能抑制春季杂草，也可以给后续作物提供所需全部或大部分的氮。

■ 功能　　Benefits

氮源（Nitrogen source） 毛苕子提供大量的矿化氮*（可供接茬经济作物使用）。它可以为许多蔬菜作物提供充足的氮，为玉米或棉花提供所需部分氮，并提高经济作物氮利用效率，从而得到较高的产量。

---

* 粗略估计每英亩毛苕子的产氮量（磅）：在一个4英尺×4英尺小区里收获并称量毛苕子地上部的鲜重，称得的重量乘以12来估计可用氮，乘以24来估计全部氮的量（377）。为了更准确地估计，参阅《如何计算固氮量》（第20页）。

在加利福尼亚州一些地区和耐寒分区第 6 区的东部，毛苕子在玉米安全种植期之前，产氮量可达到最高。在东南部耐寒分区第 7 区，两者配合效果未达到最佳，但在玉米种植前通常可以从毛苕子那里获得大量的氮。

在马里兰州，玉米与覆盖作物混播的日期比较试验表明，播种可最晚推迟至 5 月 15 日（当地长达一个月播种期的最后一天），玉米产量和系统收益仍十分可观。春季，毛苕子或毛苕子-黑麦草混播草地的土壤含水量要比在谷物、黑麦或没有覆盖作物时高。将枯死野豌豆留在地表可保存夏季水分，提高玉米产量[80, 82, 84, 85, 173, 242]。

即使忽略土壤改良效益，毛苕子因能生产足够的氮而在许多耕作制度中发挥作用。通过计算成本、产量和销售量，得出使用毛苕子是佐治亚州农民种植玉米"规避风险"的首选。与其做经济风险比较的对象是绛三叶、小麦和冬闲田。若是在毛苕子系统中施用 22.7kg 的氮肥，利润虽较高但是较难预测具体收益[309]。

在马里兰州三年的研究中，播种玉米前种植毛苕子也是农民规避风险的首选，比较试验中还包括在种植玉米前休耕或种植冬小麦。以毛苕子种植成本历史最高水平为准，将氮肥价格降低，并且用除草剂来控制自播毛苕子的成本这些因素都考虑进去时，毛苕子-玉米系统仍维持了较高的经济效益[173]。在马里兰州沿海平原的相关研究中，在秋播春收覆盖作物/夏玉米的轮作制中，与奥地利冬豌豆和绛三叶相比，毛苕子收益最大[242]。

威斯康星州生长季较短，在燕麦/豆科作物/玉米轮作中，毛苕子在燕麦收获之后种植能得到每亩 25.5 美元的毛利（1995 年数据）。利润相当于在接茬玉米上施用 12.1kg/亩的氮肥，但节省了肥料和玉米根虫的杀虫剂[399]。

毛苕子使得产量提高不完全是因为其产氮。可能是由于覆盖效应，土壤结构改善提高了保水能力、使作物根系更好的发育，增加了土壤生物活性和/或增加了土表和土壤表层昆虫种群的数量。

土壤改良（Soil conditioner） 毛苕子可以通过减少径流并通过植物残体产生的大孔隙使更多的水分渗入土壤剖面中，提高了根区冬季水分供应量[143]。种植禾草能吸收大量水分，减少渗透量，并降低过剩养分淋溶到土壤中的风险。毛苕子尤其是燕麦/毛苕子混播，可以减少地表积水、壤土和沙质壤土中的土壤板结。研究人员将这归结于覆盖作物的双重作用：增强土壤团聚体（粒子）的稳定性，并减少土壤团聚体在水中分解的可能性[143]。

毛苕子可以改善地表耕性，使得土壤结构疏松易碎。毛苕子产生的有机质不能够长期积累是由于其容易被完全降解。毛苕子是

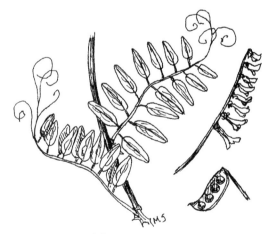

毛苕子（*Vicia villosa*）
Marianne Sarrantonio 绘

一个碳氮比相对较低的肉质多汁作物。它的碳氮比范围为 8:1～15:1，表现为每份氮都对应多份的碳。黑麦的碳氮比范围为 25:1～55:1，所以在类似的条件下它要比毛苕子生长的残体滞留持续时间更长。植物残体的碳氮比为 25:1 或更高时，氮更易被固定。更多信息，请参阅《如何计算固氮量》（第 20 页）及《利用覆盖作物增加土壤肥力和耕性》（第 14 页）。

早期杂草抑制（Early weed suppression） 秋季种植的毛苕子在春季生长旺盛，抑制了杂草，有时出苗不齐不需要补种。毛苕子的植物残体有弱化感作用，但它主要通过遮阴来抑制早期杂草生长。化感作用会随着降解也在减弱，在 3～4 周之后显著降低。为了达到最佳的杂草控制效果，宜选用能快速郁闭的作物来弥补稀疏覆盖物覆盖率低的不足，或通过选用合适耕作机提高覆盖作物残留量。

黑麦、绛三叶与毛苕子混播（每亩播种量分别为 2.3kg、0.8kg 和 1.5kg）可以将杂草抑制时间延长至 5～6 周，与单播黑麦覆盖效果一样。值得一提的是，混播中豆科作物提供了氮，在秋季和冬季保护了土壤，还避免了单播燕麦覆盖对有些蔬菜生长可能产生的抑制作用。

与谷物匹配性好（Good with grains） 为了更好地控制冬季一年生杂草和更持久地保留植物残体，可以将毛苕子和黑麦、小麦或燕麦等冬季谷物混播。

将粮食作物与豆科作物混播不仅降低了混合植物残体的碳氮比（与粮食作物残体相比），也降低了小粒谷物植物残体的碳氮比。这种内部的变化在积累与单播同样的氮水平时，使粮食作物植物残体降解得更快[343]。

节约水分（Moisture-thrifty） 毛苕子比其他野豌豆更耐旱。它只需要少量水分就能在秋天建植和在春季恢复营养生长，但是要比冬天地上生长量最小时需水量多一点。

吸收磷素（Phosphorus scavenger） 在得克萨斯州的试验中，相对于绛三叶、红三叶或绛三叶/黑麦草混播，毛苕子磷含量较高。在蔬菜作物田施家禽粪便后的土壤上种植毛苕子，其土壤中磷含量水平最低[121]。

适应多种耕作制（Fits many systems） 毛苕子非常适合在夏初播种或移栽目标作物之前种植，以提供氮和有机覆盖物。中西部耐寒分区第 5 区的一些农民使用成本较低的野豌豆种子，在越冬谷物夏季收获之后种植野豌豆来产氮，直到冬季死亡或来年春季再生。

适应广泛（Widely adapted） 产氮量高，生长旺盛，可适应不同土壤条件；需肥量少和耐寒性强，使毛苕子成为应用最广泛的冬季一年生豆科作物。

■ 管理　　Management

建植和田间工作　　Establishment & Fieldwork

毛苕子可免耕条播或撒播。气候干燥通常会降低毛苕子的萌发率。条播播种量为 1.2～1.5kg/亩，撒播为 1.8～2.3kg/亩。在春季或秋季末种植，或在杂草丛生的地块、坡地种植，都要相应加大播种量。

作为冬季一年生作物，在霜冻之前的 30～45 天种植毛苕子；早春播种，夏季生长；若想在秋季将其灭生或耕翻作为冬季覆盖物，则可在 7 月播种。

毛苕子对磷和钾需求相对较高。与其他豆科作物一样，需要有足够的硫并偏好 pH6.0～7.0 的土壤。不过它在 pH5.0～7.5 范围的土壤中都能适应[120]。

8 月末，伊利诺伊州的一个农场主成功地将毛苕子种在低留茬的羊茅草地上（之前是休耕计划土地），播种量为 1.7kg/亩[416]。用除草剂杀灭羊茅草的成本比刈割成本低，须在一个月后（9 月末）草生长旺盛时才能施用化学除草剂，效果较好。毛苕子也可以直接种植在大豆或玉米残茬中[50, 80]。

在明尼苏达州，毛苕子可以在向日葵或玉米的生长末期播种。此时向日葵至少应有 4 个伸展的叶片，否则其产量会降低[220, 221]。

在东北部较暖地区 9 月中旬种植毛苕子，第二年 5 月中旬每亩能净收氮 7.5kg。8 月中旬播种，燕麦/毛苕子混播会产生大量植物残体[179]。

黑麦/毛苕子混播能同时发挥（并中和）每种作物的作用。混播覆盖物吸收并固持过多的土壤硝酸盐，起到了固氮、保持水土、春季抑制杂草的作用；若不种植作物，夏天继续生长。比起单播毛苕子，产氮量适中，但持续供应时间长，并抵消了黑麦的"氮限制效应"（N limiting effects）[81, 83, 84, 86, 376]。

毛苕子/黑麦混播时，毛苕子播种量为 1.2～1.8kg/亩，黑麦为 3～5.3kg/亩[81, 360]。

如果在霜冻天气到来之前可获得充分的降水和土壤水分，那么在大豆叶子变黄时撒播（3.0kg/亩）的毛苕子就可以正常生长。在正成熟的玉米田中，撒播（3.0kg/亩）或间播，效果不稳定。晚些在蔬菜里撒播也可以，但是要注意不能碾压毛苕子[360]。

灭生　　Killing

毛苕子灭生和植物残体管理的模式取决于你要发挥哪方面的作用。将毛苕子翻入土地有利于第一年供氮，但需要大量的能源和劳力。将毛苕子植物残体留在地表有助于杂草抑制，保留水分并利于昆虫栖息，但可能会减少当年氮供应。然而，即使在免耕系统中，毛苕子也可持续提供大量的氮（高达 7.5kg/亩）。

春季，毛苕子自开花至"结实"阶段会持续产氮。成熟期之前，生物量和氮持续增长，是利是弊，取决于是否能有效地处理毛苕子日渐浓密、缠绕在一起的攀缘茎。

保留覆盖物，可选用带状耕作、带状化学干燥（将未处理的野豌豆留在带之间），或使用机械来进行灭生处理（旋刀式割草机，链枷式割草机，旋耕机，带有地下刀片的底土切割机，或带压辊的碎草机），或喷洒除草剂。

免耕播种玉米（No-till corn killed vetch）　　在毛苕子田播种玉米的最佳时间因当地降水、土壤类型、需氮量、季节长度及毛苕子成熟度不同而不同。

伊利诺伊州南部（Southern Illinois）　　将毛苕子免耕播种到羊茅草中，同一农场 15 年的时间里每年亩产 3.0～13.7kg 的氮。在该地区 5 月中旬（传统的玉米种植日期）前 2 周左右，使用除草剂杀灭毛苕子。羊茅草层密集易吸引草原田鼠，这 14 天的时间间隔对防治鼠害至关重要。

开花前或开花期，毛苕子氮积累量接近或达到最高时将其灭生。推迟灭生时间会导致经常发生干旱的 6 月初期的土壤水分流失。若不耕翻，毛苕子生长至结实期时，每亩会产出 1t 的干物质，氮产量高达 29kg/亩，存在潜在的污染问题[416]。第二年一定要谨慎管理，以免这些氮淋溶或以硝酸盐形式随地表径流流失。

马里兰州进行的一系列不同条件下的研究，得出了不同的结果。该州通常是 4 月末播玉米，若早早地将毛苕子灭生种植玉米会减少土壤水分和玉米产量，氮产量也会降低。早期种植的玉米植物残体水分较少。在玉米播种 10 天后的 4 月末或 5 月初将毛苕子灭生，往往会得到更高的产量[82, 83, 84, 85]。在毛苕子和野豌豆/黑麦混播植物残体的覆盖下，相对于春季覆盖作物生长消耗的水分，夏季土壤保存的水分对玉米产量有更大的影响[84, 85]。

其他单播黑麦的试验结果揭示了豆科作物与谷物混播管理的灵活性。早早地将黑麦灭生可以通过保存水分和氮来保护土壤，在后期灭生毛苕子可以满足玉米很大一部分氮的需求。毛苕子/黑麦混播可以在为随后作物固氮的同时保存氮和土壤水分。毛苕子和混播毛苕子/黑麦的氮积累量在 9.8～13.7kg/亩。混播的产氮量与单播毛苕子相近或稍高[85, 86]。

俄亥俄州试验表明，与较早将玉米播种在被灭生的毛苕子中相比，5 月玉米免耕播种到开花期毛苕子田能更好地抑制生长季早期的杂草。晚播虽然减产[188]，但是需要从是否减少了耕作、防治杂草的成本和产氮量是否可弥补产量损失来考量综合收益。

当 50% 的植株开花时，毛苕子很容易被机械灭生。刈割灭生覆盖作物时，黑麦对毛苕子的支撑作用提高了收割效果，能从根部完整切下茎秆。黑麦还增加了覆盖残茬的残体量，从而阻止毛苕子残茬再生。

比刈割更快更节能的方式是用一种改良的 Buffalo 压扁粉碎机（为粉碎玉米茬设计的工具）。切碎机的滚动刀片在地面上压倒、揉切茎秆并齐地切割，以每小时 13～16 千米的行驶速度清理稠密的毛苕子草层[169]。

免耕——覆盖作物专用滚刀式揉切机

然而，作业时机和一次作业播种可能会限制这种方法的使用，通过培育在传统种植空闲期间能适时开花的覆盖作物有望解决该问题。

使用滚刀式揉切机可以减少除草剂的使用并非新举措，但是通过改良机械可以使控制免耕覆盖作物的作业效率更高。

八个由大学/农场共同组成的研究团队在全国范围内开展的试验表明，用滚刀式揉切机灭生覆盖作物的效果是显而易见并值得信赖的。实验用的滚刀式揉切机是由罗代尔研究所（TRI）设计的，这是一个专注于有机农业研究和教育的宾夕法尼亚州的组织。该研究所表示，这种滚刀式揉切机所控制的效果相当于普通滚刀式揉切机与草甘膦结合使用时的效果。

2005 年春季，罗代尔作物滚刀式揉切机式旋耕机已开始供弗吉尼亚州、密歇根州、密西西比州、北达科他州、宾夕法尼亚州、佐治亚州、加利福尼亚州和艾奥瓦州和联邦政府合作的研究团队使用。项目基金来自自然资源保护局的资助和私人捐款。在宾夕法尼亚州 Gap 地区的 I&J 工业制造公司，给各个研究团队制造了样机。

"要求每个研究团队与农场主合作，使这种滚刀式揉切机式旋耕机适应当地的田间和覆盖作物耕作系统，" TRI 的农场管理人员 Jeff Moyer 解释说，"我们的目标是了解在减少除草剂使用情况下，覆盖作物改善土壤及抑制杂草的效果。"

农场主参与完成（Farmer built） Moyer 设计和建造的第一台前置式 TRI 滚刀式揉切机的原型是 2002 年在宾夕法尼亚州农场主 John Brubaker 的协助下完成的，他的土地紧靠着罗代尔研究所的土地。原机型作业宽幅 3.2m，正好与 76cm 行距的 4 行匹配，割台两端各多出 7.6cm。为了配合 76cm 行距的 6 行播种，将原机型的作业宽幅改进为 4.7m，也适用于 97cm 行距的 4 行的播种，还有一种适用于 2 行蔬菜播种的 1.5m 宽幅的机型。

Moyer 说："以今天的标准来说，6 行的配置太小了。系统是靠安装在拖拉机前面的滚刀式揉切机和后面牵引的播种机作业的。这种设计可以根据农场主的需求来变换调整作业宽幅。"

锯齿模式（Chevron pattern） 设计者意识到将滚刀式揉切机的刀片沿直线安装的话会引起强烈反弹，而将刀片螺旋排列就会像搅龙一样运转产生牵引力后，才将刀片排列设计为锯齿模式。Moyer 解释说："开拖拉机上坡时需要牵引力，但是下陡坡时不需要牵引力。锯齿模式平衡了各个方向的牵引力。"它克服了直线排列刀片的反弹作用和螺旋排列刀片的牵引效应。

"此外，在锯齿模式下，转动中的刀片任何时候只有很少一部分接触到地面，因此整个滚刀式揉切机的压力就分散了。这种滚刀式揉切机的使用效果比之前的都要好。"他补充道。

在样机定型之前，Moyer 和 Brubaker 设计了在 2 行之间作业具有 9 个滚筒的茎秆粉碎机。这个装置配有 18 个轴承并预留了足够空间来聚拢新鲜植物茎秆。地轮驱动滚刀揉切机采用单滚筒，有 2 套轴承内嵌，距滚筒两侧各 7.6cm，防护罩前置。刀片焊接到直径 41cm 的滚筒上，更换刀片可以从厂家购买，再用螺栓固定。这台 3.2m 的滚刀式揉切机式旋耕机净重为 544kg，灌满水为 907kg。

前置的优点（Front mount benefits） Moyer 说，前置式滚刀式揉切机最大的优点是可以一次性完成滚轧和播种作业。通常情况下种植有机玉米，需要翻耕、耙地（圆盘）、镇压、播种、两种旋耕和两次耙地，共 8 次作业才能完成，而在罗代尔研究所的试验中，一次作业就能同时完成辊轧和免耕播种。

一次完成滚轧和免耕播种还解决了覆盖作物草层太厚而使得播种时第二次作业看不清行标记的问题。

此外，与覆盖作物倒伏方向相反的方向进行第二次作业，很难保证均匀的播种深度和间距，因为播种机往往会将植株撩起。Moyer 说："就好像把狗毛往反方向梳。"

"茎秆粉碎机后置的另一个缺点是，首先接触覆盖作物的是拖拉机轮胎。如果土壤松软，覆盖作物就会被压入轮胎印里，辊光面是光滑的，也不能将凹陷的植物材料撩起。没有被撩起的植物会在一周后复原并继续生长。"

适应作物种类多（Crop versatility）
TRI 滚刀式揉切机式旋耕机已在多种冬季一年生覆盖作物中测试过，包括谷物黑麦、毛苕子、小麦、黑小麦、燕麦、荞麦、三叶草、冬豌豆和其他一些种类。时机是成功的关键，Moyer 强调，但很多农场主没有足够的耐心，时机把握不好。

"冬季一年生作物终将死亡，但如果时机不对，则很难将它们灭生，"他说，"如果你想在冬季一年生作物开花之前（生理繁殖之前）进行滚轧处理，植物会尽可能再次恢复直立生长状态以完成再生这个它生命循环中最重要的阶段。如果在开花之后用滚刀式揉切机处理，它会枯萎而死。"

至少要有 50%的花开放，最好在 75%～100%时滚轧。Moyer 希望育种家能够有意识地培育开花时间与作物适宜播种期匹配的合适的覆盖作物品种。

"例如，我们农场喜欢种毛苕子，因为它是一个极好的氮源，非常适合与玉米轮作。滚刀式揉切机式旋耕机每隔 18cm 切压茎秆，截断了植物的维管系统，促进植物死亡。"

"问题是我们希望它能提前几周开花来延长目标作物的生长时间。有些农场主很难理解播种时间的重要性，我们告诉他们再多等几周时间以等覆盖作物开花之后再播种。"他说。

"我们要明确我们所需要的覆盖作物特性并鼓励植物育种家针对这些特性进行育种。与植物育种最近取得的突破性进展相比，培育提前几周成熟的一年生作物品种应该相对比较容易。"Moyer 说。

更多信息（For more information） 滚刀式揉切机研究的更新，更多农场主的故事和有关罗代尔研究所免耕覆盖作物滚刀式揉切机计划可以访问 www.newfarm.org/depts/notill。向罗代尔研究所提问，发邮件至 info@rodaleinst.org。

参阅"在哪里我们可以找到关于用于免耕生产的滚刀式揉切机式旋耕机的信息？" https://attra.ncat.org/calendar/question.php/where_can_i_find_information_about_the_m。

联系覆盖作物滚刀式揉切机的制造商，访问 www.croproller.com。

编者注：PURPLE BOUNTY，早熟的毛苕子新品种。2006 年由美国农业部农研局（马里兰州贝尔茨维尔）罗代尔研究所、宾夕法尼亚州立大学和康奈尔大学合作所推出。

内容由 Ron Ross 经 www.no-tillfarmer.com 许可改编

蔬菜免耕移栽（No-till vegetable transplanting）毛苕子，可以保持土壤水分利于蔬菜移栽。

> 在耐寒分区第 4 区的温暖地区，很少有豆科植物供氮量能超过毛苕子。

在不扰动土壤条件下，碾压或灭生宾夕法尼亚州兰开斯特郡的免耕先驱 Steve Groff 利用压扁粉碎机将毛苕子灭生作为有机覆盖物。最佳播种量组合是每亩 1.9kg 毛苕子、2.3kg 黑麦和 0.8kg 绛三叶。

免耕，延迟灭生（No-till, delayed kill）
农民和研究者越来越多地使用滚刀式揉切机灭生毛苕子等覆盖作物[11]。Jeff Moyer 和宾夕法尼亚州库茨敦罗代尔研究所一起，在 5 月末或 6 月初（约有 50%的花）用滚刀式揉切机处理毛苕子等覆盖作物。改良过的滚刀式揉切机是前悬挂式的，作业时玉米不受影响[302]。

参阅《免耕——覆盖作物专用滚刀式揉切机》(第161页)。

改良的地下切割机样机可以从地表以下切割植株而不影响地上部,可用其灭生种植在隆起畦上的毛苕子,随后种植蔬菜和棉花[96]。地下切割机牵引一个平面滚压装置,在开花期前通常只能起到一定的碾压作用。

除草剂会在3～30天内杀死毛苕子,具体天数取决于除草剂的种类、施用量,植物生长阶段及天气条件。

翻耕毛苕子(Vetch incorporation) 春季生长开始后,按每日(光照充分)每亩毛苕子将产 0.15～0.23kg 的氮来计算毛苕子的最佳灭生日期。通常,氮贡献量会在初花期(10%～25%)达到最大。

在盛花期齐地刈割毛苕子通常会将其灭生。延迟灭生会导致毛苕子积累最大量的地上生物量,且成熟期毛苕子枝条缠结在一起,小型割草机或圆耙不起作用。耕翻之前用链枷式割草机收割效果较好,但这既费时又消耗能源。往复式割草机只在毛苕子与其他禾谷类作物混播,且茎叶变干时使用[421]。

管理注意事项 Management Cautions

毛苕子种子的硬实率为10%～20%。硬实种子在土壤中经历一个或多个生长季都不萌发,这可能会引起杂草问题,种植冬季谷物时尤其严重。小麦种植中,可在不同的生长阶段选用不同的除草剂。毛苕子与玉米轮作时可以建植多年生割草地(调制干草)或放牧地。

若要收获籽实(用作饲料或销售),不要将毛苕子与冬季谷物种在一起。这是因为毛苕子的攀缘茎会将禾谷类作物的大多数茎秆(最粗壮的茎秆除外)拉倒。如果毛苕子在谷物收获之前结实,也可能会造成谷物籽粒混杂。毛苕子种子与小麦、大麦种子大小相近,因此很难清选分离,成本也非常高[360]。即使掺杂了少量的毛苕子种子,谷物价格也会显著降低。

如果没有积雪覆盖,那么零下 15℃以下的低温会杀死毛苕子,使植被稀疏甚至全部消亡,大大降低了固氮量。在冬季可能发生冻害的地区,通常与黑麦等耐寒作物混播以提高春季地表覆盖率。

有害生物管理 Pest Management

在豆科作物的比较试验中,毛苕子通常是许多小型昆虫和土壤生物的寄主[205]。有些对作物生长有益,有些是害虫。种植毛苕子,大豆囊胞线虫(*Heterodera glycines*)和根结线虫(*Meliodogyne*)种群数量有可能会增加。如果怀疑有线虫,在毛苕子种植后应仔细对土壤抽样检查。一旦达到防治的经济阈值,应种植抗线虫作物或考虑使用另一种覆盖作物。

包括地老虎[360]和南方玉米根叶甲[67]等在内的其他害虫可能会威胁到免耕玉米。在马萨诸塞州的沿海区[56],美国牧草盲蝽(tarnished plant bug)很容易迁飞到其他作物田中;在俄勒冈州的梨园内有棉叶螨(two-spotted spider mites)[142]。在将大部分覆盖作物灭生的同时，将未刈割的条带留下可以减少破坏性害虫的迁移[56]。

毛苕子田的益虫中最主要的有瓢虫、七星瓢虫[56]和大眼长蝽（*Geocaris*）。毛苕子中的豌豆长管蚜（*Acyrthosiphon pisum*）和苜蓿无网长管蚜（*Acyrthosiphon kondoi*）不直接危害山核桃，但是会吸引以蚜虫为食的昆虫进入山核桃林*[58]。同样，毛苕子花中的花蓟马（*Frankliniella*）反过来吸引重要的蓟马捕食者，如小花蝽（*Orius insidiosus*）和小暗色花蝽（*Orius insidiosus*）。毛苕子象甲和豆象危害严重时，能使毛苕子种子减产。可以通过轮作来减少害虫的数量[360]。

种植制度　　Crop Systems

在免耕系统中，灭生的毛苕子为接茬作物提供了短期而有效的春季/夏季覆盖层。覆盖作物能保持水分，与未覆盖地块相比，作物可以更好地利用矿物养分。覆盖作物带来的问题是降低土壤温度，延缓了生长季初的作物生长[360]。可以种植生产成本低的优质番茄来提高收益。参阅《野豌豆胜过塑料地膜》（第166页）。

> 毛苕子与禾谷类作物混播能降低氮淋溶风险。

对毛苕子进行灭生处理的方式会影响其抑制杂草的效果。当整株覆盖时，其持久性且遮光效果最佳。在根切或利用往复式割草机刈割的毛苕子比用链枷式割草机收割的，覆盖作用持续时间长且遮光效率更好，能防止更多的杂草种子萌发[96, 410]。

南部的农民在连作棉花（免耕）时秋播毛苕子，越冬后利用。与传统耕作冬季休耕杂草覆盖的系统相比，毛苕子与黑麦混播提供了相同或更多的产量，并且固氮量高达4.5kg/亩。通常情况下，覆盖作物在棉花秸秆粉碎之后的10月末播种，5月播种棉花，4月中旬喷施除草剂灭生覆盖作物。秋末播种稍迟，毛苕子只能发挥部分的氮生产潜力。在棉田中种植毛苕子虽然增加了成本，不过防止了水土流失，能长期改良土壤[35]。

在路易斯安那州西北部的美国农业部试验站，已经执行35年的毛苕子/棉花轮作制中棉花产量常年高于棉花连作。此外，还可增加土壤有机质并防止水土流失[275]。

其他选项　　Other Options

相对于秋季建植，春播是可行的，但不太理想，因为春播时的生物量明显低于秋播时的生物量，因为炎热的夏季会抑制植物生长。

因牲畜不喜采食，毛苕子通常不太适合放牧。

收获种子（Harveating seed）　　如果要收获种子，那么毛苕子要与谷物混播。适当的播种量（0.8～1.5kg/亩）可以避免植株过密。谷物会为攀缘茎提供支撑，荚果在缠绕的攀缘茎上面生长，这样使用联合收割机收割时，割台可抬高，以免茎秆阻塞机械。盛花期用

---

* 一块未刈割的黑麦/毛苕子混播地里，以蚜虫为食的昆虫数量是未刈割杂草地的6倍，是刈割禾草和杂草地的87倍[57]。

联合收割机直接收获可减少落粒，或割下枝条晾晒一周后再脱粒。如果贮藏条件适当，种子至少可保存五年[360]。

如果想自己产种以节省种植成本，要注意成熟的荚果容易炸裂，种子自然萌发容易成为杂草。与冬季谷物一起保护播种时，毛苕子和谷物一起收种，播种前将种子混合好。仔细检查混在种子中的杂草种子。

野豌豆胜过塑料地膜

马里兰州，贝尔茨维尔。将覆盖作物经过灭生处理作为"地膜"可以为免耕蔬菜作物提供多种益处[1, 2, 3, 4]。这个系统可以自己供氮，减轻侵蚀和淋溶并取代除草剂。这比使用黑色塑料地膜的传统商业生产产生更多收益。预算分析表明这也是农民"规避风险"的首选，比起不确定的高利润，他们更倾向于适度的稳定收益[223]。

种植毛苕子的经济效益更高，是因为与黑塑料的购买、铺装和清除相比，毛苕子种植成本更低。

曾在美国农业部贝尔茨维尔（马里兰州）农业研究中心工作过的 Aref Abdul-Baki，在大西洋沿岸中部地区通过几年时间完善自己的研究并经过了田间试验，方法概述如下：

- 像直接播种番茄一样来准备苗床，只不过是先在最佳播种时间播种毛苕子。
- 条播毛苕子播种量为 3.0kg/亩，应在其休眠期之前植株能长到 10cm 高。在马里兰州，休眠期始于 12 月中旬、止于 3 月中旬。
- 经过两个月的春季生长，使用链枷式割草机刈割或用其他的机械方式抑制毛苕子生长。当毛苕子再生或杂草出现时，准备好再次刈割或用除草剂来清理。
- 进行幼苗移栽时尽可能使用小型耕作播种机破坏覆盖层，压实植株周围土壤。

毛苕子能抑制生长季节初期的杂草；能防止泥土溅到植株上，从而提高了番茄的健康水平，避免番茄和土壤直接接触，提高了品质。与塑料地膜覆盖相比，毛苕子的覆盖，番茄需要更多的水分，生长更加旺盛并且产量要高 20%。9 月中旬收获后就能立即补播毛苕子。秋季播种适宜期短，且须在春季毛苕子开花后进行灭生处理，因此这一种植方式在比大西洋沿岸中部的耐寒分区第 7 区生长季短的地区不大可行。

Abdul-Baki 在秋天毛苕子播种之前，在同一块样地轮作番茄、辣椒和甜瓜等生长周期较长的经济作物。第三年，甜瓜收获之后浅耕并播种毛苕子，为下一年夏天的甜玉米或菜豆做准备。

他建议将黑麦（播种量为 3.0kg/亩）与毛苕子混播以提高生物量和覆盖物的持久性。混播绛三叶（播种量为 0.8～0.9kg/亩）有助于抑制杂草和增加产氮量。与刈割相比，辗轧后的覆盖作物残体持留性更强。一些杂草可能仍会存活，尤其是多年生或冬季一年生杂草，需要进一步管理[4]。

对比特性　Comparative Notes

毛苕子比绛三叶能更好地适应沙质土壤[343]，但不如 Lana 毛荚野豌豆耐高温。参阅《毛荚野豌豆》（第 205 页）。

品种（Cultivars）　在内布拉斯加州生长的 Madison 品种耐寒性优于其他品种。俄勒冈州和加利福尼亚州的毛苕子耐高温。这两个类型通常作为"普通种子"或"不明品种"（VNS）来出售。一种有更明显的长毛，叶子呈蓝绿色，花呈蓝色并更耐寒。另一种叶子光滑呈深绿色，花色从粉红色到紫色都有。

一个备受关注的种——Lana 毛荚野豌豆——在俄勒冈州生长不如毛苕子耐寒。在宾夕法尼亚州东南部，与多个毛苕子材料试验表明，大花野豌豆（*Vicia grandiflora* cv. Woodford）是唯一一个比毛苕子耐寒的品种。Early Cover 毛苕子品种比普通品种早熟 10 天。2006 年推出的 Purple Bounty 要比 Early Cover 还要提前几天成熟、生物量产量更高、地面覆盖效果更好。

种子来源（Seed sources）　详见第 218 页《附录 C 种子供应商名单》。

苜蓿（Medics）

Medicago spp.

别名（Also called）：天蓝苜蓿、褐斑苜蓿（阿拉伯苜蓿）、南苜蓿（金花菜）。
类型（Type）：冬季一年生或夏季一年生豆科作物。
作用（Roles）：提供氮源、改善土壤、抑制杂草、保持水土。
混播作物（Mix with）：其他种的苜蓿、三叶草、禾草、小粒谷物。
参阅第 71～77 页表中的排序和管理概要。

夏季降雨量低于 380mm 时，苜蓿一旦建植成功，几乎没有其他豆类能在保持水土、改良土壤及牧草（某些系统）利用方面的作用超过它。苜蓿能在季节性干旱区域（气候温和的加利福尼亚州到荒芜的北部平原区）良好生长。降雨量较大时，苜蓿的生物量和产氮量几乎与三叶草同样多。多年生苜蓿种子硬实率高，有些需要几年才能萌发，从而实现自播。这使得苜蓿成为北部平原区牧草/经济作物长期轮作的理想作物和加利福尼亚州较干旱地区的理想混播覆盖作物种类。

一年生苜蓿（Annual medics）　包括 35 个已知种，它们在种植方式、成熟日期和耐寒性方面都有很大差异。像紫花苜蓿那样，大部分直立生长的种类，在播种年只有一个茎秆和短的主根。在中西部适宜环境条件下，苜蓿产氮量超过 7.6kg/亩，但在可越冬地区产氮量可达到 15.1kg/亩。土壤水分充足时，一年生苜蓿能迅速萌发生长，形成厚厚的保持水土的地被覆盖层。越是匍匐生长的类型越能形成更好的地被覆盖层。

一年生类型主要包括金花菜（burr medic, *M. polymorpha*，它能长到 36cm 高，半直立或匍匐生长，无毛，种子产量高，固氮能力强）、蒺藜苜蓿（barrel medic, *M. truncatula*, 41cm 高，有许多中晚熟栽培品种）、蜗牛苜蓿（snail medic, *M. scutellata*，生物量和产氮量较高）。

南方斑点金花菜（Southern spotted burr medic）是金花菜（*M. polymorpha*）的地方栽培品种，比目前大部分澳大利亚进口的品种耐寒性更强。参阅《褐斑苜蓿可持久自播》（第 171 页）。该品种种子在加利福尼亚州当地有售。

密歇根州，春季将一年生苜蓿撒播到小麦麦茬中可以减少杂草数量并抑制春季一年生杂草的生长，有益于第二年春天免耕种植玉米。与紫花苜蓿相比，春播一年生苜蓿在 7 月前的干物质产量较高或相近[372, 375]。

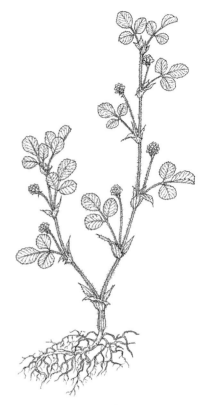

天蓝苜蓿（*Medicago lupulina*）
Elayne Sears 绘

天蓝苜蓿（Black medic, *M. lupulina*） 通常被认为是多年生植物。在北部平原区与谷物轮作时，可以改良土壤、减少病害、保存水分并促进谷物蛋白增加。GEORGE 是北部平原区干旱地区使用最广泛的栽培品种。种子硬实率高达 96%，至少两年才能萌发。第二年能适度生长，但只有在没有过度竞争[422]并进行及时放牧管理的条件下，播种后的第三、第四年覆盖率才会提高。

利用 GEORGE 天蓝苜蓿来固氮和作饲草

蒙大拿州，斯坦福。Jess Alger 的农场，每年降水量最多为 330mm，不定期发生冰雹灾害，光照不足以至于不能种植红花和黍，冬天寒冷刺骨，没有积雪覆盖，但有 GEORGE 天蓝苜蓿。

农场的试验表明，在 Judith 黏壤土获得了 6.5kg/亩的氮和 3%的有机质。最初以 0.8kg/亩的播种量和 25cm 行距混播苜蓿与大麦，这是标准播种量和播种方法。第二年早早地在苜蓿上放牧，放牧后自然成熟结籽。第三年用草甘膦灭生，5 月 15 日播种高丹草作为应急牧草。大概在 6 月 10 日，草已经长高了 10cm，霜冻来临，草苗全部死亡。

苜蓿越长越壮，长到 30cm 完全成熟时收获种子。"它已经倒伏了，但是联合收割机上的捡拾装置仍帮我收集到约一半的种子。"另一半种子会在以后充实种子库。

他做了春小麦生产比较试验。一种单播春小麦，另一种是在已生长 6 年的 GEORGE 苜蓿中播种春小麦。苜蓿/小麦套种时小麦产量为 130.6kg/亩，比其他样地的低了 27.2kg/亩。但是，套种小麦籽粒的蛋白质含量为 15%，比单播高出了整整一个百分点。单播地块产量高，部分归功于及时的夏季降雨。"套种春小麦减产主要是由波斯毒麦这种杂草造成的，"Alger 解释说，"但是现在我已经总体上控制住了。"

Jess 继续微调他的系统以期获得最大收益和并控制杂草。1999 年他的农场获得了有机认证。他将 GEORGE 天蓝苜蓿与奥地利冬豌豆（保护作物）混播，GEORGE 会不断通过自播繁殖。他种植黑麦替代夏季休耕的试验获得了成功。

为防止苜蓿自播苗成为危害严重的杂草，要重牧苜蓿以阻止其结籽，然后再耕翻。也可在处于直立生长状态的苜蓿地中免耕播种冬小麦，让苜蓿植株维持原状，这样的话，埋入土中的种子数量减少，杂草问题就会减轻。

内容由 Andy Clark 更新于 2007 年

■功能　　Benefits

低水分情况下固氮作用良好（Good N on low moisture）　在干旱地区，大部分豆科作物产氮时耗水量巨大。苜蓿能在干旱地区作物轮作中占有一席之地，是因为它们耗水与休闲地一样少，但仍能产氮[229, 379]。

休耕是有计划地让土壤休息一个生长季，积累水分并通过有机质的生物降解提高土壤肥力。与休耕相比，天蓝苜蓿将春小麦的产量提高了 92%，且明显提高了籽粒蛋白质水平[378]。GEORGE 的茎通常由匍匐逐渐趋向于直立生长，并能在北部平原区的积雪覆盖下越冬良好。

蒙大拿州 6 个苜蓿栽培品种试验表明，种植天蓝苜蓿的地块 4 月土壤含氮量最高，为 8.8kg/亩，约是休耕的 2.5 倍，且 6 个品种耗水量均低于休耕[377]。但在北达科他州，对苜蓿生长不加以限制会使接茬小麦减产[73]。

水分充足，产氮量高（Great N from more water）　在自然干旱地区，依赖于可获得的土壤水分和肥力，苜蓿通常每亩产出 167kg 干物质。水分充足时，苜蓿会完全发挥生产潜力，每亩产出 500kg 干物质，植物组织含氮量达到 3.5%～4.0%，供氮量超过 15.2kg/亩[200, 421]。

> 种子硬实的苜蓿是果园和葡萄园自播系统最理想的豆科作物。

抑制杂草（Fight weeds）　春季苜蓿迅速地再生，抑制了早期杂草的生长。不论是把苜蓿撒播或间播在谷物中，还是在已建植的苜蓿地中播种谷物，秋季杂草都会被收获后再生的苜蓿控制住。在冬季多雨的加利福尼亚州果园和葡萄园中，苜蓿与其他禾草和豆科作物混播能持续抑制杂草。苜蓿能长期地抑制杂草种子生产。

增加有机质（Boost organic matter） 在排水良好的土壤中，生长良好的苜蓿能提升土壤有机质水平。印第安纳州的试验表明，春季播种的蒺藜苜蓿每年的干物质产量都能超过 680kg/亩[164]。

保持水土（Reduce soil erosion） 苜蓿种子硬实率高、耐旱性强，使得它们可以在其他豆科牧草几乎不能生存的夏季、易发生干旱的地区存活。苜蓿根能生长至土壤 1.5m 深处，保持水土效果好，同时低矮致密的植被层减少了雨水对土壤的侵蚀。

耐多次刈割（Tolerate regular mowing） 苜蓿可以定期放牧或刈割，对其无不良影响。为了种子生产和杂草抑制效果达到最佳，在生长季期间，通常苜蓿长到 7.6~12.7cm 高时就要刈割。为了增加土壤中的种子存储量，在苜蓿开花期至种子成熟期之间不进行刈割或放牧[284, 421, 434]。

适于放牧（Provide good grazing） 金花菜的鲜草、干草和种球都是较好的牧草，但是草层过密会引发牛的臌胀病[421]。种球是高营养的冬季饲料，但若混入羊毛中会降低羊毛品质。撒播在条播作物或蔬菜中的一年生苜蓿可以在经济作物收获后进行秋季放牧[375]。

自播（Reseeding） 天蓝苜蓿种子硬实率高，90%的种子都有致密的种皮，可以阻止水分和土壤化学物质进入种子内部，从而抑制萌发[285]。打破硬实的种子萌发率可达到95%，但未经处理的种子保存 10 年后仍有 50%的生活力[421]。种球中的种子生活力保持时间比脱壳种子长[120]。

适应性强、自播繁殖的特性使得苜蓿成为澳大利亚干旱地区发展"草地农业系统"的基础。苜蓿或地三叶在澳大利亚干旱地区能持续放牧数年，这有助于储存水分和提高地力，为下一年的小粒谷物增产奠定基础，之后再播种苜蓿作为放牧地。这一系统需要引入家畜才能使经济效益最大化。GEORGE 天蓝苜蓿匍匐生长，因此其他禾草和非禾草牧草形成了上层放牧草层。在耐寒分区第 4 区越冬良好，冬季大多数时候都能保持绿色[6]。

萌发迅速（Quick starting） 天蓝苜蓿在播种后的 3 天内萌发[285]。在伊利诺伊州南部 4 月中旬播种后 45 天，一年生苜蓿可以长到 50.8cm 高并开花。在纬度较高的中西部，蜗牛苜蓿和黄花苜蓿播种后 60 天，生物量达到最高。在伊利诺伊州南部 8 月初播种的一年生苜蓿萌发良好，在天气较热的一段时间内会停止生长，之后会重新生长。9 月 29 日霜冻来临之前，生长情况和春播地块差不多。在温度降到零下 12℃之前，植株都能保持绿色[200]。

适应性广（Widely acclimated） 不同种和品种开花时间能相差 7 周。一定要选择适合当地气候和作物轮作的品种。

褐斑苜蓿可持久自播

一般来说一年生苜蓿很难在墨西哥湾沿岸北部结籽，它们通常无法忍受那里的冬天。褐斑苜蓿（Medicago arabica）像冬季豆科作物，可以在东南部的耐寒分区第7区作为单播作物持续自播数年。

一旦像毛苕子一样在美国的中南部地区广泛种植，金花菜在非耕地的持久性也很好，因为它在这个区域有很好的适应性[325, 326]。在密西西比州北部当地一年生苜蓿品系比澳大利亚的商业品种表现出更好的耐寒性和抗虫性。

跨越多个州的耐寒试验表明，褐斑苜蓿3月中旬开花，比 SERENA、CIRCLE VALLEY 或 SANTIAGO 金花菜迟约2周，但是比 TIBBEE 绛三叶要提前2周。这种金花菜的花期要比绛三叶长，种子成熟要稍早于 TIBBEE 绛三叶，但总的来说生物量低于绛三叶。

褐斑苜蓿与绛三叶相比最大的优势是它能从单播开始持续几年自播。多个州的研究表明，当地金花菜能持续2年成功自播，通常在 TIBBEE 绛三叶开花2周后停止生长。只有白兰萨三叶草（参阅《附录 B 具有发展前景的覆盖作物》，第213页）的自播能力可以与褐斑苜蓿相比[105]。在没有特殊管理措施情况下，CIRCLE VALLEY 金花菜品种在路易斯安那州免耕棉花田中可持续十多年自播生长[103]。

东南部地区的研究表明，如果褐斑苜蓿3月23日开始开花，那么种子在5月2日就能成熟，5月12日种子产量达到最高。第一次开花之后，覆盖作物生长40~50天，整个生长季不进行耕作，金花菜种子不至于被埋得过深，因此褐斑苜蓿能持续多年自播生长。

通过与位于密西西比州科菲维尔的美国农业部自然资源保护局的 Jamie Whitten 植物材料中心合作，使得本地苜蓿材料的种子得以扩繁，并将其作为"来源已鉴定"（source-identified）的覆盖作物供给种子生产商加快种子生产。

像三叶草叶象甲（Hypera punctate Fabricius）和苜蓿象甲（Hypera postica Gyllenhal）等害虫在东南部地区会优先危害苜蓿，而不是其他冬季豆科覆盖作物，并可能危及苜蓿种子生产。第二龄期的象甲幼虫，很容易被拟除虫菊酯类杀虫剂防治。如果需要作物持续多年自播生长，那么播种当年必须使用杀虫剂；若只利用一个生长季，通常不需要杀虫剂。

■管理　　Management

建植　　Establishment

在日照时间较长、干旱的美国北部地区可通过种植一年生苜蓿替代休耕。一年生苜蓿的固氮量和冬豌豆或扁豆相当，相对于常用的豆科绿肥，其较低的建植成本很有竞争力[382]。

> 苜蓿可被纳入旱地轮作制，因为它不仅供氮还能保持水分。

苜蓿能广泛适应肥力适当的土壤，但不能在酸性或碱性土壤中生长。生长季前期土壤水分过多会明显减少苜蓿植株数[372]。耐酸根瘤菌有助于冷季型苜蓿尤其是蒺藜苜蓿在更广泛的土壤类型中生长[421]。

为了降低未种过苜蓿田地的经济风险，可以选择种子大小和成熟日期不同的苜蓿混播。在加利福尼亚州干旱地区，苜蓿单播播种量为0.15~0.45kg/亩，与禾草或苜蓿混播时的播种量为0.45~0.90kg/亩[421]。

根据气候和种植制度的不同，不同的建植方案有：

- **早春——单播**（Early spring-clear seed） 种植紫花苜蓿时，在播种床上划出0.6~1.3cm深的沟（使用双盘或开沟器）。在播种之前或之后通过镇压使种子与土壤及种子周围水分充分接触。天蓝苜蓿播种量为0.6~0.8kg/亩，种子较大的一年生苜蓿（蜗牛苜蓿、皱皮苜蓿和金花菜）的播种量为0.9~1.5kg/亩。在干旱的北部平原区，秋季播种效果和是否可越冬视情况而定，不过也可春播。

- **春季谷物保护作物**（Spring grain nurse crop） 大麦、燕麦、春小麦和亚麻可作为苜蓿的保护作物，在苜蓿播种年能够抑制杂草。如果要建立天蓝苜蓿的土壤种子库，保护播种会有一个明显的缺点：降低天蓝苜蓿第一年的种子产量。为了提升土壤中种子储存量、建立长期持续的天蓝苜蓿草地（通过硬实种子萌发），设法使苜蓿第二年开花、成熟并自播。

- **玉米地覆播**（Corn overseed） 密歇根州两年试验中，玉米播种3~6周后，SANTIAGO金花菜和SAVA蜗牛苜蓿直接播种到玉米中并建植成功。苜蓿在玉米播种14天内种植会使玉米减产；28天之后种植不会影响玉米产量，但苜蓿生物量会减少50%[218]。

在加利福尼亚州，苜蓿和玉米混播，及早播种（当玉米高度为41cm时）并加大播种量（1.1~1.5kg/亩）来增加苜蓿根系量，最大限度的提高玉米冠层期苜蓿存活率[47, 421]。

- **在小麦收获后种植**（After wheat harvest） 在密歇根州南部小麦收获之后种植的MOGUL蒺藜苜蓿产氮量可达9kg/亩，比同时期播种的红三叶多出一倍多[372]。在蒙大拿州，小麦收获之后的生长季中期建植的蜗牛苜蓿在降水充足的年份生长良好，发挥抑制杂草、积累氮的作用，冬季死亡之后做保持水土的有机覆盖物[72]。

- **秋季播种**（Autumn seeding） 在冬季多雨的加利福尼亚州，苜蓿作为冬季一年生作物在10月种植[435]。在东南地区，耐寒分区第7区和第8区，播种时间和绛三叶差不多。

灭生 Killing

浅耕或除草剂易将苜蓿灭生。它们每个夏天最多能自播3次，但每次都会枯萎。营养生长阶段的苜蓿不耐田间机械碾压。

> 轻耕或大部分的除草剂都可轻易地将苜蓿灭生。

田间管理　　　Field Management

在蒙大拿州天蓝苜蓿>小粒谷物的轮作制中，苜蓿能很好地自播，生产的牧草可放牧牛羊。夏季一个月放牧时间内，每亩地能饲养 0.17 个家畜单位，从而提高了轮作的经济效益。在这个系统中，自播的天蓝苜蓿隔年都要耕翻用作绿肥，春小麦产量比休耕的提高约 50%[379]。

天蓝苜蓿在这个特定的"草地农业"系统发挥双重功能。当覆盖作物积累了生物量并为土壤供氮的"苜蓿年份"，可以放牧家畜。经济作物可以免耕播种在苜蓿残茬上，也可以在耕翻后播种。

与一年生作物相比，建植情况良好的天蓝苜蓿草地可维持多年，降低了成本。若无放牧产生的额外收益，像小扁豆和奥地利冬豌豆这种节水豆科作物才是更有效的氮源。此外，天蓝苜蓿建立的种子库寿命较长，可能对一些轮作的经济作物有不利影响[382]。

在中西部区的北部，在谷物生产系统中引入苜蓿的效果尚不明确。在许多情况下，埃及三叶草也许是更好的选择。在俄亥俄州、密歇根州、威斯康星州和明尼苏达州一系列的试验中，苜蓿有时会降低玉米的产量，并且杂草抑制程度不够或供氮量不足，按当前谷物价格计算，即使把节省的玉米杀虫剂的费用考虑在内，种植苜蓿也不划算[141, 218, 372, 373, 375, 455, 456]。密歇根州农场主的情况就是非常典型的例子。当垄作玉米长到齐膝高度时，以 0.8kg/亩的播种量播种一年生苜蓿。苜蓿萌发了，但是直到 9 月中旬玉米籽粒干燥失水后才起到抑制杂草的作用。在冻害发生之前苜蓿能长 25cm 高，这足以在冬季有效地保持水土[200]。

明尼苏达州的试验表明，天蓝苜蓿和两种一年生苜蓿与普通和半矮秆大麦套种，产氮量为 3.8~11.3kg/亩。MOGUL 蒺藜苜蓿秋季生物量最大，但会使大麦减产。GEORGE 天蓝苜蓿生长竞争力最弱，产氮量为 4.2~9.0kg/亩。植株较高的大麦更有竞争力，表明应选用植株较高的小粒谷物品种抑制苜蓿生长以提高粮食产量[288]。

中西部农民可以在早春将一年生苜蓿或苜蓿/禾草撒播在小麦中，为夏初放牧做准备。若水分补充及时，可以在萌发 9~10 周后刈割苜蓿调制干草，某些种类可以进行第二次刈割。再生草主要是次生枝条，因此要再次利用，刈割或放牧的留茬高度不要低于 10~13cm。防止臌胀病的管理方法与紫花苜蓿一样[200]。

> 水分充足时，苜蓿的产氮量超过 200lb./A。

在加工用豌豆或莴苣这样生长期较短的春季作物之后种植，一年生苜蓿可以充分发挥其潜力。威斯康星州 6 个地点试验的结果表明，6 月底或 7 月初播种，苜蓿的平均产量为 367kg/亩[398]。提早播种延长了在霜冻前的生长时间，牧草产量和含氮残体量都较高，土壤得到改良并提高了春季土壤肥力。应采取一些措施（尤其是在 7 月初）减少杂草对幼苗的竞争压力。

密歇根州另一个比较试验中，以两种苜蓿、埃及三叶草和"Nitro"一年生紫花苜蓿做绿肥为比较对象，冬季油菜（Brassica napus）的产量相差不多。使用除草剂进行土壤处理后，5月初单播覆盖作物，90天之后耕翻。苜蓿在60天之后作为牧草收获，没有明显影响其作为绿肥的价值[372]。

美国农业部农研局马里兰州贝尔茨维尔试验站试验表明，在蔬菜作物播种时或甜玉米中耕时，撒播苜蓿很难建植成功。

有害生物管理　　Pest Management

一年生苜蓿不耐水淹，在积水条件下容易感染丝核菌（Rhizoctonia）、疫霉菌（Phytophthora）和镰刀菌（Fusarium）等引发的病害。

春季，金花菜田里有大量盲蝽，也特别容易爆发二斑叶螨（一种常见于美国西海岸果园的害螨[421]）。

大部分一年生苜蓿的花没有蜜腺[120]，因此不通过虫媒传粉；但是，一年生苜蓿也能完成结英和种子发育。

对比特性　　Comparative Notes

在威斯康星州，春季蜗牛苜蓿与红三叶与燕麦进行保护播种，二者生物量和产量氮相近。丰水年和干旱年的平均产量为每亩167kg干物质和4.5kg氮[141]。

降雨量较低时，苜蓿的建植成功率与存活率都要高于地三叶，与禾草混播时更具竞争力。短期的水分供应就可以使苜蓿萌发并使其主根快速生长，而地三叶生长缓慢的浅根则需要更多持续的水分供应[421]。比起地三叶，因苜蓿茎秆直立，低留茬刈割更易引起苜蓿种子的减产。在吸收磷素方面，地三叶比金花菜和蒺藜苜蓿的效率更高[421]。

苜蓿可以在三叶草（Trifolium）不能存活的干旱条件下生长[421]，但每年至少要有300mm的降雨[291]。

苜蓿适宜与禾草和三叶草（除红三叶以外）混播[262, 421]。一旦建植成功，天蓝苜蓿抵御霜冻的能力要优于绛三叶或红三叶。

第二年春季，George天蓝苜蓿比黄花草木樨生长慢，但开花要早。在土层厚度0.6~1.2m时它的耗水量要比同一时间播种的草木樨、大豆或毛苕子少。

一年生苜蓿品种（Annual medic cultivars）　　不同种和品种的一年生苜蓿在干物质产量、粗蛋白含量和总固氮量方面差别很大。请咨询当地和各区域的牧草专家选择适宜品种。

金花菜（Burr medic）　　也叫南苜蓿，是最著名的一年生苜蓿，基生枝条丰富，且草层密度越大匍匐生长的枝条越趋于直立生长[421]。在加利福尼亚州，秋季降雨时生长迅速，固氮量几乎和三叶草一样多，达到4.2~6.8kg/亩[293, 421]。大部分苜蓿植株是由自播繁育而来的，适当的放牧、耕作或施肥可促其生长。

选择的品种包括 SERENA（花期较早）和 CIRCLE VALLEY，它们对埃及苜蓿象甲抗性一样[434]。SANTIAGO 比 SERENA 开花稍晚。在加利福尼亚州，早熟金花菜在 62 天左右开花，中晚熟品种会迟至 96 天后才开花[421]。

20 世纪 90 年代，加利福尼亚州北部、墨西哥州等地对本地和引进的褐斑苜蓿品种进行的多年研究表明，褐斑苜蓿在覆盖作物中自播能力最强。虽然一些地方品系在一些果园已经自播繁殖了 30 年，但专家建议商业品种效果可能更好，因为商业品种种子供应充足且其质量更有保证。

金花菜是加利福尼亚州核桃园林下（4~11 月遮阴严重）常见的自播植物，成株具有良好的耐阴性。然而密歇根州为期数年的试验表明，SANTIAGO（一种种球无刺的品种）撒播在玉米和大豆行间建植效果并不好。研究者推测，这是因为苜蓿种植后被作物冠层遮住了，较早一点播种可能会建植成功。

蒺藜苜蓿至少有 10 个品种。第一次开花时间在萌发后 80~105 天不等，每公斤种子数从 24 万（HANAFORD 品种）到 57 万（SEPHI 品种）不等[421]。SEPHI 作为一个主要的新品种，开花时间比 JEMALONG 要早一周左右，在加利福尼亚州已经普遍应用[250, 421]。SEPHI 作为中晚熟品种，直立生长，冬季产量高，对降雨量高和低的地区都能适应，种子产量和生物量比其他品种都高，对埃及苜蓿象甲、苜蓿斑蚜和蓝绿蚜虫都具有良好的抗性。但容易受到豌豆蚜危害。

蜗牛苜蓿（Snail medic，*M. scutellata*）　种子产量高。在中西部，春播后迅速萌发并成熟，在一个生长季里能完成三个生长周期（两次自播）[372]。明尼苏达州四个地点的试验中，与 SANTIAGO 金花菜和 GEORGE 天蓝苜蓿相比，MOGUL 蒺藜苜蓿与大麦间作时生物量最大。虽然大麦通常会减产，尤其是半矮秆的大麦品种，但却增强了对杂草的抑制，增加了固氮量和生物量[288]。

密歇根州研究豆科牧草的试验表明，MOGUL 蒺藜苜蓿能生产 250kg/亩的干物质，而 SAVA 蜗牛苜蓿和 SANTIAGO 金花菜（*M. polymorpha*）的干物质产量为 167kg/亩。MOGUL 的产氮量为 5kg/亩，SAVA 为 3.5kg/亩，SANTIAGO 为 1.67kg/亩。SAVA 苜蓿的播种量为 2.2kg/亩，是 MOGUL 和 SANTIAGO 单播的推荐播种量 0.98kg/亩的多两倍以上[372, 375]。

加利福尼亚州三种一年生苜蓿放牧地的比较试验表明，JEMALONG 蒺藜苜蓿在播种 6 年后土壤种子储存量达到最高，到第 7 年种子量不再增加。皱皮苜蓿（*M. rugosa*）第一年种子产量最高，但由于种子硬实率低而自播建植效果不好。所有的苜蓿在永久牧场的自播建植效果比在需耕作的轮作系统要好[94, 421]。

种子来源（Seed sources）　详见第 218 页《附录 C　种子供应商名单》。

红三叶（Red Clover）

Trifolium pratense

别名（Also called）：中间红三叶（medium red clover，多次刈割，开花早，又叫六月三叶草）；猛犸三叶草（mammoth clover，刈割一次，开花晚，又叫密歇根红三叶）。

类型（Type）：寿命较短的多年生作物，两年生或冬季一年生豆科作物。

作用（Roles）：提供氮源、改良土壤、杂草抑制、昆虫宿主植物（insectary crop）、作为牧草。

混播作物（Mix with）：小粒谷物、草木樨、玉米、大豆、蔬菜、禾本科牧草。

参阅第71～77页表中的排序和管理概要。

红三叶是一种表现稳定、生产成本低、易种易管的实用型覆盖作物，在美国许多地区（耐寒分区第4区及更温暖的地区）表现出较好的耐寒性。在已建成的作物田，通过撒播或顶凌播种容易建植成功，起到疏松表土、适量增加氮素、抑制杂草并改良黏重土壤的作用。红三叶常用来收获牧草、建植放牧地、收获种子、耕翻后作氮源，在较温暖的区域可调制干草。红三叶和小粒谷物套播时（或顶凌播种）表现极佳，既可以收获谷物，又可抑制杂草并供氮。

功能 Benefits

作物肥力（Crop fertility） 作为覆盖作物，红三叶主要用作绿肥，通常会在夏初灭生后播种玉米或蔬菜。生长期长，安全越冬后的红三叶干物质产量可达333～667kg/亩，产氮5.3～11.3kg/亩。在爱达荷州，越冬后的猛犸型红三叶和中间红三叶5月15日之前可产氮5.7kg/亩，至6月22日可增加到9.8kg/亩[365]。

威斯康星州两年的试验表明，在红三叶田接茬种植玉米其产量与施化肥（12.1kg 氮/亩）的产量是相同的，并降低了氮素淋溶的风险。玉米和土壤测试表明，覆盖作物在翻耕入土后的第一个月就释放了50%的氮，正好满足了玉米的肥力需求。收获玉米之后，土壤含氮量比施肥地块少或相同，与未施肥地块几乎相同[400]。

适应性广泛（Widely adapted） 也许其他豆科作物生长更迅速，生物量和产氮量更大，但几乎没有哪一种像红三叶一样能适应多种不同的土壤类型和气候。一般来说，玉米能良好生长的地方，红三叶也能良好地生长。它最适合在冷凉的条件下生长。

> 红三叶每亩可以产生 333～500kg 干物质及 5～11kg 的氮。

在加拿大南部，美国北部、东南部和西部海拔较高的地方，红三叶表现为越年生或短寿命的多年生作物。在东南部海拔较低的地方，它作为冬季一年生作物利用；在加拿大和美国西部海拔较低的区域，在灌溉条件下它表现为越年生作物[120]。它能适应任何类型的壤土或黏土，在排水良好、土壤肥沃时表现最佳，也能耐一定程度的积水。

经济用途广泛（Many economic uses） 自从16世纪欧洲移民的农场主将红三叶带进北美以来，红三叶一直是非常受欢迎、用途广泛的作物。由于其适应性广泛，播种成本较低，比紫花苜蓿更容易建植，所以目前仍然是一种重要的作物，生物量高达605kg/亩。

传统的红三叶/小粒谷物混播组合仍然在为农场创造收益。威斯康星州四年的研究表明，在玉米/燕麦与红三叶混播的轮作系统中玉米的产量与施化肥（12.1kg 氮/亩）的连作玉米相同。更多信息，参阅威斯康星州复合耕作制试验[448]和该试验的最终报告，试验的部分经费由 SARE 提供[327]。

试验中采取了两种播种方法（在燕麦收获后播种或与燕麦早春混播），5种豆科作物中红三叶产出的经济效益均最高。以等价值的肥料计算，混播产出的肥量约是轮作的2倍。试验表明，在玉米轮作中，红三叶能极大地减少化肥施用量[400]。

密歇根州，冬小麦田顶凌播种红三叶，在小麦收获到进入夏季期间抑制了豚草生长。红三叶虽不能完全控制豚草，但对小麦产量没有负效应[298]。

红三叶作为春燕麦的混播作物要优于其他豆类，这些豆类在遭受虫害，燕麦收获期间的机械损伤之后再生缓慢。除毛苕子之外（和红三叶的收益接近），其他豆科作物生长期短不能在燕麦收获后接茬种植[399]。

随着20世纪90年代（包括2007年）氮肥价格的上涨，轮作系统中红三叶供氮的作用越来越重要，即使三叶草种子价格按同比计算比1989年高[397]。

土壤改良（Soil conditioner） 红三叶改良土壤效果极好，根系发达遍及表土层。其主根可深入地下数米。

红三叶（*Trifolium pratense*）
Marianne Sarrantonio 绘

吸引益虫（Attracts beneficial insects） 俄克拉荷马州州立大学建议，在山核桃果园，红三叶与 Louisiana S-1 白三叶作用同样重要。红三叶比白三叶吸引的益虫更多，但白三叶的产氮量更高、耐涝性更强[261]。

两种类型　　Two Types

红三叶同种类进化形成两种截然不同类型。如果要刈割一次以上（用作绿肥）或夏末在红三叶草地上播种蔬菜，应选用多次刈割型品种。

中间型红三叶（Medium red clover） 中间型红三叶（有人称之为多刈型）再生迅速，播种年年末就可刈割一次，第二年可刈割两次。红三叶供氮效益较高，在轮作中种植方式灵活（但要保证其形成土壤保护层并安全越冬），可以在第二个生长季将其用作干草、放牧或进行种子生产。种子价格比单刈型的高（可能高出 25%）。参阅《表 3B 种植》（第 75 页）。

猛犸型红三叶（Mammoth red clover） 一次刈割可产出大量生物量，氮产量与中间型红三叶一样多，但整体来说不如多次刈割的中间型红三叶产出的总生物量和总氮量高。若播种当年不进行刈割时宜选用"单刈型"红三叶。生长缓慢的猛犸型红三叶建植年不开花，刈割后再生相当缓慢，但在经历一个完整的生长季后也能积累较高的生物量。

就单次刈割来说，猛犸型红三叶比中间型红三叶生物量稍高，因此单次刈割的成本比中间型稍低。第二个生长季，中间型红三叶可进行多次刈割，地表覆盖效果好，因此种子价格高也是合理的[196]。

猛犸型红三叶的某些类型与小麦套播的效果比与燕麦套播好。Altaswede（加拿大）猛犸型红三叶不如 Michigan 猛犸型红三叶耐阴好，但是与燕麦混播时表现良好。Michigan 猛犸型红三叶顶凌播种到小麦中时生长旺盛，但是不如中间型红三叶产量高[228]。

■ 管理　　Management

建植与田间工作　　Establishment & Fieldwork

春季冷凉气候条件下，红三叶约 7 天后萌发——速度比许多豆类都快——但是种苗生长缓慢，和冬季一年生作物相似。一般与春季谷物混播（条播），播种量为 0.8~0.9kg/亩，使用专用设备或"禾草种子"条播机。威斯康星州的多年试验表明，红三叶与燕麦套播的经济效益较高，燕麦播种量为 7.3~10.2kg/亩时与三叶草作用良好且燕麦产量不受影响[397]。

红三叶耐阴性较强，且能在 4℃低温下萌发，因此适宜建植的窗口期较长。

播种方式（播种量为 0.8~0.9kg/亩）如下：

- **顶凌播种**。"顶凌播种"的作用原理是通过冻融交替，种子与土壤充分接触利于萌发。如果土地平整坚实，平坦地势上可以直接在积雪上撒播。将种子和尿素混在一起播种，但肥要撒匀[228]。氮肥的施用量不要过高，足够使小粒谷物正常需要即可，因为过多的氮会影响三叶草建植。早春，小粒谷物返青前，刈割或放牧小粒谷物以削弱其对三叶草的竞争[120]。放牧踩踏有利于三叶草种子与土壤的接触。

- **混播**。在燕麦、大麦、斯佩尔特小麦和春小麦等夏季一年生谷物出苗前撒播。
- **套种**。等玉米长到 25~30cm 高并在莠去津等芽前除草剂使用后 6 周（核对标签！）播种。早播，气温较低利于三叶草萌发，但光照较强，耗水过多。随后三叶草生长较缓慢直至玉米收获光照充足后，才开始大量积累生物量[196]。奶农通常在青贮玉米收获后撒播红三叶。
- **轮作**。密歇根州为期两年的试验（氮同位素示踪法）表明，红三叶产氮量相当于含 2.7kg 氮/亩的化肥。8 月将红三叶和其他三种豆科作物条播到小麦残茬上，来年 5 月，免耕玉米种植前用化学方式进行灭生处理。尽管生长期很短，三叶草在抑制杂草和减少氮肥施用方面也表现出良好的潜力[140]。
- **保护播种**。保护作物为一年生或多年生黑麦草，可以保持足够的土壤水分，利于三叶草建植[196]。

最好轻耙使三叶草种子入土。在用莠去津等播后苗前除草剂处理后至少需要 6 周（核对标签！），红三叶才能完成建植。

灭生　　Killing

第二个生长季的春季，红三叶盛花期时灭生产氮量最高。也可提前灭生来种植饲用玉米或时鲜蔬菜。如果第一茬收获用作干草、堆肥或覆盖物，那么夏末耕翻作为秋季蔬菜的绿肥[196]。若想避免红三叶逸生或再生，则在土壤条件允许的情况下尽早灭生。

生长旺盛的红三叶很难用机械进行灭生处理，但是在密歇根州沙质土壤中，秋季用凿形松土犁轻耕两次效果最好。

如在春季对三叶草进行机械灭生，可在开花后的任何时间耕翻、切碎或刈割。也可浅耕或用铧式犁耕翻。在免耕种植前 7~10 天用粉碎机切碎、用链枷式或往复式割草机刈割，或使用除草剂处理。在将抗农达大豆条播在红三叶地中后喷洒草甘膦。

夏季刈割可以使秋季用除草剂灭生红三叶更加容易。密歇根州通常会选择刈割（刈割时间：北部为八 8 月中旬，南部为 9 月），再生生长 4 周后喷洒除草剂。白天气温应在 15℃以上（使植物旺盛的生长）。当土壤温度降到 10℃以下，生物分解减慢以至于三叶草根部的氮开始矿化，地上部生长也几乎停止[228]。

田间评价　　Field Evaluation

密歇根州，豆科作物总产氮量约有一半都会在随后的生长季矿化并被当季作物利用[228]。然而威斯康星州的研究表明，氮释放速度可能更快。红三叶和毛苕子在第一个生长季就会释放 70%~75%的氮[400]。

轮作　　Rotations

红三叶通常在两种非豆科作物之间轮作。常用方法是春季与燕麦混播或在小麦或大麦田顶凌播种[34]。间作使三叶草利用得以拓展，同时发挥了土地的经济用途。两年轮作制，谷物/红三叶通常在玉米之后种植，也可以在水稻、甜菜、烟草或马铃薯之后种植。三年轮作制，两年种红三叶，三叶草可以耕翻或撒在地表（切碎留在地里）做绿肥，刈割做覆盖物或收获干草[120]。

威斯康星州为期四年的研究表明，在玉米>大豆>小麦/红三叶的轮作中引入红三叶降低了生产成本，比连作玉米生产效益高。红三叶轮作制没有使用商业肥料、杀虫剂和除草剂（仅偶然使用了两次，一次是防治田蓟，一次在大豆田中施用）。旋耕和轻耙能控制杂草。

玉米>大豆>小麦/红三叶轮作产出的总利润为 169 美元，使用常规农业肥料、杀虫剂和除草剂的连作玉米的总利润为 126 美元。此项研究中收益最多的是常规投入下玉米>大豆轮作，总利润为 186 美元[167, 271, 397]。

俄亥俄州农场主 Rich Bennett 2 月在小麦田顶凌播种红三叶（0.8～0.9kg/亩）。三叶草在夏天小麦收获后可以很好地控制杂草并生长良好。三叶草能安全越冬并在春季继续生长。4 月末用圆盘耙和压辊（两排）灭生三叶草并播种玉米。不施任何氮肥，玉米在 Ottokee 的细沙土上的平均产量为 698.5kg/亩。

如果夏季一年生禾本科杂草比较严重，红三叶不是最好的选择，因为即使刈割，禾草也能结籽。

有害生物管理　　Pest Management

如果建植不成功或红三叶被冻死，刈割和放牧都不能抑制杂草生长，在播种前要对覆盖作物是否有助于杂草控制进行评估。三叶草后接茬播种菜豆或大豆时，应将其彻底灭生。若三叶草未被彻底清除，豆类播种后再防除就很困难，因为适合的除草剂种类有限，除非播种的豆类是抗除草剂的类型[228]。

根腐病和叶部病害通常在第二年导致普通中间型红三叶死亡，使得它更像越年生而不是多年生作物。能持续生长 3～4 年的抗病品种每千克种子要多花掉 45～89 美分，但用作绿肥时这是没有必要的。当氮肥成本过高时，要谨记一些改良品种第二年的产量要比普通品种多出 50%。

自播生长的三叶草植株会把芽枯病传染给大豆。

其他管理方案　　Other Management Options

建植当年，霜冻前的 4～6 周内不应刈割或放牧，以利越冬。不管是用作绿肥或牧草，割下的草应及时清理以防感染植物病害。红三叶在初花期 5～15 天内的饲用价值最高。

> 红三叶可用作绿肥、饲草或产种。其适应性之广，极少有豆科作物可与之媲美。

理想情况下，中间型红三叶可以刈割 4 次，猛犸型则只刈割一次。如果头一年中间型红三叶刈割次数过多，来年产量会降低，草地寿命也会下降。如果在青贮前稍加晾晒或使用其他防腐技术，那么红三叶和红三叶/禾草混播调制青贮效果较好[120]。

如果要急着刈割，那么夏初收获红三叶，然后撒播谷子并用钉齿耙或圆盘耙轻轻地混入土壤中。谷子是喜热禾草，在耐寒分区第 6 区土温较高的区域及更温暖的地区可用作覆盖作物和牧草。

▌对比特性　Comparative Notes

中间型红三叶与其他三叶草一样对 pH 值的承受上限约为 7.2。它能承受的最低 pH 值为 6.0（据说中间型红三叶在佛罗里达州更低 pH 值条件下生长良好），而猛犸型三叶草、白三叶或杂三叶（*Trifolium hybridum*）能适应的 pH 值为 5.5。红三叶和草木樨在排水良好的土壤上都能表现最佳，但是不适应排水不良土壤。杂三叶在含水量较高的土壤中可旺盛生长。

比起一些非豆类覆盖作物，红三叶残体中的磷在秋天不易淋失。它释放的磷只有多花黑麦草和油料萝卜（oilseed radish）的 1/5～1/3，油料萝卜是一种可以大量吸收氮的冬季一年生芸薹属覆盖作物。通过计算萝卜残体的养分释放速度（甚至将覆盖作物防止水土流失的效应考虑在内），科研人员断定养分淋失速度快的覆盖作物磷淋失量和未施入土中的厩肥的一样大[273]。

若在秋初耕翻，杂三叶是一个比猛犸型红三叶成本更低的氮源（假设产氮量相同）。

红三叶和紫花苜蓿对接茬玉米生产的促进作用可持续多年，这表现在第一年红三叶可供氮 6.8kg/亩[196]，第二年为 3.8kg/亩。这个试验中的第三种豆类——百脉根（*Lotus corniculatus*）是唯一一个第三年可供氮超过 1.9kg/亩的作物[148]。

品种（Cultivars）　Kenland、Kenstar、Arlington 和 Marathon 都是中间型红三叶的改良品种。它们对炭疽病和花叶病毒有专一的抗性。在冬季有积雪覆盖的理想情况下，它们能生长 3～4 年[90]。Cherokee 在艾奥瓦州生长良好[383]，它适合在美国沿海平原（Coastal Plain）和美国南部偏南地区生长，并对根结线虫有很好的抗性。

种子来源（Seed sources）　详见第 218 页《附录 C 种子供应商名单》。

地三叶（Subterranean Clovers）

Trifolium subterraneum，*T. yanninicum*，*T. brachy- calcycinum*

别名（Also called）：subclover。
类型（Type）：自播冷季型一年生豆科作物。
作用（Roles）：控制杂草和土壤侵蚀、提供氮源、植株活体覆盖或立枯覆盖、果园地面覆盖、作为牧草。
混播作物（Mix with）：其他三叶草和地三叶。

参阅第71~77页表中的排序和管理概要。

地三叶由多种适合果园和放牧地种植的豆科作物组成，植株低矮，生长持久，且产氮量高，抑制杂草能力强，具有自播能力。在冬季气候温和湿润，夏季干燥的地中海式气候区域，在低到中肥力水平、中等酸性到弱碱性的土壤秋播的地三叶均能旺盛生长。

地三叶混播组合在加利福尼亚州上万亩扁桃园得到了应用，在大西洋中部和东南部地区的沿海地区（耐寒7区及更温暖地区）为夏季或秋季作物提供立枯或活体覆盖草层。

大多数品种要求每个生长季至少有300mm的降雨。夏季干旱期会限制营养生长，但种子硬实率会提高，有利于秋季自播建植[131]。

地三叶通常贴近地面生长，形成一个生物量大的致密草层。在密西西比州进行的试验表明，当地三叶草层达到13cm、18cm和23cm高时，其匍匐茎分别为15cm、25cm和43cm长[105]。

类型及品种的多样性　　Diversity of Types, Cultivars

根据气候条件和种植覆盖作物的目的，从众多的地三叶品种选择适宜品种。

所选品种要满足你对生物量（覆盖层或绿肥）、（覆盖作物）自然死亡时间与春季播种计划的匹配性以及可维持草地持久性结实量的要求。

地三叶包括三个种：

- *T. subterraneum*：最常见的类型，能在酸性至中性（pH值5.5~7.5）土壤和地中海式气候下旺盛生长。

- *T. yanninicum*：最能适应积水土壤的类型。

- *T. brachycalcycinum*：适合碱性土壤和冬季气候温区域生长的类型。

三个种的主要区别在于需水量、种子产量和成熟所需天数[21]。其他的区别包括：

- 干物质总产量。
- 低水分或低肥力条件下的干物质产量。
- 生长的最佳季节（秋季、冬季或春季）。
- 种子硬实程度。
- 耐牧性。

用种子成熟所需天数来描述不同的地三叶类型。种子产量取决于成熟性和天气。种子成熟期降雨越多，硬实率越低，对自播来说硬实率很重要[131]。

- 早熟地三叶结实早，生长季内只需要 200~250mm 的降雨量，播种后 85 天结实，但早熟地三叶通常不耐寒[103]。
- 中间类型在 360~500mm 降雨量条件下能生长良好，播种后约 100 天种子成熟。
- 晚熟品种在 460~660mm 降雨量下生长最佳，约 130 天后种子成熟。

功能　　Benefits

抑制杂草（Weed suppressor）　　地三叶茎、叶柄（连接茎与叶的部位）和叶形成厚厚的草层，每亩能产 227~643kg 的干物质。与毛苕子相比，草层更致密，缠结性较低，作为抑制杂草覆盖层持久性更强。

> 西海岸果园里混播的地三叶，有助于杂草的全生长季防控。

西海岸果园播种地三叶混播组合，防治杂草效果可持续一个生长季。加利福尼亚州沿海区种植的 TRIKKALA 是中晚熟品种，它生长迅速、水分需求量中等。首先起抑制杂草的作用，冬季（1 月到 2 月）生长量是其他品种的 2 倍。该品种和 KOALA（植株较高大）一样，3 月、4 月地上部自然枯死，而 KARRIDALE（植株低矮）此时则开始旺盛生长。这三个品种在时空利用上互补，提高了光能利用率，情况与加利福尼亚州蔬菜田（以高植物残体量、覆盖物高含氮量为目标）豌豆、紫苕子（purple vetch）、钟豆（bell beans）和燕麦的间作类似。

马里兰州沿岸进行的豆科作物种植试验表明，地三叶覆盖防治杂草效果比常见除草剂好。唯一能穿透地三叶草层的杂草是秋季发生的油莎草。试验的第二年和第三年秋季，覆盖作物通过硬实种子完成自播建植[31]。

绿肥（Green manure）　　得克萨斯州东部的试验表明，春季耕翻后地三叶能提供 7.5~15.2kg/亩的氮。四年试验中有三年不施氮肥，耕翻地三叶或埃及三叶草后种植籽实高粱地块的产量，与无覆盖作物、翻耕后施

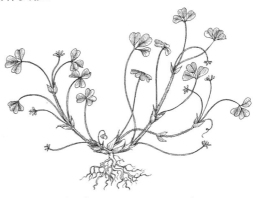

地三叶（*Trifolium subterraneum*）

Elayne Sears 绘

肥地块的产量几乎相同。对照地块施氮 4.1kg/亩[242]。

多功能覆盖物（Versatile mulch） 在蔬菜种植系统，让地三叶起到覆盖作用的管理方式有两种：春季，机械或化学灭生地三叶后种植蔬菜，或晚些时候待地三叶种子成熟后自然枯死后种植蔬菜[31]；秋天，通过自播建植的地三叶草层为西兰花、菜花等冬季蔬菜提供覆盖保护。

新泽西州进行的试验表明，按传统方式播种，无覆盖作物的玉米地整个冬季氮淋溶量高达 11.3kg/亩，而种植地三叶能防止氮的淋失[128]。在加利福尼亚州为期两年的试验表明，刈割能有效抑制地三叶的生长，有利于春末直接播种甜玉米和生菜，这一举措适用于地三叶草层致密且杂草竞争力低的地块。

在地三叶草层上直接播种有些困难，但不用免耕设备也可完成[238]。

疏松土壤（Soil loosener） 澳大利亚的一项研究表明，易发生紧实的沙质土壤，种地三叶后，接茬生菜的产量提高了一倍；而在无地三叶覆盖条件下，种在紧实土壤上的生菜产量降低了 60%。经蚯蚓分解后的覆盖物残体和地三叶根系腐解后形成的大空隙，使土壤得到了改良[394]。

极适宜放牧（Great grazing） 地三叶适口性好，为所有家畜所喜食[120]。与多年生黑麦草、高羊茅或鸭茅混播时，地三叶通过固氮提高了禾草产量，从而提高了草地的饲用价值。在加利福尼亚州，地三叶常作为无灌溉条件的低山丘陵区放牧地的混播组分。夏初放牧，多年生黑麦草是首选牧草（尤其放羊）[308]。

虫害防治（Insect pest protection） 在荷兰，与对照地块（单播）相比，卷心菜田种植地三叶、白三叶降低了害虫产卵率和幼虫数量，且卷心菜的品质和经济效益都得到了提高。套种三叶草的地块（主要的害虫有甘蓝夜蛾、甘蓝蚜和甘蓝种蝇），节省下来的农药费用抵消了卷心菜减产损失。荷兰人在韭菜地套播地三叶，大大减少了商品杀虫剂不能控制的蓟马数量，非常难防治的韭菜锈病也有所减轻，不过韭菜品质得到了改善的同时，产量却显著降低了[414]。

佐治亚州进行的地三叶、杂交野豌豆和绛三叶比较试验表明，当存在牧草盲蝽（*Lygus lineolaris*）威胁时，选择地三叶为豆科覆盖作物比较好。Mt. Barker 品种的虫害发生率特别低，其他 9 个地三叶品种均比绛三叶更低[56]。

益虫栖息地（Home for beneficial insects） 佐治亚州进行的八种覆盖作物或混播组合与甜瓜间作的试验表明，Mt. Barker 地三叶地块，捕食害虫的大眼长蝽（*Geocorus punctipes*）种群数量最多。地三叶中包含的益虫虫卵数比黑麦、绛三叶和其他 6 种覆盖作物混播地块都要多，但与 Vantage 野豌豆或撂荒地块相当。虽然不同覆盖作物的益虫数量差别很大，但控制目标害虫——草地夜蛾（*Spodoptera frugipera*）的效果差不多[56]。

防止侵蚀（Erosion fighter） 地三叶紧贴地面生长，草层致密，固持土壤的效果极佳。

无病害（Disease-free） 在美国，地三叶在大田生产实践中没发生过重大病害[21]。

管理　　Management

建植　　Establishment

夏末或秋初播种，地三叶表现最佳并能一直生长到初冬。冬季休眠，初春恢复生长，春末开花，种子在位于地表或地下的种球中成熟（故名地三叶），最后凋萎死亡。种子被覆盖在凋萎叶片与长叶柄形成的致密草层之下，夏末萌发建植后再次越冬[127]。地三叶可持续多年自播建植，因此最初种子费用和精细建植所需投入都是值得的。

在加利福尼亚州，寒冷天气来临之前的9月或10月初播种，建植效果好[308]。在越冬最安全的区域也可延至11月种植。

> 地三叶适合生长在冬季温暖潮湿、夏季干旱的地中海气候地区。

气候稍温和的区域，与禾草混播作为冬季保护作物。地三叶通过改善土壤肥力促进了禾草生长。也可以在牧场或草原免撒播地三叶，通过家畜的踩踏提高种子的萌发率。通常在火烧后或清理后的裸地飞播地三叶。地三叶早期生长比绛三叶稍慢，比白三叶快[120]。

在坚实无杂草的苗床上，以 1.5～2.3kg/亩的播种量撒播。用牵引型轻耙或配合其他表土耕作作业，为种子覆土，覆土深度应不超过 1.3cm。如果土壤呈强酸性——pH值低于5.5，则要施石灰[308]。pH值较低的土壤可能需要补充钼以保证植物正常生长，磷和硫也可能成为限制因素。只有 *T. yanninicum* 的各品种能在积水和渗水地块生长[21, 308]。

加利福尼亚州的果园，地三叶常与玫瑰三叶草和绛三叶混播。绛三叶和地三叶通常占主导地位，但是在干燥的天气下，种子硬实率高的玫瑰三叶草还能得以存续，另两种植物则无法存活[446]。

东部区的密西西比州中部，越早播，春季返青叶越早，但最好还是9月1日至10月15日期间播种[120]。马里兰州海岸，Mt. Barker 植株最高，生长最旺盛，冻害（当温度降至零下9℃及以下时引起的）一直是最严重的问题。在耐寒分区第7区，播种时间应该推迟至10月的前两周。大西洋中部[31]和东南部[103]作为覆盖作物利用时的播种量为1.7kg/亩，约为东南部较暖地区的牧场建植播种量的两倍。

与较高大的植物相比，植株低矮、紧贴地面的地三叶吸收土壤辐射热量更多，冻融时也更易遭受伤害。发生冻胀危害时，早播的植株长势好，通常高大植株存活率比低矮植株存活率高[103]。

灭生　　Killing

夏初，地三叶开花结实后自然死亡。如果不深翻，那么盛花期前灭生地三叶是相当困难的。茎秆伸长，种子成熟后，可以用谷物条播机或滚刀式揉切机进行灭生处理[95]。

密西西比州北部进行的机械灭生试验表明，地三叶是 4 种豆科作物中最不容易处理的。当匍匐生长的茎达到至少 25cm 长时，用滚刀式揉切机（以 10cm 间距排布的犁刀起切割作用）处理。毛苕子和绛三叶灭生率为 80%～100%，埃及三叶草为 53%，地三叶只有 26%～61%[105]。

俄亥俄州的研究人员用定制的地下切割机（undercutter）能轻松灭生开花后的地三叶。这种专用机械在栽培床表层下有 2.5～5.0cm 长的刀片。这种机械包括两个刀片，它们安装在栽培床两侧的直立支架上，刀片向后倾斜与栽培床床中心成 45°角[96]。地下切割机还配有旋转耙，可将割下来的覆盖作物平铺在地表。该机械从根部切割，保证了地上部的完整性，大大地降低了植物残体的分解速度[95]。

不同品种和不同生长阶段的地三叶对除草剂的抗性不同。一般来说，地三叶部分种子已经成熟后更容易被灭生[104, 165]。

自播管理　Reseeding Management

是否能"越夏"是自播地三叶能否成功的关键，就像冬季一年生豆科作物能否越冬一样。由死亡植物残体组成的厚厚植被层可以保持地三叶种子处于休眠状态，前提是其不放牧、不耕翻、不焚烧或种子收获时草层未被破坏。来年的生长开始之前在地三叶草地放牧，集约放牧清除了残茬，避免过多种球被采食，效果最好[308]。春末或夏初放牧或刈割有助于控制穿透覆盖草层的杂草[291]。

夏天少施氮肥，放牧气温降低前持续放牧可有效抑制禾草生长，从而提高在暖季型禾草混播地中地三叶的自播效果，即使地三叶已经早早出苗，这一措施也有效[21]。地三叶的花特别不显眼，如果不仔细盯着地面看就发现不了[103]。

植株成熟之后，家畜会很快把花序吃掉[120]。干旱年份，想要植株持续生长，需在夏天限制放牧以免花序被过度采食，进而造成种子库的枯竭。低留茬刈割或放牧可以在任何时间进行。

管理挑战　Management Challenges

可能抑制作物幼苗生长（Possible crop seedling suppression）　有助于地三叶抑制杂草的化感物质也可能抑制有些作物的萌发。推迟播种时间或清除地三叶植物残体可避免这一问题。使用配有齿轮清除装置的免耕播种机可以直接播种，否则通常需等 3 周，以使化感物质降低到不伤害作物的水平[101]。若种桃树，需地三叶灭生至少一年后才能播种，以免其抑制幼苗生长。阿肯色州的一项研究发现，最好等到桃树种植后第二年夏天（8月）再在行间种植地三叶[61]。

覆盖作物对蔬菜幼苗生长的抑制作用视不同作物而定。地三叶植物残体释放的有毒化合物，对生菜、西兰花和番茄幼苗的抑制作用可持续 8 周，但抑制作用（或时间）不像瑞士黑麦草（*Lolium rigidum* cv. WIMMERA）那么强（那么长）。澳大利亚的研究表明，紫花苜蓿没有表现出类似的化感作用[394]。

播种时要注意防止地三叶对水分的竞争。干旱年份,要想保证在不进行灌溉的情况下土壤水分充足以利作物种子萌发,应在播种前7～14天灭生地三叶,使土壤水分因降雨能自动地得到补充[31]。

作物幼苗土传病害(Soil-borne crop seedling disease) 密西西比州北部进行的试验表明,豆科覆盖作物(包括地三叶)植物残体比非豆科作物对籽实高粱幼苗的伤害大。立枯丝核菌(*Rhizoctonia solani*)是一种土传真菌,在一个多月的时间里侵染了超过一半的高粱幼苗,但是在清除豆科作物残体7～13天之后症状就消失了[101]。

氮淋溶(N-leaching) 地三叶早期产生的大量根瘤有利于禾草生产,但也有不利之处——过量的硝态氮会污染水源。瑞典的一项试验表明,整个冬季,地三叶、天蓝苜蓿和白三叶生长高峰期的氮淋失量为 0.9～2.0kg/亩,远高于红三叶和埃及三叶草(仅 0.15～0.3kg/亩)[226]。

有害生物管理 Pest Management

佛罗里达州三年内对134个地三叶品系进行了筛选试验,结果表明,地三叶对根结线虫几乎没有抗性[232]。

佐治亚州南部进行的试验表明,盲蝽(一种危害加利福尼亚州和东南部部分地区大田作物、行间作物和园艺作物的重要害虫)在地三叶田里几乎不发生,而其他豆类田中这种害虫的数量较多,由多到少的顺序为 Cahaba 和 Vantage 野豌豆、毛苕子、萝卜和绛三叶(单播)[56]。

美国引进的大多数品种含量较低,而澳大利亚的一些品种雌激素含量丰富,存在降低母羊生育率的风险,但对山羊和牛不起作用。如果放牧绵羊,一定要确认品种的雌激素水平[308]。

种植制度 Crop Systems

与小麦间作(Interseeded with wheat) 在得克萨斯州东部,当 Nangeela 地三叶与软红冬小麦(soft red winter wheat)间作时,产氮量为4.5kg/亩。与对照相比,额外的氮使小麦的产量比上一年增加了283%;而在前一年,与对照相比,新播的4个三叶草品种降低了小麦产量。第二年的研究中,Nangeela、Mt. Barker、WoolGenellup 和 Nungarin 品种分别使每亩小麦产量提高了 108.9kg、81.6kg、81.6kg 和 49kg。三年内,4 个品种每亩增加产氮量分别为 4.5kg、3.9kg、2.9kg 和 1.8kg[44]。

德州农工大学植物育种家 Gerald Ray Smith 在得克萨斯州东部研究了几种地三叶。他总结到,虽然这些地三叶在第一年生长良好,但在成熟期内需要一个持久干旱的时期来实现自播(像它们在澳大利亚和加利福尼亚州那样)。种子成熟期时表土水分充足会降低种子硬实率,增加种子腐烂率。夏季降雨会导致种子过早萌发,使土壤中种子储存量下降,尤其是在土壤积累水分较高的禾草牧场。大部分夏季萌发的地三叶会再次遭遇干燥天气而死亡。

在密西西比州,地三叶种子硬实率每年变化相当大。干旱年份,种子硬实率接近100%。与被覆盖的土壤相比,在温度变幅大的裸地上,种子破除休眠发生得更快[133, 134]。为了便于自播或在牧场上撒播,须低留茬放牧或刈割禾草以利地三叶的建植[103]。

混播持久性(Mix for persistence) 加利福尼亚州扁桃种植者需要一个坚实平坦的地面以收获扁桃。许多种植者采用耐湿的 TRIKKALA、耐碱的 KOALA 和喜中性至酸性土壤的 KARRIDALE 组成的混播组合。混播地三叶在湿地和盐碱洼中都能均匀地生长。

水稻的氮源(Rice N-source) 路易斯安那州的试验表明,春季稻田灌水之前,地三叶在秋天自播苗生长良好。与重播相比,这样产生的幼苗数量多,秋季幼苗就早早地开始生长。水淹期似乎加深了地三叶和绛三叶的种子休眠,土壤排水后通常能迅速萌发[103]。路易斯安那州的稻农曾将水稻播种到干土中,让其在灌水之前生长 30 天。像 DALKIETH 和 NORTHAM 这样的早熟品种可能在水稻适宜播种期之前种子即已成熟。近几十年来,"喷播"一直用来防治红米(red rice)——对栽培稻而言是一种杂草。在地三叶覆盖草层,喷播还没有成功过[36]。

为玉米提供肥力,抑制杂草(Fertility, weed control for corn) 在新泽西州,一项持续六年试验的表明,气候湿润的大西洋中部地区,在 NANGEELA 地三叶草层播种籽实和青贮玉米效果良好。没有额外施氮,地三叶地块的最终产量比黑麦覆盖地块、正常耕翻的裸地或少耕施 18.8kg/亩氮肥的地产量高。地三叶供氮高达 4.7kg/亩[128],不过在其枯死后需精细管理以防止氮淋失。

第一年对秋黍子的控制效果不佳,但在接下来的两年要好得多。对地里其他重要杂草(如裂叶牵牛)多年的控制效果均非常好。即使在地三叶地块中没有使用除草剂,杂草的生物量仍然是最低的[128]。

试验期间,地三叶在新泽西州中部经历了气候温和的冬季。早春解冻促发了地三叶重新生长,但在气温骤降跌至零下 9℃ 以下之后,植株长势变弱,草层变薄。幸存的植物有时会形成致密的植株层,可刈割或条带式喷施除草剂灭生。刈割通常引起旺盛的再生,所以刈割宽幅至少要达到 30cm,以防止地三叶在移栽时与卷心菜和西葫芦竞争水分。

甜玉米(Sustainable sweet corn) 在马里兰州的东海岸(美国农业部耐寒区划图显示,该区比新泽西州温暖),马里兰大学的杂草专家 Ed Beste 指出,连续四年地三叶的自播效果都非常好,而且种子成熟前的春季再生也没影响草层密度。越冬后的 MT. BARKER 植株的匍匐茎在地表迅速伸展,甜玉米种植之前已经形成良好的覆盖层[31]。

Beste 认为试验田距地下掺沙层的沙质壤土比向北 80 千米的美国农业部贝尔茨维尔试验站的黏土更利于地三叶生长,通常在此黏土土壤上毛苕子(为移栽蔬菜提供的残体覆盖层）的效果要比地三叶好。对比试验第一年，冻害降低了种植床上地三叶的存活率，但床间存活的地三叶每平方米的生物量与毛苕子几乎一样多[2]。

Beste 多年在马里兰州索尔兹伯里的试验站研究地三叶，春季、初夏和仲夏将蔬菜播种到人工灭生或自然死亡的覆盖作物草层。三年来，在 Beste 甜玉米种植模式试验田，地三叶干物质产量为 408kg/亩。在没有额外施氮的情况下，地三叶地块中甜玉米产量与施入 12.1kg/亩氮肥正常地块的产量一样多。地三叶也表现出了抑制杂草的作用。油莎草是唯一能穿透地三叶草层的杂草，应在秋天喷草甘膦以防止其块茎的形成[31]。

6 月第 1 周，Beste 免耕播种西葫芦之前，2 次喷洒百草枯以控制地三叶生长。MT. BARKER 会在 6 月底种子成熟后自然死亡，还来得及在无除草剂的情况下种植南瓜、秋黄瓜、豆角或秋西葫芦[31]。加利福尼亚州进行的品种和耕作制试验的目标，正是要建立这样一个无化学合成制品/凋枯覆盖物/永久自播豆科作物组成的耕作系统。

在经历秋季日照长度逐渐递减之后，春季逐渐增长的日照长度通常会引发地三叶结实，这正是在蒙大拿州春季播种的地三叶营养生长旺盛（尤其是在秋天雨季开始之后）但并不能结实的原因[382]。干旱和高温胁迫也会促进地三叶种子成熟。

对比特性　Comparative Notes

气候湿润的南部地区，白三叶和箭叶三叶草比地三叶能更好地自播，因为它们的种子露天发育，较易变硬实。此外，热门的自播作物有白兰萨三叶草（参阅《附录 B　具有发展前景的覆盖作物》，第 213 页）和褐斑苜蓿（参阅《褐斑苜蓿可持久自播》，第 171 页）。

虽然在蒙大拿州旱地谷物-豆科作物轮作中，通常中晚熟三叶草的干物质产量和产氮量都比苜蓿多，但它们在该地区作为夏季一年生作物生长时不能产种子。试验中，只要水分足够，夏季它们就能持续生长。营养生长直到初霜期才停止，因为秋季这里凉爽湿润的气候与最适宜地三叶生长的地中海地区的冬季气候条件相似[382]。

CLARE 是地三叶亚种 brachycalycinum 的一个品种。与比较常见的地三叶（SEATONPARK 和 DALIAK）相比，CLARE 幼苗健壮，每月刈割后生长旺盛，据说能耐中性至碱性的土壤，但不如其他类型持久性强[61]。

在北卡罗来纳州的两个地点，地三叶、黑麦和绛三叶对杂草控制率比一个无覆盖物/免耕系统高 46%～61%。在不使用除草剂的地块，地三叶是抑制杂草能力最强的覆盖物。仅从防治杂草的经济成本看，没有任何一种覆盖作物能完全替代芽前除草剂[453]。

与毛苕子[31]或绛三叶[103]相比，地三叶形成的草层更致密。

品种（Cultivars）　参阅前面的"对比特性""类型品种的多样性""品种"部分。

种子供应（Seed sources）　详见第 218 页《附录 C　种子供应商名单》。

草木樨（Sweet Clovers）

黄花草木樨（*Melilotus officinalis*），白花草木樨（*M. alba*）

别名（Also called）：Hubam（实际上是一年生白花草木樨的一个品种）。
类型（Type）：二年生、夏季一年生或冬季一年生豆科作物。
作用（Roles）：改善土壤结构、培肥地力、底土通气、抑制杂草、防止侵蚀。
混播作物（Mix with）：小粒谷物、红三叶。
参阅第71~77页表中的排序和管理概要。

即使在肥力不高的土壤中，由于其主根和侧根能伸入底土层，所以这种高大的二年生作物也能在一个生长季中生产大量的生物质和中等水平的氮。生长第二年，在肥沃的土壤条件下，其氮产量以及生物质产量将达到最高水平。第二年初，由于随着根系在土壤中伸展，草木樨会重新生长茎叶，覆盖地表。草木樨是最耐旱的豆科牧草，相当耐寒并可以从土壤中吸收并释放磷、钾和其他微量元素，供作物利用。

草木樨在夏季温和的温带地区生长旺盛。"一年生"草木樨（Hubam 是最知名的品种）在从得克萨斯州到佐治亚州的南方腹地表现最好：比二年生类型的建植速度快，播种当年即产出较高的生物量。

本节中，除非另有说明，"草木樨"皆指二年生类型。

20 世纪上半叶，草木樨是南部地区和后来的整个中西部地区的绿肥和放牧豆科牧草之王。现在草木樨主要在大平原地区（Plains region）用作覆盖作物，在加利福尼亚州几乎没有种植。

类型　Types

建植当年，二年生黄花草木樨进行营养生长，株高可达61cm，干物质产量可达417kg/亩。第二年，植株可长到2.4m 高。在处于休眠末期的早春，根量和根系深度（达1.5m）均达到最大值，然后随着生长季推进，逐渐分解消失[442]。

草木樨一个显著的特点是生长第二年，带苞片"小"花开放时间可持续大半年。二年生白花草木樨更高，茎更粗，但耐旱性较差，且播种当年和第二年的生物量较低。白花类型比黄花类型开花要晚 10~14 天，但是花期较长。据报道，纽约州的试验表明，它们的建植速度更快[449]。植株高、分枝多的品种改良土壤效果更好[120, 360, 421]。

黄花和白花草木樨都有含低水平香豆素的育成品种。这种化合物以结合态存在于植物体内，放牧利用没有任何问题。然而，当牛采食变质的草木樨干草或青贮时，香豆素会损害其内脏。

一年白花生草木樨（*Melilotus alba* var. *annua*）不耐霜冻，谷物田中覆播或直接与春季谷物进行保护作物，经过一个夏天的生长，干物质产量高达680kg/亩。最有名的一年生草木樨品种是 HUBAM，以至于常常被用来泛指白花草木樨。虽然与二年生类型相比，它的主根短且纤细，但仍能起到疏松底土的作用。

功能　Benefits

吸收养分（Nutrient scavenger）　与大多数覆盖作物相比，草木樨从不溶性矿物质中吸收钾、磷和其他土壤养分的能力更强。侧根在很少扰动的土壤层汲取矿物质，养分会随着地上部和根系的分解变成有效态[360]。

> 草木樨耐寒、耐旱，这种两年生植物在降水充沛和肥力较好的土壤中每亩可以产生15kg氮。

在加拿大萨斯喀彻温省长达34年的研究表明，相对于表层，底土磷的有效性随深度增加而逐渐增加，并在2.4m深处达到最高。根系比春小麦深的冬小麦和红花，可以吸收土壤深处豆科作物根系积累的磷和休耕后被淋溶的磷，春小麦则不能。丛枝菌根（VAM）真菌与豆科作物根系合作可能提高磷对草木樨的有效性[69, 70]。

氮源（N source）　在中西部区的北部，在普遍应用氮肥之前，草木樨是以一种传统的绿肥作物，产氮量通常为7.5kg/亩，土壤肥沃，雨水充足时产氮量高达15.2kg/亩。在俄亥俄州，至3月15日，产氮量为9.5kg/亩，至6月22日，产氮量可达11.7kg/亩。伊利诺伊州研究人员报道的产氮量则高于21.9kg/亩。

生物量大（Abundant Biomass）　春季种植，经过两个完整的生长季，二年生草木樨的干物质总产量为567～680kg/亩（播种当年为227～265kg/亩，第二年为340～416kg/亩），第二年全年的干物质产量也可能高达643kg/亩。

耐高温（Hot-weather producer）　高温天气，草木樨在所有豆科作物中生物量最高，甚至超过苜蓿。

黄花草木樨　（*Melilotus officinalis*）

Marianne Sarrantonio 绘

改良土壤结构(Soil structure builder) 堪萨斯州的农民 Bill Granzow 说,草木樨使土壤有机质含量提高,结构更疏松,耕性也提高了。参阅《草木樨:适宜放牧、优质绿肥》(第 194 页)。纽约州 1996 年的试验结果表明,HUBAM(一年生草木樨)也可以提高土壤质量并增加产量[450]。

疏松土壤(Compaction fighter) 黄花草木樨有限生长型主根长达 0.3m 长,分支根可达 1.5m 深,它的分支遍布土壤,可疏松底土,降低土壤紧实对作物的负面影响。白花草木樨具有无限生长型的强壮主根。

耐旱性强(Drought survivor) 一旦建植,草木樨是所有覆盖作物中最耐旱的,且能产生同样高的生物量。生长第二年,草木樨的生命力特别顽强,即使在干旱的春季一年生覆盖作物难以建植成功时,草木樨表现也很好。黄花草木樨更耐旱,在土壤水分较低时,比白花草木樨更易建植。

吸引益虫(Attracts beneficial insects) 草木樨开花时能吸引蜜蜂、寄蝇和大黄蜂,但不吸引小黄蜂。

广泛的适应性(Widely acclimated) 草木樨可以在荒坡、路边、废矿及肥力低、盐度适中或 pH 值高于 6.0 的土壤中自播生长[182]。草木樨适应环境范围广,无论是海平面还是海拔 1200m 的地区,在土壤黏重、炎热、有病虫害[120]、年降雨量仅 150mm 的环境中都能生长。

放牧家畜或调制干草(Livestock grazing or hay) 如果需要应急牧草,那么草木樨第一年生长的饲用价值与紫花苜蓿差不多,第二年品质会有所下降,但产量高。

■ 管理　　Management

建植与田间管理　Establishment & Field Management

草木樨适宜生长的土壤条件和苜蓿一样,最适宜 pH 值近中性的壤土。和苜蓿一样,草木樨在排水不良的土壤上表现不佳。草木樨高产需要中到高水平的磷和钾供应。缺硫可能限制其生长[153]。要使用苜蓿或草木樨的接种体接种。

在美国玉米带的温带地区,黄花草木樨单播时,条播播种量为 0.6~1.1kg/亩,撒播为 1.1~1.5kg/亩。在干旱、疏松或未覆土的情况下要加大播种量。

在像北达科他州东部这种较干旱地区,针对不同播种量(0.15~1.5kg/亩)的试验表明,条播或撒播播种量仅 0.3kg/亩,就能形成足够致密的草木樨草层,实现高产。在北达科他州,与小粒谷物混播时推荐条播播种量为 0.3~0.45kg/亩,后撒播耙地播种量为 0.4~0.6kg/亩(有时在向日葵地里撒播),免耕撒播播种量为 0.45~0.75kg/亩[182]。

播种量过大会使茎秆细长、枝条和根系发育均不如正常播种。此外,植株易倒伏,增加了病害风险。因此,为最大程度发挥草木樨疏松底土或截留积雪作用,应减少播种量。

草木樨种子硬实率高达50%或以上，硬实种子可以在土壤中存活20年不萌发。商品种子已经做了破除硬实处理，种子可通过种皮孔隙吸收水分，进而萌发。如果是未破除硬实的种子，需核实标签上标注的硬实率，别指望硬皮种子的萌发率会超过25%。不过，破除硬实的必要性也许被高估了。在北达科他州六年的田间试验中，破除硬实处理对萌发完全没有作用，（处理种子的萌发率）甚至和硬实率高达70%、未脱荚的种子一样。

质地中度到黏重的土壤，播种深度为0.6～1.3cm，沙质土壤为1.3～2.5cm。播种过深通常会导致建植不佳。

一年生白花草木樨的播种量为1.1～2.3kg/亩。在排水良好，pH值中性至碱性的黏壤土中预计能产5.3～6.8kg/亩的氮、302～378kg/亩的干物质。

用一种配有禾本科种子箱和种子搅拌器的、带镇压轮的播种机，把草木樨播到坚实的苗床中。苗床土质过于松软，播种机不能调整播种深度，可以打开禾本科和豆科种子箱的下种口，使其在双圆盘开沟器之后、镇压轮之前落种。稍加浅耙可以使苗床更坚实并为种子覆土[182]。

在加拿大北部平原区，通过播种箱软管直接使种子落在压轮的前面，建植又快又容易[32]。

如果镇压轮播种机没有豆科箱或禾本科种子箱，可以将豆科作物与小粒谷物种子混合，但是要经常搅和种子以避免沉降。首先播一部分保护作物来减少作物之间的竞争，然后以十字交叉法混播草木樨和谷物[182]。

春播使得黄花草木樨有足够的时间来发育根系，储存大量养分和碳水化合物以满足其越冬与春季茁壮生长之需。出苗后60天生长缓慢[153]。在刈割可以控制杂草的地方，春季直接播种到小粒谷物残茬中效果很好。

在早春降雨量较大的地区撒播草木樨可成功建植单播草地，因为播种后的7～10天内有充足的土壤水分。在小粒谷物残茬中免耕播种效果好。

在冬季谷物田顶凌播种，在草木樨的生长周期中至少能收获一种作物，并且播种草木樨有助于抑制杂草。在谷物快速拔节期之前播种草木樨。混播时谷物的播种量要减少1/3。

威斯康星州为期两年的研究表明，与燕麦混播的草木樨在燕麦收获之后再生情况不佳。研究者发现，两年间，以这种方式建植草木樨，当联合收割机割台必须放低才能拾起倒伏燕麦的情况下，草木樨不能良好生长。当燕麦保持直立时（更高刈割处理，会牺牲一些燕麦秆），草木樨能充分地生长[401]。

可以在播种年的秋末，耕翻春季种植的黄花草木樨，及早种植经济作物，此时其产氮量只有一半、生物量稍低于原来的一半。

向北覆盖耐寒分区第6区，冬季气候温和的区域，夏末种植二年生草木樨。至少在霜期前6周种植，让根系充分发育以避免冬季冻拔。在加拿大的北部平原区，应在8月末种植。

第一年管理（First-year management）　通常不在播种年收获或切碎，因为第一年再生的能量直接来自光合作用（由所剩不多的叶子提供），而不是根系储藏物[360, 401]。

随着主根持续生长并变得粗壮，在夏季末地上部生长达到顶峰。第二年的生长从地表下 2.5cm 形成的根颈芽开始。避免在霜期之前 6～7 周内对草木樨进行刈割或放牧，这时它在积累最后的冬季储备。在 10 月 1 日到初霜期之间，根产量几乎增加了一倍。

在秋季与冬季谷物混播时，建植良好；但在湿润季节，草木樨长得比谷物高，给谷物收获带来麻烦。

第二年的管理（Second-year management） 在打破冬季休眠之后，草木樨会急剧旺盛地生长。开花前茎可达到 2.4m 高，如果在成熟前一直生长，那么茎会发生木质化并且非常难管理。植株会在降雨量高和气温适中的"草木樨年"长得极高。

第二年几乎所有的生长都是地上部生长，似乎是通过根量下降为代价的方式实现的。在俄亥俄州，3 月到 8 月的记录显示，在根量下降 75% 的同时，地上部生长增加了十倍[442]。所有的根颈芽都在春季开始生长。如果想让其刈割之后再生，留茬 15～30cm，以保存大量的茎芽。在株高较低和（或）生长后期，尤其是在开花后，刈割草层致密的草木樨，会增加植株死亡的风险[182]。

在它打破休眠之前，草木樨能耐 10 天水淹，出苗率没有明显的下降。然而一旦它开始生长，水淹会令其死亡[182]。

草木樨：适宜放牧、优质绿肥

Bill Granzow 选择二年生黄花草木樨来改善土壤、控制侵蚀和防止底土紧实。他使用普通品种，既自己繁种，也用他父亲最开始从邻居那买的种子。

Granzow 在堪萨斯州赫灵顿，在位于该州中东部的威奇托和曼哈顿之间的一个农场免耕生产谷物，同时也养牛。12 月或 1 月，Granzow 用皮卡车托着一台撒播机将草木樨撒播在冬小麦中，播种量为 0.9～1.1kg/亩。有时他也要求当地的谷物种子供应商来将尿素与小麦种子混在一起，混种不会额外收费。有时，Granzow 会在 3 月以同样的播种量将草木樨与燕麦混播。

"黄花草木樨只有在小麦植株密度小且由于下大雨收获推迟时，才会长得比小麦高。燕麦则一点问题都没有。"他说。

以小麦为经济作物情况下，他开发了 4 种利用黄花草木樨的方式，具体看大田生产需要和他想要实现的价值目标。不管哪种方式，播种当年，小麦收获后，都让草木樨一直长着。过去，他常常用圆盘耙耙两次来灭生。现在，100% 免耕，只需喷洒农达和少量 2,4-D。

第二年的选择包括：

● **放牧/绿肥**（Grazing/green manure）当草木樨长到 10cm 高时，放牧数周，然后喷洒除草剂灭生，几天内播种籽实高粱。在繁茂的草木樨草地上放牧时，给牛喂食一种抗臌胀病药物以保持它们的健康。

● **短季绿肥**（Quick green manure）长到 8～10cm 高时喷洒除草剂，然后播高粱。这种方式能为土壤贡献 27kg/亩的氮。通过在苗后除草剂合剂中添加 2,4-D 和百草敌（Banvel）来抑制草木樨根颈发新枝。

● **绿肥/休耕**（Green manure/fallow）开花期到盛花期之间，对草木樨进行灭生处理，整个夏季休耕后在秋天重新种植小麦。

经过堪萨斯州州立大学的测算，这种方式能提供 9kg/亩的氮。

● **收获种子**（Seed crop） 当约 50% 的荚果变黑时，将植物割下来摊晒，然后用联合收割机收获脱粒。为了清除所有的荚果壳，用联合收割机多次脱粒处理。

尽管第二年产量高，黄花草木樨还是会自然成熟和死亡。如果植物残茬量比较多，他加大条播机播种深度来种植下季作物。

播种当年，秋季收获的草木樨干草是"可接受的牧草"。他知道发霉的草木樨含有香豆素——一种可致牛死亡的化合物，但是他从来没有遇到过这个问题。第二年黄花草木樨在初花期到开花中期之间制作青贮，这时干草蛋白质含量为 16%（干物质基础）。

"（草木樨）与禾草干草或其他青贮混合饲喂，饲喂效果好极了。"既增加了覆盖作物的收益，也提高了生产管理的灵活性。

内容由 Andy Clark 更新于 2007 年

灭生　Killing

为了在夏季作物或休耕之前达到最佳效果，在播种后的第二年茎秆 15～25cm 高时将草木樨灭生[161, 182]。一旦它到末花期，就可以通过刈割、犁或耙灭生[32]。在现蕾期间前

> 第二年，黄花草木樨植株可以长到 2.4m 高，根系深度可达 1.5m。

灭生草木樨有几个好处：产氮量能到最大产氮量的 80%；氮释放快，由于植物还处在营养生长状态，幼枝和根系中氮含量高；减少水分消耗但不减少供氮量。如果在休眠结束之前翻入土地，那么草木樨可通过健康根颈再生。在最终翻入土地或灭生之前，要在花期前即每当草木樨生长到 30～61cm 高时刈割一次，此时是整个生长季有机物产量较高的时候[360]。开花时刈割或放牧都可以灭生草木樨。

在干旱地区，作为绿肥的适宜灭生日期取决于水分条件。在加拿大萨斯喀彻温省的春小麦>休耕轮作中，草木樨在干旱年份的 6 月中旬被翻入土地，比在 7 月初或 7 月中旬翻入土地为次年春季多提供了 80% 的氮，尽管生物量会减少 1/3。草木樨的矿化作用往往会在灭生一年后达到顶峰。最高氮释放量会随着植物成熟递减，并受土壤水分含量影响[147]。

在这项研究中，正常降水的年份，氮释放一直存在差异，但不显著。在翻入土壤的年份，只有极少量氮被矿化。研究表明，黄花草木樨耕翻后氮的释放可持续至少 7 年，其中第二年释放量最高[147]。

在北达科他州的北部春小麦地区，通常在 6 月初、株高 60～90cm、刚开始开花时，灭生黄花草木樨。此时灭生兼顾了增收（指干物质和氮生产）需求和减少水分消耗的需要。耕翻或刈割调制干草的灭生速度快，成本比化学除草剂处理高，需要劳动力多，但能更早地阻止植物蒸腾的水分散失[153]。

第二年耕翻前，放牧是草木樨的另一种利用方式。从生长季初期开始，以高载畜量放牧以抑制其快速生长。草木樨引发臌胀病的风险稍低于苜蓿[153]。

有害生物管理　Pest Management

建植年，草木樨的竞争力相当弱，因此杂草问题严重的地块，建植单播草木樨非常困难。不论是收获做干草、翻入土地或铺在地表，一旦建植成功，草木樨可有效抑制第一年秋季和第二年春季休耕期的杂草[33]。

> 草木樨可以在各种恶劣环境、贫瘠的土壤和有害生物发生地生长。

据说草木樨植物残体对地肤、猪毛菜、蒲公英、多年生苦苣菜、臭草和狗尾草都有化感作用。据报道，多次刈割黄花草木樨后，让其自然成熟可以根除田蓟。草木樨开花结实期耗尽了整个土体的水分，从而消耗了杂草根系储藏物。

草木樨象甲（*Sitonia cylindricollis*）是一些地区的主要害虫，它采食新出土幼苗的叶片，摧毁植株。长期轮作可以减少其危害，这对依赖草木樨提高其有机农场土壤肥力、改良土壤结构的农场主来说是一项重要措施。据北达科他州富勒顿的有机农场主 David Podoll 说，他们那边的象甲连续繁衍了 12～15 年，最糟糕的年份，"田里的所有草木樨都被毁了"，"然后象甲种群开始衰退，在随后的几年中它们都不会构成威胁，然后它们的数量又开始增加。"

"栽培措施改变不了象甲的繁殖周期，但是提早与非竞争性保护作物（亚麻或小粒谷物）混播是提高草木樨存活率（受害后）的最好方法，"Podoll 说。还需要进一步研究象甲的防治技术。

在密歇根州为期三年的试验中，轮作可减少线虫造成的经济损失，黄花草木樨（YSC）>YSC>马铃薯轮作的产量要高于黑麦、玉米、高丹草和紫花苜蓿的组合。种三叶草或苜蓿两年后再播马铃薯，其产量与使用杀线虫剂以防止马铃薯秧早衰的对照区产量相当[78]。研究表明，豆科覆盖作物抑制线虫的原因在于它通过供氮使土壤整体营养供应更均衡，并增强了土壤阳离子交换能力。

种植制度　Crop System

在大平原中部和北部的中等干旱地区，播种节水豆科覆盖作物的"绿色休耕"系统，可替代裸地或残茬覆盖休耕系统。在休耕年份，不种植经济作物可恢复土壤水分，打破病害或杂草生活周期，最大程度提高下一年经济作物的产量。"褐色"休耕保留的植物残体可以降低水土流失和水分蒸发，与需要集约耕作的"黑色休耕"作用相反。不过，"绿色休耕"可以在土壤生物、生物多样性、吸引益虫、作物或饲草生产等多个方面创造更多的收益。

在西部干旱区，油菜（*Brassica campestris*）是一种夏季一年生经济作物，可作为草木樨的保护作物。加拿大萨斯喀彻温省的一项研究表明，当草木樨播种量为 0.67kg/亩、油菜播种量为 0.33kg/亩时，草木樨产量最高。该混播组合使得在油菜收获后留茬较低的情况下，

> 草木樨是夏季生物产量最高的豆科牧草（甚至超过苜蓿）。

有足够致密的草木樨草层保护土壤[254]。

油料作物（油菜、向日葵、海甘蓝和红花）单作需使用除草剂防治杂草。有些除草剂对草木樨没有影响，如果其覆盖层不能很好地抑制杂草，可采用苗后除草剂防治杂草。油菜收获后，残体量极少，覆盖草层的存在大大地降低了冬季土壤侵蚀[153]。

与高秆作物间作（Interplanting works with tall crops） 威斯康星州的研究人员报道，玉米长到15～30cm高时，在其行间条播草木樨获得了成功。由于透光性好，在甜玉米中撒播草木樨效果更好。

在半干旱地区，覆盖作物播种期和生长期的水分消耗一直是受关注的问题。在追求高收益的同时，必须权衡水分消耗给经济作物带来的损失。

北达科他州的试验表明，中耕时在向日葵地撒播草木樨中可为其增加一半的生长时间。干旱或种子土壤接触不充分是成苗率低的一个主要原因。加大播种量和提早播种会提高出苗率。试验证明，在向日葵播种时，用 Insecticide Boxes 将草木樨撒播在其行间，效果更好[153]。

在另一项北达科他州的研究中，豆科绿肥虽然比休耕多消耗了70mm（雨量等值）水，但在春季它们使76mm土壤表层中增加了25mm水分[14]。

"绿色休耕"也可将黄花草木樨与春大麦或春豌豆混播。不过，这种混播也存在一定的问题，一是豌豆对除草剂敏感，二是大麦的竞争力太强。

北部的加拿大大平原，草木樨在第一年9月会耗尽土壤水分，但是第二年6月积雪增加了水分渗入量、减少了水分蒸发，提高了土壤水分含量[32]。

北达科他州温莎的 Fred Kirschenmann 在收获向日葵之后，通过浅耕来控制休耕地春季杂草的生长，然后在播种草木樨和保护作物荞麦或燕麦（土壤水分较少时种黍）之前，用杆式除草机除草一遍或两遍。一般收获荞麦（产量不超过68kg/亩）后让草木樨生长并越冬。初夏刚开花时，用圆盘耙切耙草木樨，草层变干后，用宽刃犁（wide-blade sweep plow）切割紧贴地表之下的根颈。草木樨残茬提高了休耕地土壤有机质，相比之下黑色休耕则是消耗了有机质以释放氮。防止腐殖质分解可抑制地肤这种难缠的杂草。

温带地区，可将 Hubam（一年生草木樨）撒播在春播西兰花田，让覆盖作物在夏天生长，秋季播种下茬作物前将其灭生，或者让其自然冻死以形成整个冬季厚厚的土壤覆盖层。

在宾夕法尼亚州，Eric 和 Anne Nordell 在收获蔬菜（6月或7月）之后播种草木樨。经过夏季生长，在冬季来临前其主根已入土甚深，可固氮并能将土壤深层的养分带到表层。参阅《全年种植覆盖作物控制顽固杂草》（第39页）。

其他选项　　Other Options

草木樨第一年的适口性和饲用价值与苜蓿相同,尽管收草会降低第二年的植株活力。第二年的牧草品质较低并且随着植株成熟适口性变差,但总产量至少可达 333~500kg/亩[120]。

据报道,北达科他州的草木樨种子产量为 15.2~30.2kg/亩。当有 30%~60%的荚果变为褐色或黑色时,将草木樨刈割下来摊放,以减少种子落粒。种子高产需要有传粉昆虫[182]。

收获时逸出的硬实种子会留在土壤种子库中,内布拉斯加利福尼亚州德威斯的有机农场主 Rich Mazour 将其看作额外收益。每年初春,农场的天然禾草牧场上就会长出占草层总比例 20%~30%的草木樨植株,可供早期放牧。一旦暖季型禾草开始生长,草木樨就会消失。对于作物大田,可以使用残茬粉碎机和残茬耕作工具来清除草木樨和其他直根型"人工植被",Mazour 说。

对比特性　　Comparative Notes

草木樨和深根型二年生和多年生豆科作物不适合易发生严重干旱的区域,因为它们会过多消耗土壤水分从而降低随后几年的小麦产量[163]。

小麦收获后种草木樨,杂草是要面临的难题。堪萨斯州东北部的一位有机农产主报道,为了消灭苍耳,必须进行低留茬刈割(一年生苜蓿耐受低留茬刈割),甚至超出了草木樨的耐受极限[204]。

北达科他州进行的旱地豆科作物比较试验表明,6 月播种的黄花草木樨,生长 90 天后干物质产量和产氮量可以与紫花苜蓿和长萼鸡眼草(*Lespedeza stipulacea* Maxim)相媲美。地三叶、蚕豆(*Vicia faba*)和紫花豌豆在干旱条件下总体固氮效率最高,因为它们生长季初期生长迅速,水分利用效率高[330]。

品种(Cultivars)　　Madrid 黄花草木樨,以良好的生长活力和产量著称,且抗秋季霜冻。Goldtop 幼苗活力极高,比 Madrid 晚熟 2 周,因此牧草产量更高,种子也更大[360]。北达科他州六年的试验表明,普通黄花草木樨和高香豆素含量的 Yukon、Goldtop 及 Madrid 品种的产量最高[268]。

白花二年生草木樨品种主要有 Denta、Polara 和 Arctic。Polara 和 Arctic,能适应非常寒冷的冬天。最适合放牧的是生产力低、香豆素含量低的 Denta、Polara(白花型)和 Norgold(黄花型)品种。

种子来源(Seed sources)　　详见第 218 页《附录 C 种子供应商名单》。

白三叶（White Clovers）

Trifolium repens

别名（Also called）：Dutch White, New Zealand White, Ladino。
类型（Type）：长寿命多年生豆科作物或冬季一年生豆科作物。
作用（Roles）：植被覆盖层、水土保持、绿肥、吸引益虫。
混播作物（Mix with）：多花黑麦草、红三叶、硬羊茅或紫羊茅。
参阅第71~77页表中的排序和管理概要。

白三叶是蔬菜（有灌溉条件下）、果树（灌木或乔木）行间种植的首选覆盖作物。它持久性强，适应性广，可常年固氮，强壮的茎和密集浅根系层起到了很好的保护土壤及抑制杂草的作用。不同类型的白三叶株高不同，但都只有15~30cm高，刈割或放牧后生长旺盛。一旦建植，它们能在田间机械重压后恢复直立生长，在冷凉、湿润、遮阴条件下也能旺盛生长。

三种类型（Three types） 白三叶品种按照植株大小分为三种类型。长得最矮的类型（WILD WHITE）耐重压和放牧。大小居中的中间类型（DUTCH WHITE，NEW ZEALAND WHITE 和 LOUISIANA S-1），开花早，花多，更耐高温（与高大类型相比），耐热性更强，包含了大部分重要的经济品种。高大型（LADINO型，拉丁诺型）是所有白三叶中产氮量最多的，以牧草品质优良著称（尤其是在排水不良的土壤上），通常持久性较低，但植株比中间类型高2~4倍。

白三叶的中间类型包括许多栽培品种，大部分最初以牧草为选育目标。密西西比州中北部的试验表明，36个品种中最适合作覆盖作物的是 ARAN、GRASSLAND KOPU 和 KITAOOHA。这些品种在植株活力、叶面积、干物质产量、花序数、晚开花习性和茎直立情况（可防止接触土壤）等所有性状评价的排名都较高。排名高的品种还有 ANGEL GALLARDO、CALIFORNIA LADINO 和应用广泛的 LOUISIANA S-1 [391]。

施大量的石灰、钾、钙和磷时，白三叶表现最好，但它耐贫瘠性要强于大部分三叶草，其多年生习性通过匍匐茎不断地形成新植株及种子成熟后自播来维持。

在南方干旱、易遭受病害的地区，白三叶作为冬季一年生植物。它在耐寒分区第4区的北部表现出多年生习性。矮小型和中间型品种的生物量较低，而拉丁诺型的产量与其他三叶草一样，深受牧场主青睐。

功能　　Benefits

产氮（Fixes N）　　健康生长的白三叶建植一年灭生，产氮量为 6.0～9.8kg/亩。建植后的成株在作物行间作为活地被物层时，也能为作物生长供氮。白三叶根部总含氮量要比其他豆类多，局部耕作是促使氮释放的特别有效的方法，其较低的碳氮比会使茎叶迅速分解释放氮。

耐机械碾压（Tolerates traffic）　　无论机械碾压强度多大，只要水分充足，白三叶都能成为良好的土壤覆盖层并使行间一直保持绿色。它能降低土地紧实度，减少扬尘，并防止湿润的土壤被车辆轮胎破坏。白三叶把脆弱的裸地转变成具有生物活性的土壤，进而吸引有益生物栖息在近地表处。

极佳的活地被物层（Premier living mulch）　中间型和较低矮类型的白三叶能在遮阴处生长，能形成低矮草层，多次刈割时仍能保持旺盛生长，耐机械碾压，因此是理想的覆盖作物。必须

> 白三叶生命力顽强、植株低矮、耐遮阴，这种多年生植物通常用在蔬菜种植中当活体覆盖层。

对其进行有效的管理，否则白三叶会与经济作物争夺阳光、养分和水分。在蔬菜、果树和葡萄生产系统中，通过使用一定量除草剂和少量耕作，就可以发挥白三叶持久性强的优势。

高效饲草（Value-added forage）　　白三叶适口性好，消化率高，粗蛋白含量高达 28%，但如果不精心管理，易使放牧反刍动物患臌胀病。

覆盖能力强（Spreading soil protector）　　白三叶通过产生匍匐茎在地面上扩繁，随着时间的推移，逐步扩展，覆盖与保护的土壤面积也逐步增加。每个生长季，掉落的叶子和刈割后的残体匍匐茎，促进新植株生根。如果种子能够成熟，通过自播也能增加新植株的数量。

适合漫长、冷凉的春季（Fits long, cool springs）　　春季长且气候冷凉的地区，如果选择秋播产氮作物，应考虑使用白三叶。内布拉斯加利福尼亚州的温室试验表明，MERIT 拉丁诺白三叶是 8 种主要豆科作物产氮水分利用效率（10℃条件下）最高的。在所有参试豆科作物中，只有拉丁诺型白三叶、毛苕子和蚕豆（*Vicia faba*）能在 10℃下生长良好[333]。

覆播（Overseeded companion crop）不管是早春在谷物田顶凌播种，春末在蔬菜田里撒播，还是夏初在甜玉米中套

白三叶（*Trifolium repens*，中间型）

Marianne Sarrantonio 绘

种，白三叶在主要作物下层空间都能萌发并良好建植。遮阴条件下，根系统发育缓慢，接收更多阳光后会快速生长。

管理　　Management

建植和田间工作　　Establishment & Fieldwork

广泛的适应性（Widely adapted）　白三叶耐潮湿土壤（甚至是短期水淹）和短期干旱，并能在中性至 pH<5.5 的酸性土壤中存活。与大部分豆科作物相比，它适应的土壤范围更广；在黏土和壤土中比在沙质土壤中生长更好[120]。拉丁诺型白三叶更喜欢沙质壤土或中等质地的壤土。

在发生干旱、有作物残体层覆盖或存在生长竞争的不利情况下，覆播播种量（条播为 0.4~0.7kg/亩，撒播为 0.5~1.1kg/亩）宜高。白三叶与其他豆类或禾草混播时，采用条播，播种量为 0.3~0.45kg/亩，可减少植株对光、水分和养分的竞争。

顶凌播种小粒三叶草（如杂三叶和白三叶），应该在土壤仍结冻的清晨完成。晚播，土壤会变湿黏，建植效果不好。顶凌播种应在春季较早时进行，使种子经历多次冻融交替（处理）。

必须在夏末尽早播种，使得白三叶有充分的时间建植，因为秋季冻融会轻易将细小且分布很浅的根系拔起。在初霜日之前的 40 天左右播种就足够了。湿润、阴凉的条件最适合夏季建植[120, 360]。与禾草混播时，冻拔对豆科作物根系的损伤较少。

在美国较温暖地区（耐寒分区第 8 区及更暖的地区），每粒种子都应该接种。在较冷凉地区，固氮菌在土壤中存活时间可达 3 年，而且自播的野生白三叶也会留下足够的固氮菌，没必要接种[120]。

刈割留茬高度至少要 5~8cm 以上，以使白三叶保持健康状态。为使白三叶安全越冬，留茬 8~10cm（长得较高的品种留茬 15~20cm）以防止冻害。

灭生　　Killing

铲根或深耕或犁翻，地下切割或旋耕，或春季喷施适宜的除草剂，都能很好地杀灭白三叶。极低留茬刈割和浅耕，不破坏根系，不能灭生，但却能抑制白三叶生长。

有害生物管理　　Pest Management

吸引蜂类（Prized by bees）　蜂既采集白三叶花蜜，也采集花粉。良好的昆虫管理措施可以使蜂和其他传粉昆虫受到最小的负面影响。密歇根州蓝莓种植者发现白三叶像绛三叶一样提高了（蓝莓的）授粉率（参阅《白三叶改良土壤，促进蓝莓生产》，第 203 页）。

病虫害风险（Insect/disease risks）　白三叶对线虫和叶部病害有一定的抵抗力，但易感染根腐病和匍匐茎茎腐病。白三叶主要的害虫有马铃薯小绿叶蝉（*Empoasca fabae*）、草地沫蝉（*Philaenis spumarius*）、三叶草叶象（*Hypera punctata*）、苜蓿叶象甲（*Hypera postica*）和盲蝽（*Lygus* spp.）。

如果不通过刈割或放牧来刺激植株再生，植物匍匐茎和茎发生老化，易出现病虫害问题。选择抗性品种、轮作、保持土壤肥力，以及适时刈割可以预防有害生物[360]。

种植制度　Crop Systems

活地被物层系统（Living mulch systems）　作为活地被物层，白三叶生长在水果、蔬菜、园艺作物和葡萄等主要经济作物的行间，在土壤内外都能发挥作用。活地被物层对农作物的有效性尚未得到证明。要获得多重收益，需要在整个生长初期精心管理覆盖作物，在不灭生的同时，确保其不与主要作物争夺光、养分，尤其是水分。

下面的几种方法非常有效：

人力刈割/行内覆盖（Hand mowing/in-row mulch）　Alan Matthews 发现自走式 76cm 作业宽幅-旋转割草机在 0.1 公顷地块上，能够控制青椒行间的三叶草混播。在宾夕法尼亚州匹兹堡附近，有活地被物层的试验地（12m 宽，等高带状种植）地表有助于防止坡地侵蚀。SARE 农场 1996 年进行的研究表明，有地被覆盖的辣椒地块上，每亩获得 83 美元的净利润，比传统种植模式下的产量高[258]。

Matthews 用干草覆盖移栽作物，在行的两侧各堆 30cm 高的干草。在行间手工播种覆盖作物混播组合，播种量高达 2.3kg/亩。混播中包括 50%的白三叶（white Dutch clover）、30%的埃及三叶草和 20%的 Huia 白三叶（植株略高于白三叶）。秋天收割，然后在下一年的初春撒播中间型红三叶建植干草田以取代不耐寒的埃及三叶草[258]。

纽约的一项试验表明，南瓜田中的白三叶（New Zealand white clover）在降雨量大的两年中抑制杂草效果好。在使用堆肥的无化肥试验中，在 1.6m 宽的条带上播种这种三叶草可抑制行间杂草。干旱年份，建植效果本不佳，加之三叶草生长缓慢，易产生杂草，尤其多年生杂草较多。活体覆盖/堆肥模式两年的南瓜产量都比进行耕翻和施肥的传统方式低，部分原因是行间堆肥推迟了南瓜的生长发育[281]。

研究表明，在干旱年份仅进行刈割不足以阻止覆盖作物与作物（行距 41cm）竞争水分。干旱时，杂草对水分的竞争力要比三叶草强[281]。

加利福尼亚州的一项研究表明，频繁刈割并精细管理很有必要。与无覆盖的花椰菜相比，白三叶覆盖降低了收获后的花椰菜上白菜蚜虫的数量，行间（10cm 宽）有三叶草覆盖的，与无覆盖的花椰菜产量大体相当。频繁灌溉和刈割能阻止水分竞争。如果想盈利，那么该种植模式需要进行灌溉或播种节水型豆类覆盖作物，而且还要有可一次收获多行的大田作业设备[93]。

化学抑制作用（Chemical suppression）　其效果是无法预测的。由于土壤水分、温度或土壤条件的变化，某一年能充分抑制三叶草的化学除草剂施用量在下一年就可能会过大（杀死三叶草）或产生不了抑制作用。

条带式旋耕（Partial rotary tillage）　纽约州进行了一项机械抑制效果评价试验：6月2日，以51cm宽的宽幅，条带式旋耕白三叶后播种甜玉米。尽管刈割（甚至5次）不足以抑制三叶草，但在刈割再生长2周后进行条带式旋耕效果很好。作业时，因旋刀间存在间距而留下的三叶草大量再生。作业后一个月内激增的氮促进了玉米生长。旋耕或除草剂处理破坏了根系和根瘤组织，似乎有助于释放三叶草中的氮。有白三叶覆盖的玉米叶黑粉病要比无覆盖的对照小区轻[170]。

遮阴（Crop shading）　以38cm行距、38cm株距播种甜玉米，遮阴会抑制白三叶生长。俄勒冈州的研究表明，与未种植三叶草的传统方式相比，该株行距的玉米生长速度较快，单株玉米穗数和产量更高。将玉米种植在10~15cm宽的耕作带中，同时使用化学除草剂抑制三叶草生长。若实行此种植方式，需配备按行收获的设备或进行人工采摘收获[139]。

> 建植后第一年灭生，健康的白三叶草地可产氮6.0~9.8kg/亩。

威斯康星州的研究表明，种植芦笋后仍然再生的白三叶（white Dutch clover）随着时间的推移可以抑制杂草，并为芦笋提供氮，不过芦笋的产量明显降低了。在芦笋种植的第二年或第三年建植三叶草可能更有效[311]。

白三叶改良土壤，促进蓝莓生产

在美国主要生产蓝莓的州，蓝莓王国的中心，Richard James "RJ" Rant 和母亲 Judy Rant 通过创新获得了丰厚的回报。由于白三叶和绛三叶等覆盖作物在他们的两个家庭农场中发挥了重要作用，蓝莓业发展迅速，农场主因此获利甚丰。

Rant 农场的土壤也因种植白三叶和绛三叶而获得了多重收益。

早在20世纪80年代，Judy 和她的丈夫 Richard Rant 在农场外做全职工作时，就种植了第一批蓝莓。他们管理农场直到退休且没有债务缠身——那个时期这本身就是个成就——但是一直没有真正地经营过农场。在父亲去世的时候，RJ Rant 还在读中学，然后在大学期间开始经营农场。

他在大学选择了农学专业，开始寻找一个提高蓝莓产量的方法并探索限制其生长的因素。他重视土壤改善和覆盖作物被证明是其成功经营的关键。目前，他已经有了两个农场：Double-R 蓝莓园和 Wind Dancer 农场，由 RJ 和他母亲 Judy 联手经营。

密歇根州的农场主已经用了好多年覆盖作物，产量最高的渥太华县的农场主也不例外。蓝莓的种植行距为3m，行间还有大部分空间，因此农民尝试着尽可能对其进行经济有效的管理。寻找不与经济作物竞争的一些作物，大部分农民选择黑麦或低矮禾草，不过两者都需要大量的时间与劳动力来管理，更别提播种和灭生所需投入的种子费和燃油费了。

RJ Rant 采取了不同的方案。农场的沙壤土还不错，但没有达到非常好的程度，因此他通过减少耕作和种植覆盖作物来改良土壤。一年生覆盖作物——黑麦秋季播种前需要耕作，春季需灭生并翻入土地；不耕翻的情况下，多年生白三叶可以生长两年甚至更久。由于生长低矮，三叶草在播种和刈割方面需要的劳动力也较少。

"覆盖作物的好处我可以说很多个，"Rant 说，"一直用它们是因为它们节约了我的时间和成本。"

尽管农场已经首次引种杂三叶并开始了研究，RJ 还是在密歇根州立大学找到了研究伙伴。他与研究者 Dale Mutch 合作以优化覆盖作物的选择、种植方法和管理方案。

"当考虑到如何改善农场土壤时，我真的很兴奋，"Rant 说，"我把农场看作一个统一的系统，行间土壤的生物学与蓝莓种植行内的土壤和肥力同样重要。"

在之前进行不同覆盖作物筛选试验的基础上，Rant 选择绛三叶进行更深入地测试，这种冬季一年生覆盖作物不仅春秋生长良好，自播潜力也很大，这进一步降低了成本。他还试种了红三叶、低矮型白三叶、芥菜、黑麦和春荞麦。Rant 说他最喜欢白三叶，因为它具有低矮生长习性及卓越的与杂草竞争的能力。

改善土壤仍然是 Rants 种植覆盖作物最主要的目标。对于喜好疏松易碎土壤的蓝莓来说，土壤紧实是个难题。为了更好地改善土壤结构，Rant 与 Pale Mutch 通过残体覆盖和绿肥利用来提高土壤有机质含量。

Mutch 和 Rant 正在研究绛三叶的自播，与刈割并在种子成熟后耕翻相比，自播是一种节省成本的方法。他们也在研究绛三叶适应的 pH 值范围，发现它比经济作物蓝莓还要适应高 pH 值的土壤。

Mutch 和密歇根州的研究者 Rufus Isaacs 也研究三叶草等覆盖作物管理的其他领域，如三叶草吸引的到底是蜜蜂还是切叶蜂和隧蜂。

Rant 说："三叶草对蓝莓生产的促进作用非常明显，而且不需要额外的管理来配合它。如果你真想做，就会成功。"

内容由 Andy Clark 编写

其他选项　　Other Options

种子生产时，在盛花期后的 25～30 天，大部分花序变成淡褐色时收获。

中间类型白三叶提高了永久性禾草牧场的蛋白质含量，延长了草地寿命。长得较高的拉丁诺型白三叶可以放牧或收草。在收获蔬菜后的覆盖作物上，可撒播禾草或其他豆科作物进行轮作，丰富了有害生物综合治理的手段，提高了（系统）经营灵活性。

对比特性　　Comparative Notes

- 白三叶对 pH＞7 的碱性土壤的耐受力比其他三叶草要差。
- 威斯康星州的比较研究表明，春播拉丁诺型白三叶的生物量与猛犸型红三叶差不多[401]。
- 白三叶根系中储存其全氮的 45%，比其他任何一种主要豆科覆盖作物根系都高。

- 在排水不良的土壤条件下，拉丁诺白三叶和杂三叶是最佳的调制干草用豆科作物。
- 在中西部地区，秋播白三叶几乎与苜蓿同时在 5 月中旬开始春季生长。

种子来源（Seed sources） 详见第 218 页《附录 C 种子供应商名单》。

毛荚野豌豆（Woollypod Vetch）

Vicia villosa ssp. *dasycarpa*

别名（Also called）：LANA 野豌豆（LANA vetch），也拼作 woolypod vetch。
生活史（Cycle）：冷季型一年生植物。
类型（Type）：豆科。
作用（Roles）：提供氮源、抑制杂草、防止侵蚀、增加有机质、吸引蜜蜂。
混播作物（Mix with）：其他豆科作物、禾草。
参阅第71～77页表中的排序和管理概要。

毛荚野豌豆和紫苔子（*Vicia benghalensis*）等野豌豆种类生长快，在耐寒分区第 7 区及更暖地区可替代毛苕子。在这些地区，它们作为冬季覆盖作物，不需要或只需要极少量灌溉，能提供丰富的氮和有机质，抑制杂草效果好。

加利福尼亚州许多高附加值作物种植者选择一种或多种能自播的野豌豆作为覆盖作物、益虫的栖息地和土壤覆盖物。野豌豆在冬季或春末自播后刈割。

一些葡萄园管理者每年都将毛荚野豌豆与燕麦混播或与豆科混播（如毛荚野豌豆与普通野豌豆、地三叶、苜蓿混播）。在保证有足够的覆盖物可供刈割或翻耙的情况下，每隔一个通道（alleyways）种植该混播组合，可降低播种成本并减少水分竞争。毛荚野豌豆的攀缘能力（比光叶紫花苕和箭筈豌豆都强）和丰富的生物量会成为葡萄园和幼林果园的难题，但能通过定期监测和及时刈割轻松地解决这一问题。

在耐寒分区第 5 区及更寒冷地区和第 6 区的部分地区，毛荚野豌豆可以用作枯草覆盖层或作为一种生长迅速易刈割的春季覆盖物，为移栽蔬菜抑制杂草并提供氮。在耐寒分区第 6 区及更暖地区，毛荚野豌豆在番茄种植前或收获后用作越冬覆盖物是很好的选择。在加利福尼亚州，与光叶紫花苕和其他豆科混播组合相比，连续两个截然不同的生长季，毛荚野豌豆每年供氮最多且抑制杂草效果最好[412, 413]。

功能　　Benefits

氮源（N Source）　春播毛荚野豌豆来年越冬后如能继续生长，在任何种植模式下都能轻松供应超过 7.5kg/亩的氮。畅销品种 Lana 出苗仅一周就开始固氮。

> 在加利福尼亚的果园和葡萄园中，毛荚野豌豆通常用于混播。

如果春季的气候温暖且水分充足，Lana 在第一年或第二年都能贡献多达 22.7kg/亩的氮[272,395]。加利福尼亚州的研究表明，秋播 Lana 耕翻从接茬玉米的增产效果来看，相当于提供了 15.2kg/亩的氮[272]，与供给番茄的氮量相近[395]。俄勒冈州西部的研究发现，Lana 能为甜玉米提供 5.3kg/亩的氮[363]。

改善土壤的有机质（Plenty of soil-building organic matter）　毛荚野豌豆的干物质产量比其他任何一种野豌豆都高。生长季初期的生长表现比其他野豌豆好，在耐寒分区第 7 区及更暖地区气候冷凉的秋末和冬季也是如此。太平洋西北部地区的初春[363]和加利福尼亚州的冬末初春，当水分充足时，Lana 野豌豆生长迅速，干物质产量高达 605kg/亩，这些生物质迅速分解，改良了土壤结构[63,272,395]。

降低霜冻危害（Frost protectant）　一些果农发现，春季、开花期前保持有厚厚的覆盖层可使扁桃的休眠期延长 10 天。"这降低了早期霜冻的风险（对花而言，因为推迟了开花时间）并延长了扁桃（almond trees）的花期"，加利福尼亚州希尔马的扁桃种植者 Glenn Anderson 说。

抑制杂草（Smother crop）　毛荚野豌豆生长旺盛的春季会使杂草无立足之地，且还有化感作用。加利福尼亚州一葡萄园对 32 种覆盖作物的研究发现，只有毛荚野豌豆能完全抑制繁缕、荠菜、鼠茅和多花黑麦草等主要季一年生杂草[421]。

吸引益虫（Beneficial habitat）　毛荚野豌豆能吸引传粉昆虫和益虫。在果园，到春末时这些益虫会迁移到树冠中，所以可以在地面覆盖物自播后进行刈割，且不用担心会破坏益虫栖息地[183]。

毛荚野豌豆（*Vicia villosa* ssp. *dasycarpa*）

管理　　Management

建植和田间工作　　Establishment & Fieldwork

毛苕野豌豆在多种类型的土壤上都能良好生长——甚至是在贫瘠的沙质土壤中，能耐受中等酸性到中等碱性之间的土壤条件，能很好地适应加利福尼亚州大部分果园和葡萄园的土壤[421]。

最宜在刚刚翻耕、缺乏养分的田地中建植。翻耕有助于提高野豌豆自播能力[63]。毛苕野豌豆在某些免耕种植制中并没有达到预期效果。

如果水分充足，以低到中等的播种量撒播并浅覆土，就可以得到令人满意的秋播效果（如果植株可一直生长至春季中期，效果更佳）。如果目标是使其尽快获得生长竞争力、抑制杂草，那就以中高水平的播种量撒播并浅覆土。

刚刚出土的幼苗不好认，因为没有典型的复叶，Glenn Anderson 说："根据水分和土壤条件的不同，播种后的 2 周内或至少 3 周内，你就能认出它。15cm 高时，看起来仍然非常纤细。直到冬末或初春旺盛生长开始时，它才会真正地发枝散叶。"旺盛的营养生长一直持续到 5 月中旬或 5 月底，然后进入成熟期。

秋播（Fall planting）　无论采取什么播种方式，大部分种植者以低到中等水平的播种量播种。条播时 1.3~2.5cm 的播种深度最佳，尽管早播时播深可达 5cm。撒播后要使用碎土镇压播种机镇压或用钉齿耙轻耙一遍。

苗床准备是葡萄园建植健康覆盖作物层的关键。加利福尼亚州的葡萄种植者和顾问 Ron Bartolucci 建议用圆盘耙耙 2 次地清除现有植被并松土。他提醒，要慎用旋耕机，因为它会粉碎土壤并降低其保水能力[210]。

Bartolucci 更喜欢条播覆盖作物，因为条播比起撒播，可以节约种子成本，种子与土壤也能充分接触。隔行种植节约成本也方便修剪葡萄树。

在耐寒分区第 7 区及更暖地区，毛苕野豌豆秋播应尽量提前。如果等到 10 月中旬（俄勒冈州）和 11 月初（加利福尼亚州中部部分地区）土壤温度下降的时候才播种，萌发率会非常低，并且长势也不尽如人意。即使很早播种，如果错过了中心谷地（Central Valley）雾季带来的水分，那么雨季之前就得提高灌溉量。

不管采用什么播种方法，都要将毛苕野豌豆播在湿润的土壤中或在播种后立即灌溉以促进萌发[272]。如果有灌溉条件但又想节水，那么可以在预报的大雨来临之前播种，没下雨的话再灌溉。

春播（Spring planting）　东北地区，初春种植的毛苕野豌豆可以在美国阵亡将士纪念日（Memorial Day）之前翻耕，为夏季一年生经济作物提供氮。

刈割和管理　　Mowing & Managing

毛苕野豌豆可在严寒天气下存活数天，但严寒显著减少了干物质和氮产量[211, 272]。

通常情况下，毛荚野豌豆管理所面临的主要挑战是在保证它生长旺盛、展示强大的攀缘能力的同时，如何确保主要作物能吸收到足够的水分。在俄勒冈州西部地区这种湿润的环境中，Lana 野豌豆可以延缓春季土壤干燥进程，为夏季作物提供水分适宜的播种土壤[363]。

毛荚野豌豆耐刈割，但要保证留茬高度不低于 13cm，并避免在其自播前的两个月内刈割。"我最晚 3 月中旬刈割，自播效果也挺好，"加利福尼亚州中央谷地的有机扁桃种植者 Glenn Anderson 说，"此后，我也可以通过刈割来预防冻害，但自播效果变差，野豌豆株丛密度会有所下降。"

Anderson 通常在 3 月中旬前，野豌豆自播后，刈割 1~2 次。他在盛行风的方向（大概是与树行呈斜对角的方向），尤其是在他预测到潮湿空气沿着此方向移动的时候，进行修剪，这有助于果园的空气流通。

将毛荚野豌豆刈割至 30cm 高可以避免它们攀越葡萄架。在没安装防霜冻喷灌设备的葡萄园，春季即将混播的豆科作物翻入土地，以免土壤变得太干无法耙地。在能使用洒水装置的地方，覆盖作物能在较长一段时期内生长并提供额外的氮。为避免耙地机械在春季潮湿条件下作业困难或避免其压实土壤，需把握好耙地的时机[210]。

当毛荚野豌豆生长到三月末时，干物质产量会很高，然后耙地或刈割 2~3 次会加速其分解。与圆盘耙相比，动力机械将野豌豆翻入土壤的同时还能降低土壤紧实度[420]。

水的问题（Moisture concerns） 许多果树和葡萄种植者发现，如果第一次在行间种植 Lana 野豌豆等侵略性强的覆盖作物，有必要对果树或葡萄树进行滴灌。在无灌溉条件的加利福尼亚州葡萄园，几位农场主发现种植覆盖作物后，葡萄树活力衰退的速度似乎更快。不过，还没有其他人观察到这一现象。在种植豆科覆盖作物几年之后，许多人发现土壤保水能力变强，整个系统耗水量变少了。

自播问题（Reseeding concerns） 野豌豆自播效果往往不好，刈割时间不对或土壤肥力过高时尤其如此。如果预感到野豌豆的持久性可能不好，一些葡萄园管理者每年秋季都会隔行种植野豌豆混播组合，或补种缺苗的斑块。

无论采用何种刈割方式，Lana 野豌豆作为一种自播型覆盖作物，其持久性都会随着时间的推移而逐渐减弱，随后其他植物会开始占据优势。Glenn Anderson 认为，这恰恰说明了覆盖作物具有保水、提高肥力和改善土壤耕性的作用。

Anderson 观察到，随着时间的推移，植被组成会自然地发生变化。他指出，通过多年自播，提供了大量的干物质和氮后，他当初以低播种量单播在果树行间、占果园面积一半的 Lana 野豌豆，在现有植被中的比例最终降到了 10%。他引种的地三叶和其他豆科作物的作用越来越重要。其他种植者表示，这些豆科作物可能比 Lana 野豌豆的自播能力更强。

> 早春，Lana 毛荚野豌豆在西北太平洋地区的生长速度可以用"爆炸"来形容。

有害生物管理　　Pest Management

如果播种量较高，那么毛茸野豌豆能竞争过杂草并能快速解决大部分的杂草问题。毛茸野豌豆还有化感作用，根的分泌物可以抑制一些禾草、扁豆和豌豆幼苗的生长。

留在土里的硬实种子会使得其成为接茬经济作物和葡萄园的杂草[102]。具有强大的攀爬能力的 Lana 野豌豆可将葡萄藤盖住或缠住喷灌装置。在果园里，从树冠上剪掉或扯下它的攀缘茎相当容易，但这会降低其自播率。

虫害不是毛茸野豌豆面临的主要问题，部分是因为它能吸引瓢虫、草蛉、小暗色花蝽和其他益虫来抵抗害虫。

Lana 野豌豆是小核盘菌的寄主，这是一种能导致生菜产量下降的土传病原菌，也是造成生菜、罗勒和花椰菜的真菌疾病。在加利福尼亚州用小核盘菌侵染覆盖作物的研究表明，夏季将 Lana 野豌豆翻入土壤后，随着病原菌数量增加，生菜产量也随之下降，但在来年威胁就会消失。种植易感染该病原菌的作物，最好不要选毛茸野豌豆作覆盖作物。

其他选项　　Other Options

种子（Seed）　　毛茸野豌豆种子产量较高，但荚果容易破碎。为提高种子收获率，先钉齿耙将野豌豆茎秆搂集成行（尽可能避免刈割）晾晒，然后使用配有带式橡胶捡拾装置（belt-type rubber pickup）的联合收割机捡拾脱粒[420]。

饲草（Forage）　　像大多数野豌豆一样，Lana 野豌豆鲜草有点苦但适口性好，干草的适口性更佳[420]。可作高营养的放牧牧草[420]。

最好在盛花期刈割调制干草，其叶片干燥迅速，刈割后 1~2 天内即可将摊晒的草条搂起[420]。

▌对比特性　　Comparative Notes

- 毛茸野豌豆的花比毛苕子稍小，其种子偏椭圆，而毛苕子种子近圆形。Lana 野豌豆种子硬实率比毛苕子高[421]。
- Lana 野豌豆初期生长量比箭筈豌豆大，尽管春季它们的生物量都会显著增加。
- Lana 野豌豆和光叶紫花苕的耐寒性比箭筈豌豆或毛苕子差。一旦建植，Lana 野豌豆可耐受数日的初期霜冻（尤其是在如果温度没有大幅波动或有积雪覆盖的情况下），比更容易在初春死亡的光叶紫花苕强[149]。
- Lana 野豌豆比光叶紫花苕早 3 周开花，并且在旱地条件下更易结实[272]。
- Lana 野豌豆及其混播组合抑制杂草的能力要比光叶紫花苕强[149]。

种子来源（Seed sources）　　详见第 218 页《附录 C　种子供应商名单》。

附录 A 在农场做覆盖作物试验*

想为你的农场找到最佳覆盖作物,你没有必要把自己变成科学博士或耗费一生去做研究工作。在自己的农场里开展有效试验并做观测并不难,只需你遵循以下步骤:

A. 缩小选择范围(Narrow your options)

首先开展一个小范围的试验,选种 2~5 个种类或混播组合。来年再开展大型的试验,筛选出最好的一个或两个种类(或混播组合)。不确定开展轮作的最佳地点和最佳时间?在大田外另找一块地进行面积较小的小区试验,在适宜的土壤和气候条件下,按不同的播期播种。如果已确定种植地点和时间,且只有 2~3 种覆盖作物供筛选,那就按照正常的播种程序,直接把试验放在大田里。这种方法可以让你快速了解某种覆盖作物是否适合你的耕作制度。需注意某些管理措施可能需要做一些调整(如播种量或播种日期)才能达到最佳效果。

B. 订购少量种子(Order small seed amounts)

如果提前预约,那么许多公司提供 0.5~4.5kg 的袋装种子。若只能选择 22.7kg 的规格,则可以与其他种植者分摊。不要仅因为种子价格看起来高就弃选某个作物。如果它的效果较好,那么可以降低其他方面的成本。不过你可以考虑自己繁种,甚至还有可能在当地销售。豆科作物须在保证已充分接种后再试种,因为只有特定的根瘤菌才可以使覆盖作物有效的"捕获"和"固定"氮。参阅《结瘤:匹配合适的接种体,提高固氮效率》(第 135 页)。

C. 确定小区大小(Determine plot sizes)

虽然较大的小区会有足够的产量,并且数据更可靠,但还是要尽量选择面积较小的小区以便管理。如果种植的蔬菜要销售,宽 15~30m 的地块,种 2~4 行就足够了。地块有 60 亩甚至更大,小区面积 2~3 亩就可以。如果要使用大田机械,那就建一个与大田一样长的小区。对于条播作物,小区至少要有 4 行宽,或按机械宽度设计种植条带。要注意接茬作物的管理需求。

---

* 作者为 Marianne Sarrantonio。

D. 设计一个客观的试验（Design an objective trial）

每个测试项目都要尽可随机地布置小区，小区尽可能一致，最好有重复（每个项目至少有 2~3 个重复小区）。如果部分地块有明显区别（如排水不良或杂草丛生），那么一个区组需布置在同一地块，以使各块地的同一处理都具有相同的代表性。或者干脆就别选这些地块。给每个小区都做个标牌，并绘出试验小区分布图。

E. 及时（Be timely）

要像重视大田一样重视这个试验。在合适的时间整地，精细程度和大田一样。如果可能的话，多设几个播种日期，间隔至少 2 周。通常，在初霜期之前至少 6 周播种冬季一年生作物。小麦和黑麦可以稍晚播种，尽管这样会显著地减少氮的吸收量。

F. 精细播种（Plant carefully）

用拖拉机拖带的播种机在面积较大的小区播种，每种作物播种时，都要调节播种机的播种量，以避免播量不正确导致的试验生产失败或田间表现差异大的问题。播种机的播量设置要做个永久标记，以便日后参考。对播种总量低于 2.3kg/亩、面积小的小区，手摇曲柄或旋转播种机播种效果好。每个小区用种称重后单独放在不同的容器。面积小的小区采用 1 磅/英亩= 0.35 盎司（10 克）/1000 平方英尺来计算播种量。如果覆盖作物的播种量要求为 30 磅/英亩，每 0.35 盎司需乘以 30。每 1000 平方英尺需要 10.5 盎司（300 克）的种子。将一半种子放到播种机中，沿着地块长向，往复播种，播幅间保持少量的重叠。然后再沿横向播种另一半种子，这样一来，播种的轨迹交叉成了网格状。撒播也应采用相同的模式。播种小粒种子，需与沙子或新鲜的猫砂（fresh cat litter）混合，以避免播种量过大。

G. 收集数据（Collect data）

准备笔记本或活页，记录实验数据并做观察记录。管理信息应包括：①地块地点；②耕作历史（作物、除草剂、添加物、不寻常的情况等）；③小区规模；④土地准备和播种方法；⑤种植日期和气候条件；⑥种植后的降雨；⑦覆盖作物灭生时间和方法；⑧一般性描述。

小区的生长数据可能包括：①播种后 7~14 天的萌发情况评价（极好、还可以、差等）；②建植后一个月后，初期生长或活力评价；③灭生或刈割之前定期进行高度和地面覆盖率测定；④定期进行杂草状况评测；⑤生物量或产量测定。

在种植下一茬作物之前要对覆盖作物的情况进行评估。当冬季一年生作物在初春打破休眠并开始生长之前，对其越冬率进行评估。如果要通过刈割灭生一年生作物，那么在接近开花日期时进行；如果仍处在营养生长阶段，那么植株可能还会再生。记录任何可能影响最后产出的事项，如杂草发生率。如果时间允许，那么尽量灭生覆盖作物，继续进行轮作试验（至少做个小规模的试验）。你可能要用手工工具或草坪修剪机，并设标牌来标记小区。

H. 选择最适合的覆盖作物种类（Choose the best species for the whole farm system）

不确定哪种覆盖作物效果最好？无论结果怎样，一年的试验都不能说明问题。气候和管理措施会随着时间不同而变化。

就覆盖作物的生境进行问答，以评估其表现（参阅《选择最佳覆盖作物》，第8页）。同样要质疑某种覆盖作物是否：①容易建植和管理；②很好地发挥其主要作用；③避免与主要作物过度竞争；④看起来有多重功能；⑤可能适应不同的条件；⑥适合现有设备和劳动力水平；⑦有进一步节约生产成本的潜力。

第二年扩大规模，试种表现最好的和第二好的覆盖作物。若是大田作物，尝试数亩的小区；高附加值作物的小区面积可小些。此外，还可试验提高作物覆盖率及其作用的措施。本书中提到的主要覆盖作物种类包括管理措施可能会有帮助。要如实地进行观察记录。

I. 微调并富有创造性（Fine-tune and be creative）

"最佳"的覆盖作物也有可能有某个或多个地方无法令你完全满意，可以牺牲一些潜在的功能以使覆盖作物在你的农场系统中发挥更好的作用。例如，虽然较早地将覆盖作物灭生会减少生物量或氮产量，但是可以准时地种植夏季作物。多数情况下，对管理措施进行微调还可降低生产成本。减少播种量或改变播种日期也可以降低耕作成本。窄行种植经济作物可能会妨碍豆科作物撒播，但能减少杂草，提高经济作物产量。进行年度经济收益分析时，别指望覆盖作物把所有的效益都发挥出来，有些收益很难通过金钱来衡量。

最佳覆盖作物看起来非常适合你的农场，但是还有些很有前景的种类和管理措施你连想都没想到，更不用说做试验了。参阅《附录B 具有发展前景的覆盖作物》（第213页）的几个案例。"感觉压力大？"没有必要。进取心和常识你已经具备了，二者是开展任何田间试验项目的基本要素。作为农场主，你每年都要试种不同品种，试验播期及其他管理措施。本章节提供的试种覆盖作物方法足够用了。你也可以在本地与他人合作，以整合资源，分享成果。如此一来，你们均可学习掌握对方的种植方法，并从中收益。

本文引自罗代尔研究所 Marianne Sarrantonio 1994年编写的《东北部覆盖作物手册》并于2006年做了改编与更新。

附录 B　具有发展前景的覆盖作物

白兰萨三叶草（Balansa clover）

美国东南部地区进行的一项筛选试验表明，白兰萨三叶草（*Trifolium michelianum* Savi）是一种很有潜力的覆盖作物新种类。该种为一年生豆科作物，种子小，比其他豆科作物（包括绛三叶）自播能力强。白兰萨三叶草适应土壤类型范围广，在 pH 值为 6.5 的粉质黏土土壤上表现特别好。成株耐水淹，耐中度盐胁迫，适应 pH 值 4.5～8.0 的土壤。在碱性高的土壤中生长不良[30]。在耐寒分区第 6b 区可以生长。

在耐寒分区第 6 区、第 7 区和第 8 区（涵盖墨西哥湾地区到田纳西州北部，佐治亚州以及到阿肯色州西部）进行了白兰萨三叶草和其他自播豆类的筛选试验，TIBBEE 绛三叶（*Trifolium incarnatum*）作为物候期对照种类。在每个地点，待 TIBBEE 开花后 2～3 周灭生被测作物以确定自播时间比绛三叶早的种类。褐斑苜蓿（*Medicago arabica*）和白兰萨三叶草在整个耐寒分区第 7a 区表现耐寒，是最好的自播豆科作物，而且这些种类中只有白兰萨三叶草种子在市场上能买到。

白兰萨三叶草是开放授粉植物。花色白色或粉色，易吸引蜂类。若不进行放牧，它会生长到 0.9m 高，并产生粗壮的中空茎，适口性好，饲用价值高。放牧时趋向匍匐生长。

1978 年，白兰萨三叶草被定名为 *Trifolium michelianum* Savi。有时也用拉丁名 *Trifolium balansae* 或 *Trifolium michelianum* subsp. *balansae*。1937 年，在土耳其收集到的白兰萨三叶草品种 MIKE，经全国科学研究委员会（NRCS）在亚拉巴马州办公室同意于 1952 年发布。目前，希腊雅典的植物引种站现有少量该品种种子供应。

白兰萨三叶草种子相当小，所以以 0.38kg/亩播种量播种就能形成致密的草层。种子只在澳大利亚进行商业生产。白兰萨三叶草需要一种相对罕见的接种剂，即生产"Nitragin"牌接种剂的 Liphatech 公司特制的"Trifolium Special #2"。Kamprath 种子公司进口白兰萨种子（详见《附录 C 种子供应商名录》，第 218 页）。一些种子供应商供应提前接种的包衣种子。每千克包衣种子的价格与裸种大概相同，但是有 1/3 的重量是包衣材料，所以包衣种子播种量应增加至 0.6kg/亩。

PARADANA 是一种在美国已经过广泛测试的品种，1985 年由南澳大利亚农业部（the South Australia Department of Agriculture）发布。育种材料从土耳其引进，在澳大利亚新南威尔士州的袋鼠岛进行杂交后育成。种子产量超过 41.5kg/亩。BOLTA 比 PARADANA 晚熟 1～

2 周，FRONTIER 则要早熟 2~3 周。FRONTIER 选自 PARADANA 的品种，但在近年的种子贸易中，已经替代了其亲本。

PARADANA 种子成熟早于绛三叶，但生物量产量较少，盛花期地上部积累的氮大概有 4.5kg/亩。因为种子硬实率较高，一季生产的白兰萨三叶草种子可供连续几年自播。

在密西西比州塞纳陶比亚，一个生长季产生的种子持续自播了四年，而在亚拉巴马州、佐治亚州和密西西比州其他几个地点的免耕系统中至少自播两年。试验中，TIBBEE 和 AU ROBIN 绛三叶自播均不超过一年。白兰萨三叶草在耕作后自播效果不好，可能是因为种子较小且埋的较深。

在免耕系统中，每 3~4 年允许白兰萨三叶草初花期后再生长 40 天，草地即可永续生长利用。

自播草地草层更致密，花期提前 5~7 天，并且比人工播种草地高产，因为只要条件有利时自播草地立即能出苗，密度较高。而且，种子成本与机会成本及延迟主要作物种植的风险相比较少。美国东南部地区，只有最适种植期为 5 月的主要作物轮作中，故意错过最适播种期以促进自播的方法才可行。

白兰萨不像绛三叶那样容易成为根结线虫（*Meloidogyne incognita*, race 3）的寄主。密西西比州斯塔克维尔、USDA-ARS 的 Gary Windham 发现白兰萨三叶草草地的卵块指数得分为 2.3~2.9，而抗性较强的白三叶分值为 1.5，大部分绛三叶得分为 3.0~3.5，并且易感的 REGAL 白三叶分值为 5.0（分值范围 1.0~5.0）。

——Seth Dabney

USDA-ARS National Sedimentation Lab　　662-232-2975; sdabney@ars.usda.gov
P.O. Box 1157 Oxford, MS 38655-2900

■ 黑燕麦（Black oat）

黑燕麦（*Avena strigosa* L.）是巴西南部数百万亩保护耕种大豆的首选覆盖作物，在美国南部有应用潜力（耐寒分区第 8~10 区）。

黑燕麦生物量大，与黑麦相似，C:N 黑麦低，氮循环效率比黑麦高，这对保护性耕作系统中的氮管理很重要。可打破小麦和大豆的病害循环，抗根结线虫，抗锈病能力极强，还可通过独特的化感作用控制杂草。黑燕麦能轻易地被机械灭生。

包括耐寒分区第 8b~10a 区在内的美国沿海平原南部地区，黑燕麦适合用作一种冬季覆盖作物。在耐寒分区第 8b 区，秋季种植效果很好，但是该地区，由于播种期不同，某些地方黑燕麦每 6 年就有一年无法越冬。

播种期与普通燕麦相似。种植过早，易被冻死或倒伏。冬末种植（2 月初），生物量大，并可为沿海平原较晚种植的经济作物提供地表覆盖。

作为覆盖作物时播种量为 3.8~5.3kg/亩，用作种子生产时为 3.0kg/亩。东南部地区秋播（11 月）地，种子在 5 月中旬到 6 月初期间成熟。种子产量为 60.5~105.8kg/亩，不过在市面上出售的种子数量有限。

SOILSAVER 是为提高耐寒性而选育的一个品种，由奥本大学和 IAPAR（巴西巴拉纳州农艺研究所）发布。奥本大学和 USDA-ARS 的研究人员从 IAPAR-61-IBIPORA 群体中将其选育出来的，IAPAR-61-IBIPORA 是巴西巴拉纳州农艺研究所（IAPAR）和巴拉纳牧草评价委员会（CPAF）发布的一个公共品种。

SOILSAVER 黑燕麦作为覆盖作物有以下优势：分蘖能力强、生物量大、土壤覆盖效果好、抑制阔叶杂草效果极佳。一项研究表明，在保护性耕作的棉花（*Gossypium hirsutum* L.）田，种植黑燕麦时杂草控制率平均为 34%，而黑麦为 26%，小麦为 19%，无覆盖作物时为 16%。

——D.W. Reeves

Research Leader
USDA-ARS, J. Phil Campbell Sr. Natural Resource Conservation Center
1420 Experiment Station Road
Watkinsville, GA 30677
706-769-5631 ext. 203
fax 706-769-8962
Wayne.Reeves@ars.usda.gov

附加信息：

SoilSaver—A Black Oat Winter Cover Crop for the Lower Southeastern Coastal Plain. 2002. USDA-ARS National Soil Dynamics Lab. Conservation Systems Fact Sheet No. 1. www.ars.usda.gov/SP2UserFiles/Place/64200500 /csr/FactSheets/FS01.pdf

羽扇豆（Lupin）

羽扇豆是产氮量较大的冷季型一年生豆科作物，在美国和加拿大南部广泛种植。羽扇豆主根侵占性强，尤其是窄叶型品种。可以用机械或除草剂灭生羽扇豆。羽扇豆中空茎易碎裂，为使用保护性耕作设备种植经济作物提供了便利条件。

白羽扇豆（*Lupinus albus* L.）和蓝（窄叶）羽扇豆（*Lupinus angustifolius* L.）最初以花色命名，但是这两个种现在都有包括白色、蓝色或洋红/紫色花的品种。蓝羽扇豆较适合沿海平原南部生长，且相比花色，它更容易通过其窄窄的小叶（有 1.3cm 宽）鉴别。

在美国东南部，作为秋季和冬季覆盖作物，白羽扇豆是最耐寒的。一些品种能在北至田纳西流域的地区越冬。秋播至初春灭生时，白羽扇豆一般能产氮 7.5~11.3kg/亩。

在美国北部和加拿大南部，4 月初种植春季品种，在 6 月生物量达到顶峰（初花期到初荚期）时灭生。

用作覆盖作物条播时，羽扇豆播深不超过 2.5cm，种子较小的蓝羽扇豆播种量为 5.3kg/亩，种子较大的白羽扇豆为 9kg/亩。种子相当贵，每亩 5~8 美元。要使用匹配根瘤菌株接种羽扇豆。

3 个耐寒的羽扇豆品种都能在市面上买到。TIFWHITE-78 白羽扇豆和 TIFBLUE-78 蓝（窄叶）羽扇豆均由美国农业部农研局于 20 世纪 80 年代发布。这两个品种和其他现代品种都是"甜味"型，与 1950 年之前在南部种植的"苦味"型截然相反。"甜味"型含有低浓度的天然生物碱。"甜味"型羽扇豆受野生动物，尤其是鹿的青睐。棉花地中"甜味"型羽扇豆可能诱集花蓟马（Frankliniella spp.），尚需进一步证实。

AU HOMER "苦味"型白羽扇豆选自 TIFWHITE-78，是奥本大学新发布的一个品种。育种目标是增加生物碱含量，并用作覆盖作物。生物碱使得羽扇豆种子和牧草适口性降低，但增强了抗病害、抗虫害和抗线虫的能力。

羽扇豆容易感染真菌和病毒病害，故不能在同一地块连续多年种植。相反，可以用羽扇豆覆盖作物与小粒谷物覆盖作物一起轮作，两季羽扇豆间隔 3 年，效果很理想。羽扇豆不耐排水不良的土壤。

羽扇豆及其种子资源信息：

contact: Edzard van Santen, Professor Crop Science, Agronomy & Soils Dept., 202 Funchess Hall, Auburn University, Auburn, AL 36849; 334-844-3975; fax 334-887-3945 vanedza@auburn.edu

■ 柽麻（Sunn Hemp）

作为一种热带豆科作物，柽麻（Crotalaria juncea L.）在 9～12 周中就能产生超过 378kg 干物质/亩和 9kg 氮/亩。它可以填补夏季作物收获和秋季经济作物或覆盖作物播种之间短短的空闲期，尤其适合蔬菜生产。例如，在亚拉巴马州玉米收获后 9 月 1 日播种柽麻，12 月 1 日即可产出 8.7kg 的氮/亩。

柽麻不耐寒，一次严寒足可轻易将其冻死。至少在秋季第一个初霜日（平均日期）之前至少 9 周播种柽麻。用豇豆接种剂，播种量为 3～3.8kg/亩。

柽麻种子昂贵，每千克约 5 美元，大规模种植成本过高。种子只能在像夏威夷这种热带地区生产，并且目前只能通过专业种子公司进口。

南佛罗里达州生产者的新选择

NRCS（美国全国科学研究委员会）植物材料中心（PMC）在佛罗里达州布鲁克斯维尔的一项研究表明，在佛罗里达州南部，柽麻可以作为经济作物来种植。柽麻是一年生豆科作物，可以抑制某些线虫，能在几个月内产出每亩超过 370kg 的生物量及 7.5kg 的氮。由于在有害生物管理系统中的使用潜力，并能作为持续的生物氮源，柽麻在整个美国东南部地区作为蔬菜轮作覆盖作物的潜力很大。

不幸的是，种子成本过高限制了它的使用——大多数种子产自夏威夷，因为只有在热带气候下才能生产种子。两年前，布鲁克斯维尔的植物材料中心启动了一项研究以确定佛罗里达州生产柽麻种子成本最低的地区。种子被分发到遍布佛罗里达州的 15 个种植者手中，虽然在很多地区发生了冻害导致作物死亡，但在北纬 27 度以南的沿海地区，柽麻种子产量普遍高达 28kg/亩。在偏南的霍姆斯特德等地区，产量更高。需要种子可以联系 NRCS 植物材料中心的经理 Clarence Maura，联系方式是 352-796-9600 或 clarence.maura@fl.usda.gov。

注意：许多柽麻品种包含能使牲畜中毒的生物碱。但夏威夷大学和美国 NRCS 共同育得的柽麻品种 TROPIC SUN 生物碱含量水平非常低，适合用作饲草。

研究表明柽麻能抵抗和/或抑制根结线虫（*Meloidogyne* spp.）和肾形线虫（*Rotylenchulus reniformis*）。

附加信息：

Mansoer, Z., D.W. Reeves and C.W. Wood. 1997.
Suitability of sunn hemp as an alternative late-summer legume cover crop.
Soil Sci. Soc.Am. J.61:246-253.

Balkcom, K. and D.W. Reeves. 2005. Sunn hemp utilized as a legume cover crop for corn production.Agron. J.97:26-31.
Sunn Hemp:A Cover Crop for Southern and Tropical Farming Systems. USDA-NRCS Soil Quality Technical Note No. 10. May 1999.
Available at: http://soils.usda.gov/sqi/files/10d3.pdf

K.-H.Wang and R. McSorley. Management of Nematodes and Soil Fertility with Sunn Hemp Cover Crop. 2004. University of Florida Cooperative Extension. Publication #ENY-717.
http://edis.ifas.ufl.edu/NG043

Valenzuela, H. and J. Smith. 2002. 'Tropic Sun' Sunnhemp. University of Hawaii Cooperative Extension. Publication #SA-GM-11.
www.ctahr.hawaii.edu/sustainag/GreenManures/tropicsunnhemp.asp

附录C 种子供应商名单

以下信息仅供参考,并不完整,有些厂商可能被遗漏。

Adams-Briscoe Seed Co.
P.O. Box 19
325 E. Second St.
Jackson,GA 30233-0019
770-775-7826
fax 770-775-7122
abseed@juno.com
www.abseed.com
clovers,winter peas, vetches, cowpeas, wheat, rye, oats, grasses, sorghums, legume inoculants

Agassiz Seed & Supply
445 7th St.NW
West Fargo,ND 58078
701-282-8118
fax 701-282-9119
www.agassizseed.com
sorghum, sudangrass,millet, ryegrass, clovers, oats,wheat, vetch, legume inoculants

Agriliance-AFC, LLC.
P.O. Box 2207
905 Market St.
Decatur, AL 35609
256-560-2848
fax 256-308-5693
bobj@agri-afc.com
www.agri-afc.com
native grasses,wheat, rye,winter peas, vetch

Albright Seed Company
6155 Carpinteria Ave.
Carpinteria,CA 93013-3061
805-684-0436
fax 805-684-2798
Paul@ssseeds.com
www.SSSeeds.com
Specializing in native California summer dormant perennial grasses & wild flowers, handles all seeds used in western cover crops

A.L. Gilbert—Farmers Warehouse
4367 Jessup Rd.
Ceres,CA 95307
800-400-6377
209-632-2333
jan.bowman@farmerswarehouse.com
www.farmerswarehouse.com
forage, grass, clovers, alfalfa, pasture

Ampac Seed Co.
P.O. Box 318
Tangent,OR 97389
800-547-3230
fax 541-928-2430
info@ampacseed.com
http://ampacseed.com
forage grasses, legumes, annual ryegrass, turnip, rapeseed

Barenbrug
33477 Hwy. 99 East
Tangent,OR 97389
541-926-5801

800-547-4101

fax 541-926-9435

forage legumes, grasses

The Birkett Mills

Transloading Facility

North Ave.

PennYan,NY 14527

315-536-2594

custserv@thebirkettmills.com

www.thebirkettmills.com

buckwheat

Cache River Valley Seed, LLC

Hwy. 226 East

Cash, AR 72421

870-477-5427

crvseed@crvseed.com

www.crvseed.com

wheat, oats

Cal/West Seeds

P.O. Box 1428

Woodland,CA 95776-1428

800-824-8585

fax 530-666-5317

t.hickman@calwestseeds.com

www.calwestseeds.com

clovers, alfalfa, sudangrass, sorghum

Cedar Meadow Farm

679 Hilldale Rd.

Holtwood PA 17532

717-575-6778

fax 717-284-5967

steve@cedarmeadowfarm.com

www.cedarmeadowfarm.com

forage radish, hairy vetch

Discount Seeds

P.O. Box 84

2411 9th Ave SW

Watertown, SD 57201

605-886-5888

fax 605-886-3623

grains, forage/grain legumes, forage grasses

DLF Organic

P.O. Box 229

175West H St.

Halsey,OR 97348

800-445-2251

info@dlforganic.com

www.dlforganic.com

red/white clover, forage peas, organic cover crop mix

Doebler's Pennsylvania Hybrids, Inc.

202 Tiadaghton Ave.

Jersey Shore, PA 17740

800-853-2676

570-753-3210

fax 570-753-5302

info@doeblers.com

www.doeblers.com

clovers, grasses, legume inoculants

Ernst Conservation Seeds

9006 Mercer Pike

Meadville, PA 16335

800-873-3321

fax 814-336-5191

ernstsales@ernstseed.com

www.ernstseed.com

oats, clovers, buckwheat, ryegrass, alfalfa, barley, winter peas, rye,wheat, hairy vetch, Japanese millet, foxtail millet

Fedco Seeds

P.O. Box 520

Waterville,ME 04903

207-873-7333

fax 207-872-8317

www.fedcoseeds.com

grains, forage/grain legumes, grasses, clovers, legume inoculants

Genesee Union Warehouse

P.O. Box 67

Genesee, ID 83832

208-285-1141

fax 208-285-1716

www.geneseeunion.coop

Oriental mustard, winter peas

Harmony Farm Supply & Nursery

3244 Hwy. 116 North

Sebastopol, CA 95472

707-823-9125

fax 707-823-1734

info@harmonyfarm.com

www.harmonyfarm.com

clovers, grains, grasses, legumes, legume inoculants

High Mowing Seeds

76 Quarry Rd.

Wolcott, VT 05680

802-472-6174

fax 802-472-3201

www.highmowingseeds.com

buckwheat, vetch, oats, rye, peas, clover, legume inoculants

Hobbs & Hopkins Ltd.

1712 SE Ankeny St.

Portland, OR 97214

503-239-7518

fax 503-230-0391

info@protimelawnseed.com

www.protimelawnseed.com

grasses

Horstdale Farm Supply

12286 Hollowell Church Rd.

Greencastle, PA 17225-9525

717-597-5151

fax 717-597-5185

barley, wheat, rye, oats, crimson clover, winter vetch

Hytest Seeds

2827 8th Ave. South

Fort Dodge, IA 50501

800-442-7391

jrkrenz@landolakes.com

www.hytestseeds.com

alfalfa

Johnny's Selected Seeds

955 Benton Ave.

Winslow, ME 04901

877-564-6697

fax 800-738-6314

rstore@johnnyseeds.com

www.johnnyseeds.com

buckwheat, rye, oats, wheat, vetch, clover, field peas, green manure mix, sudangrass, legume inoculants

Kamprath Seeds, Inc.

205 Stockton St.

Manteca, CA 95337

209-823-6242

fax 209-823-2582

vetches, bell beans, small grains, brassicas, subterranean clovers, balansa clover, medics, perennial clovers, grasses

Kaufman Seeds, Inc.

P.O. Box 398

Ashdown, AR 71822

870-898-3328

800-892-1082

fax 870-898-3302

kaufmanseeds@arkansas.net

wholesale grains, forage/grain legumes, grasses, summer annuals, sunn hemp

Keystone Group Ag. Seeds

RR 1 Box 81A

Leiser Rd.

New Columbia, PA 17856

570-538-1170

alfalfa, forages, forage radish

King's Agriseeds, LLC

96 Paradise Ln.

Ronks, PA 17572

717-687-6224

866-687-6224

forage radish, forages, alfalfa, clovers

Little Britain AgriSupply Inc.

398 North Little Britain Rd.

Quarryville, PA 17566

717-529-2196

lbasinc@juno.com

oats, barley,wheat, rye, triticale, intermediate ryegrass,

perennial ryegrass, annual ryegrass, red

clover, sorghum & sudangrass （other cover crops

available by special order）

Michigan State Seed Solutions

717 N.Clinton St.

Grand Ledge,MI 48837

517-627-2164

fsiemon@seedsolutions.com

www.seedsolutions.com

forgage/grain legumes, grains, grasses

Missouri Southern Seed Corp.

P.O. Box 699

Rolla,MO 65402

573-364-1336

800-844-1336

fax 573-364-5963

wholesale（w/retail outlets）: grains, forage legumes, grasses, summer annuals

Moore Seed Farm, LLC

8636 N.Upton Rd.

Elsie,MI 48831

989-862-4686

rye

North Country Organics

P.O. Box 372

Bradford,VT 05033

802-222-4277

fax 802-222-9661

info@norganics.com

www.norganics.com

buckwheat, ryegrass, oats, rye,wheat

Peaceful Valley Farm & Garden Supply

125 Clydesdale Ct.

P.O. Box 2209

Grass Valley,CA 95945

888-784-1722

fax 530-272-4794

helpdesk@groworganic.com

www.groworganic.com

clovers, grasses, legumes, grains, vetches, custom cover crop mixes, legume inoculants

Pennington Seeds

P.O. Box 290

Madison,GA 30650

800-285-7333

seeds@penningtonseed.com

www.penningtonseed.com

grains, grasses, forage legumes

Plantation Seed Conditioners, Inc.

P.O. Box 398

Newton,GA 39870

229-734-5466

fax 229-734-7419

lupin, rye, black oats

P.L. Rohrer & Bro. Inc.

P.O. Box 250

Smoketown, PA 17576

717-299-2571

fax 717-299-5347

info@rohrerseeds.com

www.rohrerseeds.com

grains, clovers, grasses, brassicas, vetch, rye, wildlife mix

Rupp Seeds, Inc.

17919 County Rd. B

Wauseon, OH 43567

877-591-7333

fax 419-337-5491

feedback@ruppseeds.com

www.ruppseeds.com

grains, grasses, forage legumes, vetch

Seed Solutions

2901 Packers Ave.

Madison, WI 53707

800-356-7333

fax 608-249-0695

dbastian@seedsolutions.com

www.foragefirst.com

oats, wheat, rye, hairy vetch, sweetclover, berseem clover, red clover, crimson clover, forage peas, cowpeas, ryegrass, buckwheat, millets, sorghum, sorghum-sudangrass, cover crop mixes

Seedway, LLC.

P.O. Box 250

Hall, NY 14463

800-836-3710

fax 585-526-6391

farmseed@seedway.com

www.seedway.com

ryegrass, orchardgrass, clover

Siemer/Mangelsdorf Seed Co.

515 West Main St.

P.O. Box 580

Teutopolis, IL 62401

217-857-3171

fax 217-857-3226

info@siemerent.com

www.siemerent.com

grasses, vetch, wildlife

Southern States Cooperative, Inc.

P.O. Box 26234

Richmond, VA 23260-6234

800-868-6273

wholesale（retail outlets in 6 states）: grains, forage legumes, cowpeas, summer annuals, rapeseed, clover, buckwheat, rye

Sweeney Seed Company

110 South Washington St.

Mount Pleasant, MI 48858

989-773-5391

grasses, forages, legumes

Talbot Ag Supply

P.O. Box 2252

Easton, MD 21601-8944

410-820-2388

robertshaw@friendly.net

wheat, barley, rapeseed, rye

Tennessee Farmers Co-op

200 Waldron Rd.

P.O. Box 3003

LaVergne, TN 37086-1983

615-793-8400

info@ourcoop.com

www.ourcoop.com

alfalfa, grains, clover, grasses, legume inoculants

Timeless Seeds, Inc.

    166 Sunrise Ln.

    P.O. Box 881

    Conrad, MT 59425

    406-278-5722

    fax 406-278-5720

    info@timelessfood.com

    http://timelessfood.com

    dryland forage/grain legumes

The Wax Co., Inc.

    212 Front St.N.

    Amory, MS 38821

    662-256-3511

    annual ryegrass, forages

Welter Seed & Honey Co.

    17724 Hwy. 136

    Onslow, IA 52321-7549

    800-728-8450 or 800-470-3325

    fax 563-485-2764

    info@welterseed.com

    www.welterseed.com

    oats, brassicas, rye, spring wheat, winter wheat, buckwheat, hairy vetch, sweet clovers, alfalfa, a wide variety of other seeds, legume inoculants

Wolf River Valley Seeds

    N2976 County Hwy M

    White Lake, WI 54491

    800-359-2480

    fax 715-882-4405

    wrvs@newnorth.net

    www.wolfrivervalleyseeds.com

    clover, brassicas, grasses, annual forage, grain, legume inoculants

INOCULANT SUPPLIERS

Many of the seed suppliers listed above sell inoculated seed and/or legume inoculants.

Agassiz Seed & Supply

    445 7th St.NW

    West Fargo, ND 58078

    701-282-8118

    fax 701-282-9119

    www.agassizseed.com

Becker Underwood

    801 Dayton Ave.

    Annes, IA 50010

    800-232-5907

    request@beckerunderwood.com

    www.beckerunderwood.com

HiStick

    801 Dayton Ave.

    Ames, IA 50010

    800-892-2013

    www.histick.com

    click 'Where to Buy' for dealer locations

LiphaTech Inc.（Nitragin division）

    Manufacturer of Nitragin inoculant

    www.nitragin.com

    click 'Recommended Links' at bottom of page

附录D 覆盖作物领域的专业组织机构

以下信息仅供参考，并不完整，有些机构可能被遗漏。

注：CC 表示 cover crop（s）or cover cropping.

ORGANIZATIONS—NORTHEAST

The Accokeek Foundation

 3400 Bryan Point Rd.

 Accokeek, MD 20607

 301-283-2113

 fax 301-283-2049

 accofound@accokeek.org

 www.accokeek.org

 land stewardship & ecological agriculture using CC

Chesapeake Wildlife Heritage

 P.O. Box 1745

 Easton, MD 21601

 410-822-5100

 fax 410-822-4016

 info@cheswildlife.org

 www.cheswildlife.org

 CC in organic & sustainable farming systems; consulting & implementation in mid-shore Md area as they relate to farming & wildlife

Pennsylvania Association for Sustainable Agriculture（PASA）

 P.O. Box 419

 114 W. Main St.

 Millheim, PA 16854

 814-349-9856

 fax 814-349-9840

 info@pasafarming.org

 www.pasafarming.org

 on farm CC demonstrations

SARE Northeast Region Office

 University of Vermont

 10 Hills Bldg.

 Burlington, VT 05405-0082

 802-656-0471

 fax 802-656-4656

 nesare@uvm.edu

 www.uvm.edu/~nesare

ORGANIZATIONS—NORTH CENTRAL

Center for Integrated Agricultural Systems（CIAS）

 University of Wisconsin-Madison

 1535 Observatory Dr.

 Madison, WI 53706

 608-262-5200

 fax 608-265-3020

 jhendric@facstaff.wisc.edu

 www.cias.wisc.edu

 CC for fresh market vegetable production; relevant publication "Grower to grower: Creating a livelihood on a fresh market vegetable farm" available on website.

Conservation Technology Information Center（CTIC）

 1220 Potter Dr.

West Lafayette, IN 47906

765-494-9555

fax 765-494-5969

ctic@ctic.purdue.edu

www.conservationinformation.org

CTIC is a trusted, reliable source for information & technology about conservation in agriculture

Leopold Center for Sustainable Agriculture

Iowa State University

209 Curtiss Hall

Ames, IA 50011-1050

515-294-3711

fax 515-294-9696

leocenter@iastate.edu

www.ag.iastate.edu/centers/leopold

support research, demos, education projects in Iowa on CC systems

Northern Plains Sustainable Agriculture Society

P.O. Box 194, 100 1 Ave. SW

Lamoure, ND 58458-0194

701-883-4304

fax 701-883-4304

npsas@drtel.net

www.npsas.org

CC systems for organic/sustainable farmers

SARE North Central Region Office

University of Minnesota

120 Bio.Ag. Eng.

1390 Eckles Ave.

St. Paul, MN 55108

612-626-3113

fax 612-626-3132

ncrsare@umn.edu

www.sare.org/ncrsare

ORGANIZATIONS—SOUTH

Appropriate Technology Transfer for Rural Areas（ATTRA）

P.O. Box 3657

Fayetteville, AR 72702

800-346-9140

http://attra.ncat.org/

ATTRA is a leading information source for farmers & extension agents thinking about sustainable farming practices

Educational Concerns for Hunger Organization

ECHO

17391 Durrance Rd.

North Ft.Myers, FL 33917

239-543-3246

fax 239-543-5317

echo@echonet.org

www.echonet.org

provides technical information & seeds of tropical cover crops; maintains demonstration plots on the farm of many of the most important tropical cover crops.

The Kerr Center for Sustainable Agriculture Inc.

P.O. Box 588

Highway 271 South

Poteau, OK 74953

918-647-9123

fax 918-647-8712

mailbox@kerrcenter.com

www.kerrcenter.com

CC systems demonstrations & research

SARE Southern Region Office

University of Georgia

1109 Experiment St.

Georgia Station
Griffin, GA 30223-1797
770-412-4786
fax 770-412-4789
groland@southernsare.org
www.southernsare.org

Texas Organic Growers Association
P.O. Box 15211
Austin, TX 78761
877-326-5175
fax 512-842-1293
steve@tofga.org
www.tofga.org
TOGA is helping to make organic agriculture viable in Texas & offers a quarterly periodical.

ORGANIZATIONS—WEST

Center for Agroecology & Sustainable Food Systems
University of California
1156 High St.
Santa Cruz, CA 95064
831-459-3240
fax 831-459-2799
jonitann@ucsc.edu
www.ucsc.edu/casfs
Facilitates the training of organic farmers & gardeners, with practical hands-on & academic training

SARE Western Region Office
Utah State University
4865 Old Main Hill
Room 322
Logan, UT 84322
435-797-2257
wsare@ext.usu.edu
http://wsare.usu.edu

Small Farm Center
University of California
One Shields Ave.
Davis, CA 95616
530-752-8136
fax 530-752-7716
sfcenter@ucdavis.edu
www.sfc.ucdavis.edu
serves as a clearinghouse for questions from farmers, marketers, farm advisors, trade associations, government officials & agencies, & the academic community

University of California SAREP
One Shields Ave.
Davis, CA 95616-8716
530-752-7556
fax 530-754-8550
sarep@ucdavis.edu
www.sarep.ucdavis.edu

附录 E　各地区专家信息汇总

以下各领域的专家愿意为公众简要的解答具体问题，或是为可持续农业领域的从业者提供参考。请尊重他们的日程安排，在他们能力范围内为公众问题做出回应。

注：CC 表示 cover crop（s）or cover cropping.

NORTHEAST

Andy Clark

　　Sustainable Agriculture Network

　　10300 Baltimore Ave., Bldg. 046

　　Beltsville, MD 20705

　　301-504-6425

　　fax 301-504-5207

　　san@sare.org

　　www.sare.org

　　technical information specialist for sustainable agriculture; legume/grass CC mixtures

Jim Crawford

　　New Morning Farm

　　22263 Anderson Hollow Rd.

　　Hustontown, PA 17229

　　814-448-3904

　　fax 814-448-2295

　　jim@newmorningfarm.net

　　www.newmorningfarm.net

　　35 years of CC for vegetable production

A. Morris Decker

　　5102 Paducah Rd.

　　College Park, MD 20740

　　301-441-2367

　　deck2@comcast.net

　　Prof. Emeritus, University of Maryland

　　40 years forage mgt., CC & agronomic cropping systems research

Eric Gallandt

　　Weed Ecology & Management

　　Dept. of Plant, Soil & Environmental Sciences

　　University of Maine

　　5722 Deering Hall

　　Orono, ME 04469

　　207-581-2933

　　gallandt@maine.edu

　　www.umaine.edu/weedecology/

　　CC & weed management

Steve Groff

　　Cedar Meadow Farm

　　679 Hilldale Rd.

　　Holtwood, PA 17532

　　717-284-5152

　　fax 717-284-5967

　　steve@cedarmeadowfarm.com

　　www.cedarmeadowfarm.com

　　CC/no-till strategies for vegetable & agronomic crops

Vern Grubinger

　　University of Vermont Extension

　　11 University Way

　　Brattleboro, VT 05301-3669

　　802-257-7967 ext. 13

　　vernon.grubinger@uvm.edu

www.uvm.edu/vtvegandberry/Videos/covercropvideo.html

vegetable & berry specialist

H.G. Haskell III

4317 S.Creek Rd.

Chadds Ford, PA 19317

tel/fax 610-388-0656

cell 610-715-7688

siwvegies@aol.com

rye/vetch mix for green manure & erosion control;uses winter rye CC on all land;70% no-till

Zane R. Helsel

Rutgers Cooperative Extension

88 Lipman Dr.

313 Martin Hall

New Brunswick,NJ 08901-8525

732-932-5000 x585

fax 732-932-6633

helsel@aesop.rutgers.edu

www.rce.rutgers.edu

CC in field crops

Stephen Herbert

University of Massachusetts

Dept. of Plant Soil Insect Sciences

Bowditch Hall

Amherst,MA 01003

413-545-2250

fax 413-545-0260

sherbert@pssci.umass.edu

www.umass.edu/cdl

CC culture, soil fertility, crop nutrition & management & nitrate leaching

Jeff Moyer

The Rodale Institute

611 Siegfriedale Rd.

Kutztown, PA 19530

610-683-1420

fax 610-683-8548

jeff.moyer@rodaleinst.org

www.newfarm.org

CC management in biologically based no-till systems,CC in grain crop rotations,CC as a weed management tool, rolling CC

Jack Meisinger

USDA/ARS

BARC-East

Bldg. 163F Rm 6

10300 Baltimore Ave

Beltsville,MD 20705

301-504-5276

jmeising@anri.barc.usda.gov

nitrogen management in CC systems

Anne & Eric Nordell

3410 Rte. 184

Trout Run, PA 17771

570-634-3197

rotational CC for weed control

Marianne Sarrantonio

University of Maine

Dept. of Plant, Soil & Environmental Science

5722 Deering Hall

Orono,ME 04473

207-581-2913

fax 207-581-2999

mariann2@maine.edu

effects of CC on nutrient cycling & soil quality in diverse cropping systems

Eric Sideman

Maine Organic Farmers & Gardeners Assoc.

P.O. Box 1760

Unity,ME 04988

207-946-4402

fax 207-568-4141

esideman@mofga.org

www.mofga.org

CC in rotation with vegetables & small fruit on organic farms

John R. Teasdale

USDA/ARS

BARC-West

Bldg. 001 Rm 245

10300 Baltimore Ave

Beltsville,MD 20705

301-504-5504

fax 301-504-6491

john.teasdale@ars.usda.gov

CC mgmt./weed mgmt. using CC

Donald Weber

Research Entomologist

Insect Biocontrol Laboratory

10300 Baltimore Ave.

Bldg. 011A, Rm. 107

BARC-West

Beltsville,MD 20705

301-504-8369

fax 301-504-5104

Don.Weber@ars.usda.gov

CC & pest management（vegetable crops only）

David W. Wolfe

Cornell University

Dept. of Horticulture

168 Plant Science Bldg.

Ithaca,NY 14853

607-255-7888

fax 607-255-0599

dww5@cornell.edu

www.hort.cornell.edu/wolfe

CC for improved soil quality in vegetables

NORTH-CENTRAL

Rich Bennett

13 Lakeview Dr.

Napoleon,OH 43545

419-592-1100

benfarm1@excite.com

CC for soil quality & herbicide/pesticide reduction

John Cardina

Ohio State University

Dept. of Horticulture & Crop Science

1680 Madison Ave.

Wooster,OH 44691

330-263-3644

fax 330-263-3887

cardina.2@osu.edu

CC for no-till corn & soybeans

Stephan A. Ebelhar

University of Illinois,Dept. of Crop Sciences

Dixon Springs Agricultural Center

Rte. 1, Box 256

Simpson, IL 62985

618-695-2790

fax 618-695-2492

sebelhar@uiuc.edu

www.cropsci.uiuc.edu/research/rdc/dixonsprings

CC for no-till corn & soybeans

Rick（Derrick N.）Exner, Ph.D.

Iowa State University Extension

Practical Farmers of Iowa

2104 Agronomy Hall, ISU

Ames, IA 50011

515-294-5486

fax 515-294-9985

dnexner@iastate.edu

www.practicalfarmers.org

on farm CC research for the upper Midwest

Carmen M. Fernholz

2484 Hwy 40

Madison, MN 56256

320-598-3010

fax 320-598-3010

fernholz@umn.edu

minimum tillage, general cover crops, seeding soybeans into standing rye

Walter Goldstein

Michael Fields Agricultural Institute

P.O. Box 990

East Troy, WI 53120

262-642-3303 ext. 112

fax 262-642-4028

wgoldstein@michaelfieldsaginst.org

www.michaelfieldsaginst.org

CC for nutrient cycling & soil health in biodynamic, organic & conventional systems

Frederick Kirschenmann

3703 Woodland

Ames, IA 50014

515-294-3711

fax 515-294-9696

leopold1@iastate.edu

CC for cereal grains, soil quality & pest mgt.

Matt Liebman

Iowa State University

Dept. of Agronomy

3405 Agronomy Hall

Ames, IA 50011-1010

515-294-7486

fax 515-294-3163

mliebman@iastate.edu

www.agron.iastate.edu/personnel/userspage.aspx?id=646

CC for cropping system diversification, soil amendments, weed ecology & management, crop rotation, green manures, intercrops, animal manures, composts, insects & rodents that consume weed seeds

Todd Martin

MSU Kellogg Biological Station

Land & Water Program

3700 E. Gull Lake Dr.

Hickory Corners, MI 49060

269-671-2412 ext. 226

fax 269-671-4485

tmartin@kbs.msu.edu

www.covercrops.msu.edu

CC for corn, soybeans, vegetables, blueberries in Michigan

Paul Mugge

6190 470th St.

Sutherland, IA 51058-7544

712-446-2414

pmugge@midlands.net

Iowa farmer using CC for corn & soybeans

Dale R. Mutch

MSU Kellogg Biological Station

Land & Water Program

3700 E. Gull Lake Dr.

Hickory Corners, MI 49060

269-671-2412 ext. 224

800-521-2619

fax 269-671-4485

mutch@msu.edu

www.covercrops.msu.edu

general CC information provider

Rob Myers

Thomas Jefferson Agricultural Institute

601West Nifong Blvd, Ste. 1D

Columbia,MO 65203

573-449-3518

fax 573-449-2398

rmyers@jeffersoninstitute.org

www.jeffersoninstitute.org

CC & crop diversification

Sieg Snapp

W.K.Kellogg Biological Station

Michigan State University

3700 East Gull Lake Dr.

Hickory Corners,MI 49060

fax 269-671-2104

snapp@msu.edu

www.kbs.msu.edu/faculty/snapp

using CC to enhance nitrogen fertilizer use efficiency

& nutrient cycling in row crops

Richard Thompson

Thompson On-Farm Research

2035 190th St.

Boone, IA 50036-7423

515-432-1560

dickandsharon@practicalfarmers.org

CC in corn-soybean-corn-oats-hay rotation

SOUTH

Philip J. Bauer

USDA/ARS

Cotton Production Research Center

2611West Lucas St.

Florence, SC 29501-1241

843-669-5203 x137

fax 843-662-3110

phil.bauer@ars.usda.gov

CC for cotton production

J.P.（Jim）Bostick, Ph.D.

Southern Seed Certification Assoc.

P.O. Box 357

Headland, AL 36345

334-693-3988

fax 334-693-2212

jpbostick@centurytel.net

specialty CC & seed development

Nancy Creamer

North Carolina State University

Center for Environmental Farming Systems

Box 7609

Raleigh,NC 27695

919-515-9447

fax 919-515-2505

nancy_creamer@ncsu.edu

www.cefs.ncsu.edu

CC management for no-till organic vegetable production

Seth Dabney

USDA-ARS

National Sedimentation Laboratory

P.O. Box 1157

598 McElroy Drive

Oxford,MS 38655

662-232-2975

fax 662-232-2915

sdabney@ars.usda.gov

legume reseeding & mechanical control of CC

in the mid-South

Greg D. Hoyt
>Dept. of Soil Science,NCSU
>
>Mtn.Hort.Crops Res.& Ext.Center
>
>455 Research Dr.
>
>Fletcher,NC 28732
>
>828-684-3562
>
>fax 828-684-8715
>
>greg_hoyt@ncsu.edu
>
>CC for vegetables, tobacco & corn

D. Wayne Reeves
>Research Leader
>
>USDA/ARS
>
>J. Phil Campbell Sr.Natural Resource Conservation Center
>
>1420 Experiment Station Rd.
>
>Watkinsville,GA 30677
>
>706-769-5631 ext. 203
>
>cell 706-296-9396
>
>fax 706-769-8962
>
>Wayne.Reeves@ars.usda.gov
>
>CC management & conservation tillage for soybean, corn, cotton, peanut,& integrated grazing-row crop systems

Kenneth H. Quesenberry
>University of Florida
>
>P.O. Box 110500
>
>Gainesville, FL 32611
>
>352-392-1811 ex. 213
>
>fax 352-392-1840
>
>clover@ifas.ufl.edu
>
>forage legume CC in S.E.USA

Jac Varco
>Mississippi State University
>
>Plant & Soil Sciences Dept.
>
>Box 9555
>
>Dorman Hall, Room 117
>
>Mississippi State,MS 39762
>
>662-325-2737
>
>fax 662-325-8742
>
>jvarco@pss.msstate.edu
>
>CC & fertilizer/nutrient management for cotton production

WEST

Miguel A. Altieri
>University of California at Berkeley
>
>215 Mulford Hall
>
>Berkeley,CA 94720-3112
>
>510-642-9802
>
>fax 510-643-5438
>
>agroeco3@nature.berkeley.edu
>
>http://nature.berkeley.edu/~agroeco3
>
>CC to enhance biological pest control in perennial systems

Robert L. Bugg, Ph.D
>U.C. Sustainable Agriculture Research & Education Program
>
>University of California at Davis
>
>One Shields Ave.
>
>Davis,CA 95616-8716
>
>530-754-8549
>
>fax 530-754-8550
>
>rlbugg@ucdavis.edu
>
>www.sarep.ucdavis.edu
>
>CC selection, growth & IPM

Jorge A. Delgado
>Soil Scientist
>
>Soil Plant Nutrient Research Unit
>
>USDA/ARS
>
>2150 Centre Avenue, Building D, Suite 100

Fort Collins, CO 80526

jdelgado@lamar.colostate.edu;

Jorge.Delgado@ars.usda.gov

CC in irrigated potato, vegetables and small grain systems

Richard P. Dick

Professor of Soil Microbial Ecology

Ohio State University

School of Environment & Natural Resources

Columbus, OH 43210

614-247-7605

fax 614-292-7432

Richard.Dick@snr.osu.edu

nitrogen cycling & environmental applications of CC

Shiou Kuo

Washington State University

Dept. of Crop & Soil Sciences

7612 PioneerWay East

Puyallup, WA 98371-4998

253-445-4573

fax 253-445-4569

Skuo@wsu.edu

CC & soil nitrogen accumulation & availability to corn

John M. Luna

Oregon State University

Dept. of Horticulture

4107 Agricultural & Life Sciences Bldg.

Corvallis, OR 97331

541-737-5430

fax 541-737-3479

lunaj@oregonstate.edu

CC for integrated vegetable production & Agroecology

Dwain Meyer

North Dakota State University

Loftsgard Hall, Room 470E

Extension Service

Fargo, ND 58105

701-231-8154

dmeyer@ndsuext.nodak.edu

yellow blossom sweetclover specialist

Clara I. Nicholls

University of California

Dept. of Environmental Science Policy & Management

Division of Insect Ecology

137 Hilgard Hall

Berkeley, CA 94720

510-642-9802

fax 510-643-5438

nicholls@berkeley.edu

CC for biological control in vineyards

Fred Thomas

CERUS Consulting

2119 Shoshone Ave.

Chico, CA 95926

530-891-6958

fax 530-891-5248

fred@cerusconsulting.com

CC specialist for tree & vine crops, row crops, field crops, vegetable crops & summer CC

附录 F 参考文献汇集

1. Abdul-Baki, A.A. et al. 1997. Broccoli production in forage soybean and foxtail millet cover crop mulches. *Hort.Sci.* 32:836-839.

2. Abdul-Baki, A.A. and J.R. Teasdale. 1993. A no-tillage tomato production system using hairy vetch and subterranean clover mulches. *Hort.Sci.* 28:106-108.

3. Abdul-Baki, A.A. and J.R. Teasdale. 1997. Snap bean production in conventional tillage and in no-till hairy vetch mulch. *Hort.Sci.* 32: 1191-1193.

4. Abdul-Baki, A.A. and J.R. Teasdale. 1997. *Sustainable Production of Fresh-Market Tomatoes and Other Summer Vegetables with Organic Mulches*. Farmers' Bulletin No. 2279, USDA/ARS, Beltsville, Md. 23 pp. www.ars. usda.gov/is/np/tomatoes.html.

5. Alabouvette, C., C. Olivain and C. Steinberg. 2006. Biological control of plant diseases: the European situation. *European J. of Plant Path*. 114:329-341.

6. Alger, J. 2006. Personal communication. Stanford, Mont.

7. Al-Sheikh, A. et al. 2005. Effects of potato-grain rotations on soil erosion, carbon dynamics and properties of rangeland sandy soils. *J. Soil Tillage Res*. 81:227-238.

8. American Forage and Grassland Council National Fact Sheet Series. Subterranean clover. http://forages.orst.edu/main.cfm? Page ID-33

9. Angers, D.A. 1992. Changes in soil aggregation and organic carbon under corn and alfalfa. *Soil Sci. Soc.Am. J*. 56:1244-1249.

10. ATTRA. 2006. *Overview of Cover Crops and Green Manures*. ATTRA. Fayetteville, Ark. http://attra.ncat.o rg/attra-pub/PDF/covercrop.pdf

11. ATTRA.2006. Where can I find information about the mechanical roller-crimper used in no-till production? http://attra.ncat.org/calendar/question.php/2006/05/ 08/p2221

12. Arshad, M.A. and K.S. Gill. 1996. Crop production, weed growth and soil properties under three fallow and tillage systems. *J. Sustain.Ag*. 8:65-81.

13. Ashford, D.L. and D.W. Reeves, 2003. Use of a mechanical roller-crimper as an alternative kill method for cover crops. *Amer. J. Alt. Ag*. 18:37-45.

14. Badaruddin, M. and D.W. Meyer. 1989. Water use by legumes and its effects on soil water status. *Crop Sci*. 29:1212-1216.

15. Badaruddin, M. and D.W. Meyer. 1990. Greenmanure legume effects on soil nitrogen, grain yield, and nitrogen nutrition of wheat. *Crop Sci*. 30:819-825.

16. Bagegni, A.M. et al. 1994. Herbicides with crop competition replace endophytic tall fescue(*Festuca arundinacae*). *Weed Tech*. 8:689-695.

17. Bailey, R.G. et al. 1994. Ecoregions and subregions of the United States(map). Washington, DC, USDA Forest Service. 1:7,500,000. With supplementary table of map unit descriptions, compiled and edited by W. H. McNab and R.G.

Bailey. www.fs.fed.us/ land/ecosysmgmt/ecoreg1_home. Html.

18 Ball, D.M. and R.A. Burdett. 1977. *Alabama Planting Guide for Forage Grasses*. Alabama Cooperative Extension Service, Chart ANR 149. Auburn Univ., Auburn, Ala.

19 Ball, D.M. and R.A. Burdett. 1977. *Alabama Planting Guide for Forage Legumes*. Alabama Cooperative Extension Service, Chart ANR 150. Auburn Univ., Auburn, Ala.

20 Barker, K.R. 1996. Animal waste,winter cover crops and biological antagonists for sustained management of Columbia lance and other nematodes on cotton. SARE Project Report#LS95-060.1. Southern Region SARE. Griffin,Ga. www.sare.org/projects

21 Barnes, R.F. et al. 1995. Forages: *The Science of Grassland Agriculture*. 5th Edition. Iowa State Univ. Press, Ames, Iowa.

22 Bauer, P.J. et al. 1993. Cotton yield and fiber quality response to green manures and nitrogen. *Agron*. J. 85:1019-1023.

23 Bauer, P.J., J.J. Camberato and S.H. Roach. 1993. Cotton yield and fiber quality response to green manures and nitrogen. *Agron. J.* 85: 1019-1023.

24 Bauer, P.J. and D.W. Reeves. 1999.A comparison of winter cereal species and planting dates as residue cover for cotton grown with conservation tillage. *Crop Sci.* 39:1824-1830.

25 Baumhardt, R.L. and R.J. Lascano. 1996. Rain infiltration as affected by wheat residue amount and distribution in ridged tillage. *Soil Sci. Soc. Am. J.* 60:1908-1913.

26 Baumhardt, R.L. 2003. The Dust Bowl Era. *In* B.A. Stewart and T.A.Howell（eds.）*Encyclopedia of Water Science*, pp. 187-191. Marcel-Dekker, NY.

27 Baumhardt, R.L. and R.L. Anderson. 2006. Crop choices and rotation principles. *In* G.A. Peterson, P.W.Unger, and W.A. Payne. *Dryland Agriculture, 2nd ed.* Agronomy Monograph No. 23. pp. 113-139. ASA,CSSA, and SSSA,Madison, WI.

28 Baumhardt, R.L. and R.J. Lascano. 1999. Water budget and yield of dryland cotton intercropped with terminated winter wheat. *Agron. J.* 91:922-927.

29 Baumhardt, R. L. and J. Salinas-Garcia. 2006. Mexico and the US Southern Great Plains. *In* G.A. Peterson, P.W.Unger, and W.A. Payne. *Dryland Agriculture, 2nd ed*. Agronomy Monograph No. 23. pp. 341-364. ASA,CSSA, and SSSA,Madison,WI.

30 Beale, P. et al. 1985. *Balansa Clover-a New Clover-Scorch-Tolerant Species*. South Australia Dept. of Ag. Fact Sheet.

31 Beste, C.E. 2007. Personal communication. Univ. of Maryland-Eastern Shore, Salisbury, Md.

32 Blackshaw, R.E. et al. 2001a.Yellow sweetclover, green manure, and its residues effectively suppresses weeds during fallow. *Weed Sci.* 49:406-413.

33 Blackshaw, R.E. et al. 2001b. Suitability of undersown sweetclover as a fallow replacement in semiarid cropping systems. *Agron. J.* 93: 863-868.

34 Blaser, B.C. et al. 2006.Optimizing seeding rates for winter cereal grains and frost- seeded red clover intercrops. *Agron J.* 98: 1041-1049.

35 Bloodworth, L.H. and J.R. Johnson. 1995. Cover crops and tillage effects on cotton. *J. Prod. Ag.* 8:107-112.

36 Boquet, D.J. and S.M. Dabney. 1991. Reseeding, biomass, and nitrogen content of selected winter legumes in grain sorghum culture. *Agron. J.* 83:144-148.

37 Bordovsky, D.G., M. Choudhary and C.J. Gerard. 1998. Tillage effects on grain sorghum and wheat yields in the Texas Rolling Plains. *Agron. J.* 90: 638-643.

38 Bowman, G. 1997. *Steel in the Field: A Farmer's Guide to Weed Management Tools.* USDA-Sustainable Agriculture Network(SAN). Beltsville, MD.

39 Boydston, R.A. and K. Al-Khatib. 2005. Utilizing *Brassica* cover crops for weed suppression in annual cropping systems. pp. 77-94. *In* H.P. Singh, D.R. Batish and R.K. Kohli. *Handbook of Sustainable Weed Management.* Haworth Press, Binghamton, NY.

40 Bradow, J.M. and J.C. William Jr. 1990. Volatile seed germination inhibitors from plant residues. *J. Chem. Ecol.* 16:645-666.

41 Bradow, J.M. 1993. Inhibitions of cotton seedling growth by volatile ketones emitted by cover crop residues. *J. Chem. Ecol.* 19: 1085-1108.

42 Brady, N.C. 1990. *The Nature and Properties of Soils.* Macmillan Pub.Co., N.Y.

43 Brainard, D. 2005. Screening of cowpea and soybean varieties for weed suppression. Cornell Univ. www.hort.cornell.edu/organicfarm/htmls/legumecc.htm

44 Brandt, J.E., F.M. Hons and V.A. Haby. 1989. Effects of subterraneum clover interseeding on grain yield, yield components, and nitrogen content of soft red winter wheat. *J.Prod.Agric.* 2:347-351.

45 Brennan, E.B. and R.F. Smith. 2005. Winter cover crop growth dynamics and effects on weeds in the Central Coast of California. *Weed Tech.* 119: 1017-1024.

46 Brinsfield, R. and K. Staver. 1991. *Role of Cover Crops in Reduction of Cropland Nonpoint Source Pollution.* Final Report to USDA-SCS, Cooperative Agreement #25087.

47 Brinton, W. Medics, general. Univ. of Calif. SAREP Cover Crops Resource Page. www.sarep.ucdavis.edu/ccrop

48 Brown, P.D. and M.J. Morra. 1997. Control of soil-borne plant pests using glucosinolate-containing plants. pp. 167-215. *In* D.L. Sparks. *Adv. Agron.* Vol. 61. Academic Press, San Diego, CA.

49 Brown, S. et al. 2001. *Tomato Spotted Wilt of Peanut: Identifying and Avoiding High-Risk Situations.* Univ of Georgia Cooperative Extension Service Bulletin 1165. Univ of Georgia, Athens, GA http://pubs.caes.uga.edu/caespubs/pubs/PDF/B1165.pdf

50 Bruce, R.R, P.F. Hendrix and G.W. Langdale. 1991. Role of cover crops in recovery and maintenance of soil productivity. pp.109-114. *In* W.L. Hargrove. *Cover Crops for CleanWater.* Soil and Water Conservation Society. Ankeny, Iowa.

51 Bruce, R.R., G.W. Langdale and A.L. Dillard. 1990. Tillage and crop rotation effect on characteristics of a sandy surface soil. *Soil Sci. Soc.Am. J.* 53:1744-1747.

52 Bruce, R.R. et al. 1992. Soil surface modification by biomass inputs affecting rainfall infiltration. *Soil Sci. Soc. Am. J.* 56:1614-1620.

53 Brunson, K.E. 1991. Winter cover crops in the integrated pest management of sustainable cantaloupe production. M.S. Thesis. Univ. of Georgia, Athens, Ga.

54 Brunson, K.E. and S.C. Phatak. 1990. Winter cover

crops in low-input vegetable production. *Hort.Sci.* 25:1158.

55　Brunson, K.E. et al. 1992. Winter cover crops influence insect populations in sustainable cantaloupe production. *Hort.Sci.* 26:769.

56　Bugg, R.L. et al. 1990.Tarnished plant bug (Hemiptera: Miridae) on selected cool-season leguminous cover crops. *J. Entomol. Sci.* 25: 463-474.

57　Bugg, R.L. et al. 1991. Cool season cover crops relay intercropped with cantaloupe: Influence of a generalist predator, *Geocoris punctipes*. *J. Econ. Entomol.* 84:408-416.

58　Bugg, R.L. 1991. Cover crops and control of arthropod pests of agriculture. pp. 157-163. *In* W.L. Hargrove. *Cover Crops for Clean Water*. Soil and Water Conservation Society. Ankeny, Iowa.

59　Bugg, R.L. 1992. Using cover crops to manage arthropods on truck farms. *Hort. Sci.* 27:741- 745.

60　Bugg, R.L. and C. Waddington. 1994. Using cover crops to manage arthropod pests of orchards: A review. *Ag. Ecosystems & Env.*50: 11-28.

61　Bugg, R.L. 1995. Cover biology: a mini- review. *SAREP Sustainable Agriculture- Technical Reviews.* 7:4. Univ. of California, Davis, Calif.

62　Bugg, R.L. et al. 1996. Comparison of 32 cover crops in an organic vineyard on the north coast of California. *Biol.Ag. Hort.* 13:63-81.

63　Bugg, R.L., R.J. Zomer and J.S. Auburn. 1996. Cover crop profiles: One-page summaries describing 33 cover crops. *In* Chaney,D. and A.D.Mayse, *Cover Crops: Resources for Education and Extension* SAREP. Univ. of Calif., Division of Ag. and Natural Resources, Davis, Calif.

64　Bugg, R.L. and M.V. Horn. 1997. Ecological soil management and soil fauna: Best practices in California vineyards. Australian Society for Viticulture and Oenology, Inc. Proc.Viticulture Seminar, Mildura, Victoria, Australia.

65　Burgos, N.R. and R.E. Talbert. 1996. Weed control by spring cover crops and imazethapyr in no-till southern pea (*Vigna unguiculata*). *Weed Tech.* 10:893-899.

66　Burgos,N.R., R.E. Talbert and R.D. Mattice. 1999. Cultivar and age differences in the production of allelochemicals by *Secale cereale*. *Weed Sci.* 47:481-485.

67　Buntin, G.D. et al. 1994. Cover crop and nitrogen fertility effects on southern corn rootworm (Coleoptera: Chrysomelidae) damage in corn. *J. Econ. Entomol.* 87:1683- 1688.

68　Butler, L.M. 1996. Fall-planted cover crops in western Washington: A model for sustainability assessment. SARE Project Report #SW94- 008. Western Region SARE. Logan, Utah. www.sare.org/projects

69　Campbell, C.A. et al. 1993. Influence of legumes and fertilization of deep distribution of available phosphorus in a thin black chernozemic soil. *Can. J. Soil Sci.* 73:555- 565.

70　Campbell, C.A. et al. 1993. Spring wheat yield trends as influenced by fertilizer and legumes. *J. Prod. Ag.* 6:564-568.

71　Canadian Organic Growers Inc. 1992. *Organic Field Crop Handbook*. Anne Macey. Canadian Organic Growers Inc., Ottawa, Ont.

72　Carr, P. 2007. Personal communication. North Dakota State Univ.Dickinson, ND.

73　Carr, P.M., W. P.Woodrow and L. J. Tisor. 2005. Natural reseeding by forage legumes following wheat in western North Dakota. *Agron. J.* 97:1270-1277.

74 Cash, D. et al. 1995. *Growing Peas in Montana.* Montguide MT 9520. Montana State Univ. Extension Service. Bozeman, Mont.

75 Cathey, H.M. 1990. *USDA Plant Hardiness Zone Map.* USDA-ARS Misc. Pub.No. 1475.

76 Chaney, D. and D. M. March. 1997. Cover Crops: Resources for Education and Extension. UC SAREP, Division of Agriculture and Natural Resources, Davis Calif.

77 Cherr, C.M., J. M. S. Scholberg and R. McSorley. 2006. Green manure approaches to crop production: A synthesis. *Agron. J.* 98: 302-319.

78 Chen, J., G.W. Bird and R.L. Mather. 1995. Impact of multi-year cropping regimes on *Solanum tuberosum* tuber yields in the presence of *Pratylenchus penetrans* and *Verticillium dahliae. J.Nematol.* 27:654-660.

79 Choi, B.H. et al. 1991. Acid amide, dinitroaniline, triazine, urea herbicide treatment and survival rate of coarse grain crop seedlings. *Research Reports of the Rural Development Administration*, Upland and Industrial Crops 3:33-42.

80 Clark, A.J. 2007. Personal Communication. Sustainable Agriculture Network.USDA- SARE. Beltsville,Md.

81 Clark, A.J., A.M. Decker and J.J. Meisinger. 1994. Seeding rate and kill date effects on hairy vetch-cereal rye cover crop mixtures for corn production. *Agron. J.* 86:1065-1070.

82 Clark, A.J. et al. 1995. Hairy vetch kill date effects on soil water and corn production. *Agron. J.* 87:579-585.

83 Clark, A.J. et al. 1997a. Kill date of vetch, rye and a vetch-rye mixture: I.Cover crop and corn nitrogen. *Agron. J.* 89:427-434.

84 Clark, A.J. et al. 1997b. Kill date of vetch, rye and a vetch-rye mixture: II. Soil moisture and corn yield. *Agron. J.* 89:434-441.

85 Clark, A.J. et al. 2007a. Effects of a grass-selective herbicide in a vetch–rye cover crop system on corn grain yield and soil moisture. *Agron. J.* 99:43-48.

86 Clark, A.J. et al. 2007b. Effects of a grass-selective herbicide in a vetch–rye cover crop system on nitrogen management. *Agron. J.* 99:36-42.

87 Coale, F.J. et al. 2001. Small grain winter cover crops for conservation of residual soil nitrogen in the mid-Atlantic Coastal Plain. *Amer. J. of Alt. Ag.* 16:66-72.

88 Collins, H.P. et al. 2006. Soil microbial, fungal and nematode responses to soil fumigation and cover crops under potato production. *Biol. Fert. Soils.* 42:247-257.

89 Conservation Tillage Information Center. 2006. www.ctic.purdue.edu.

90 Cooke, L. 1996. *New Red Clover Puts Pastures in the Pink.* USDA/ARS. 44:12 Washington,D.C.

91 Corak, S.J., W.W. Frye and M.S. Smith. 1991. Legume mulch and nitrogen fertilizer effects on soil water and corn production. *Soil Sci. Soc. Am.J.* 55(5): 1395-1400.

92 Costa, J.M., G.A. Bollero and F.J. Coale. 2000. Early season nitrogen accumulation in winter wheat. *J. Plant Nutrition* 23:773-783.

93 Costello, M.J. 1994. Broccoli growth, yield and level of aphid infestation in leguminous living mulches. *Biol.Ag. and Hort.* 10:207-222.

94 Crawford, E.J. and B.G. Nankivell. Medics,

general. Univ. of Calif. SAREP Cover Crops Resource Page.www.sarep.ucdavis.edu/ccrop.

95 Creamer, N.G. and S.M. Dabney. 2002. Killing cover crops mechanically: Review of recent literature and assessment of new research results. *Amer. J. Alt. Ag.* 17:32-40.

96 Creamer, N.G. et al. 1995. A method for mechanically killing cover crops to optimize weed suppression. *Amer. J.Alt.Ag.* 10:157- 162.

97 Creamer, N.G. et al. 1996. A comparison of four processing tomato production systems differing in cover crop and chemical inputs. *Hort. Sci.* 121: 559-568.

98 Cruse, R.M. 1995. Potential economic, environmental benefits of narrow strip intercrop ping. *Leopold Center Progress Reports* 4:14-19.

99 Cunfer, B.M. 1997. Disease and insect management using new crop rotations for sustainable production of row crops in the Southern U.S. SARE Project Report #LS94-057. Southern Region SARE. Griffin, Ga. www.sare.org/projects

100 Curran W.S. et al. 1996. *Cover Crops for Conservation Tillage Systems*. Penn State Conservation Tillage Series, Number 5.

101 Dabney, S. 1996. Cover crop integration into conservation production systems. SARE Project Report #LS96-073. Southern Region SARE. Griffin,Ga. www.sare.org/ projects

102 Dabney, S.M. 1995. Cover crops in reduced tillage systems. Proc. Beltwide Cotton Conferences. pp. 126-127. 5 Jan 1995. National Cotton Council, Memphis, Tenn.

103 Dabney, S. 2007. Personal communication. USDA/ARS. Oxford, Miss.

104 Dabney, S.M. and J.L. Griffin. 1987. Efficacy of burn down herbicides on winter legume cover crops. pp. 122-125. *In* Power, J.F. *The Role of Legumes in Conservation Tillage Systems*. Soil and Water Conservation Society. Ankeny, Iowa.

105 Dabney, S.M. et al. 1991. Mechanical control of legume cover crops. pp. 146-147. *In* W.L. Hargrove. *Cover Crops for Clean Water.* Soil and Water Conservation Society. Ankeny, Iowa.

106 Dabney, S.M., J.A. Delgado and D.W. Reeves. 2001. Using winter cover crops to improve soil and water quality. *Commun. Soil Plant Anal.* 32:1221-1250.

107 Davis, D.W. et al. 1990. Cowpea. *In Alternative Field Crops Manual*. Univ. Of Wisc-Ext. and Univ. of Minnesota. Madison,Wis. and St. Paul,Minn.

108 Decker, A.M. et al. 1994. Legume cover crop contributions to no-tillage corn production. *Agron. J.* 86: 126-136.

109 Decker, A.M. et al. 1992. *Winter Annual Cover Crops for Maryland Corn Production Systems*. Agronomy Mimeo 34.Univ. of Md. Cooperative Ext. Service, Md. Inst. for Ag. and Natural Resources,College Park, Md.

110 de Gregorio, R. et al. 1995. Bigflower vetch and rye vs. rye alone as a cover crop for no-till sweetcorn. *J. Sustain.Ag.* 5:7-18.

111 Delgado, J.A. 1998. Sequential NLEAP simulations to examine effect of early and late planted winter cover crops on nitrogen dynamics. *J. Soil Water Conserv.* 53:241- 244.

112 Delgado, J.A. and J. Lemunyon. 2006. Nutrient Management. pp. 1157-1160. *In* R. Lal. *Encyclopedia Soil Sci*. Markel and Decker, New York, pp 1924. NY.

113 Delgado, J.A. et al. 2007. Cover crops- potato

rotations: Part III, making the connection-green manure cover crop effects on potato yield and quality. *In Proceedings of the 25th Annual San Luis Valley Potato Grain Conference*. Jan. 30-Feb. 2, 2007. Monte Vista, CO.

114 Delgado, J.A. et al. 1999. Use of winter cover crops to conserve soil and water quality in the San Luis Valley of South Central Colorado. pp 125-142. *In* R. Lal. *Soil Quality and Soil Erosion*. CRC Press, Boca Raton, FL.

115 Delgado, J.A., W. Reeves and R. Follett. 2006. Winter Cover Crops. pp 1915-1917. *In* R Lal. *Encyclopedia Soil Sci*. Markel and Decker, New York, NY.

116 Doll, J. 1991. No-till beans: rye not?! *The New Farm*. 13:12-15.

117 Doll, J. and T. Bauer. 1991. Rye: more than a mulch for weed control. pp. 146-149. *Illinois Agricultural Pesticides Conference* presentation summaries.Urbana, Ill.

118 Duiker, S.W. and W.S. Curran. 2005. Rye cover crop management for corn production in the northern Mid-Atlantic region. *Agron. J.* 97:1413-1418.

119 Duiker, S.J. and J. Myers. 2005. *Better Soils with the No-till System*. http://panutrientmgmt.cas.psu.edu/pdf/rp_better_soils_with_noTill.pdf

120 Duke, J.A. 1981. *Handbook of Legumes of World Economic Importance*. Plenum Press, N.Y.

121 Earhart, D.R. 1996. Managing soil phosphorus accumulation from poultry litter application through vegetable/legume rotations. Project Report #LS95-69. Southern Region SARE. Griffin, Ga. www.sare.org/projects

122 Eberlein, C. 1995. Development of winter wheat cover crop systems for weed control in potatoes. SARE Project Report #LW91- 027. Western Region SARE. Logan, Utah. www.sare.org/projects.

123 Eckert, D.J. 1991. Chemical attributes of soils subjected to no-till cropping with rye cover crops. *Soil Sci. Soc.Am. J*. 55:405- 409.

124 Edwards, W.M. et al. 1993. Tillage studies with a corn-soybean rotation: Hydrology and sediment loss. *Soil Sci. Soc.Am. J*. 57:1051-1055.

125 Einhellig, F.A. and J.A. Rasmussen. 1989. Prior cropping with grain sorghum inhibits weeds. *J.Chem. Ecol*. 15: 951-960.

126 Einhellig, F.A. and I.F. Souze. 1992. Allelopathic activity of sorgoleone. *J.Chem. Ecol*. 18:1-11.

127 Enache, A.J., R.D. Ilnicki and R.R. Helberg. 1992. Subterranean clover living mulch:A system approach. pp. 160-162. *In Proc. First Int' lWeed Control Congress,Vol. 2*. February 17- 21, 1992. Weed Science Society of Victoria, Melbourne, Australia.

128 Enache, A.J. 1990. Weed control by subterranean clover (*Trifolium subterraneum* L.) used as a living mulch. *Dissertation Abstracts Int., Sci. and Eng.*, 1990, 50(11): 4825B.

129 Entz, M.H. et al. 2002. Potential of forages to diversify cropping systems in the Northern Great Plains. *Agron. J*. 94:240- 250.

130 Evers, G.W and G.R. Smith. 2006. Crimson clover seed production and volunteer reseeding at various grazing termination dates. *Agron. J*. 98: 1410-1415.

131 Evers, G.W., G.R. Smith and P.E. Beale. 1988. Subterranean clover reseeding. *Agron. J*. 80: 855-859.

132 Evers, G.W., G.R. Smith and C.S. Hoveland. 1997. Ecology and production of annual ryegrass. pp. 29-43. In F.M. Rouquette, Jr. and L.R. Nelson. *Production and management of Lolium for forage in the USA.* CSSA Spec. Pub. #24. ASA, CSSA, SSA. Madison, Wisc.

133 Fairbrother, T.E. 1991. Effect of fluctuating temperatures and humidity on the softening rate of hard seed of subterranean clover (*Trifolium subterraneum* L.). *Seed Sci. Tech.* 19: 93-105.

134 Fairbrother, T.E. 1997. Softening and loss of subterranean clover hard seed under sod and bare ground environments. *Crop. Sci.* 37:839-844.

135 Farahani H.J., G.A. Peterson and D.G. Westfall. 1998. Dryland cropping intensification: A fundamental solution to efficient use of precipitation. *Adv. Agron.* 64: 197-223.

136 Fasching, R. 2006. Personal communication. Bozeman, Mont.

137 Feng, Y. et al. 2003. Soil microbial communities under conventional-till and no-till continuous cotton systems. *Soil Biol. Biochem.* 35(12): 1693-1703.

138 Finch, C.U. Medics, general. Univ. of Calif. SAREP Cover Crops Resource Page. www.sarep.ucdavis.edu/ccrop.

139 Fischer, A. and L. Burrill. 1993. Managing interference in sweet corn-white clover living mulch system. *Am. J. Alt. Ag.* 8:51-56.

140 Fisk, J.W. and O.B. Hesterman. 1996. N contribution by annual legume cover crops for no-till corn. *In 1996 Cover Crops Symposium Proceedings.* Michigan State Univ., W.K. Kellogg Biological Station, Battle Creek, Mich.

141 Fisk, J.W. et al. 2001. Weed suppression by annual legume cover crops in no-tillage corn. *Agron. J.* 93:319-325.

142 Flexner, J.L. 1990. Hairy vetch. Univ. of Calif. SAREP Cover Crops Resource Page. www.sarep.ucdavis.edu/ccrop.

143 Folorunso, O. et al. 1992. Cover crops lower soil surface strength, may improve soil permeability. *Calif. Ag.* 46:26-27.

144 Forney, D.R. and L.F. Chester. 1984. Phytotoxicity of products from rhizospheres of a sorghum-sudangrass hybrid. *Weed Sci.* 33:597-604.

145 Forney, D.R. et al. 1985. Weed suppression in no-till alfalfa (*Medicago sativa*) by prior cropping of summer-annual forage grasses. *Weed Sci.* 33:490-497.

146 Fortin, M.C. and A.S. Hamill. 1994. Rye residue geometry for faster corn development. *Agron. J.* 86:238-243.

147 Foster, R.K. 1990. Effect of tillage implement and date of sweetclover incorporation on available soil N and succeeding spring wheat yields. *Can. J. Plant Sci.* 70:269-277.

148 Fox, R.H. and W.P. Piekielek. 1988. Fertilizer N equivalence of alfalfa, birdsfoot trefoil, and red clover for succeeding corn crops. *J. Prod. Agric.* 1: 313-317.

149 Friedman, D. et al. 1996. Evaluation of five cover crop species or mixes for nitrogen production and weed suppression in Sacramento Valley farming systems. *Univ. of California Cover Crop Research and Education Summaries.* 1994-1996. Davis, Calif.

150 Friesen, G.H. 1979. Weed interference in transplanted tomatoes (*Lycopersicon esculentum*). *Weed Sci.* 27:11-13.

151 Frye, W.W., W.G. Smith and R.J. Williams. 1985. Economics of winter cover crops as a source of nitrogen for no-till corn. *J. Soil Water Conserv.* 40:246-249.

152 Gardiner, J.B. et al. 1999. Allelochemicals released in soil following incorporation of rapeseed(*Brassica napus*)green manures. *J.Agric. Food Chem.* 47:3837-3842.

153 Gardner, J. 1992. *Substituting legumes for fallow in U.S. Great Plains wheat production: The first five years of research and demonstration 1988-1992.* USDA/SARE and North Dakota State Univ., Michael Fields Agricultural Institute, Kansas State Univ. and Univ. of Nebraska. NDSU Carrington Research Extension Center, Carrington, N.D.

154 Geneve, R.L. and L.A. Weston. 1988. Growth reduction of Eastern redbud (*Cercis canadensis* L.) seedlings caused by interaction with a sorghum-Sudangrass hybrid(Sudax). *J. Env.Hort.* 6:24-26.

155 Ghaffarzadeh, M. 1994. Progress Report: Berseem Clover (*Trifolium alexandrinum* L.). 17 pp. Soil Management,Agronomy Department, Iowa State Univ.,Ames, Iowa.

156 Ghaffarzadeh, M. 1995. Considering annual clover? Don't overlook berseem. Pub. #SA-7.4 pp. Sustainable Agriculture Fact Sheet Series. The Leopold Center,Ames, Iowa.

157 Ghaffarzadeh, M. 1996. Forage-based beef production research at the Armstrong Outlying Research farm. Annual research report. A. S. Leaflet R1245. Iowa State Univ., Ames, Iowa.

158 Ghaffarzadeh, M. 1997. Annual legume makes comeback. pp. 24-25. *Beef Today*. January, 1997.

159 Ghaffarzadeh, M. 1997. Economic and biological benefits of intercropping berseem clover with oat in corn-soybean-oat rotations. *J. Prod. Ag.* 10:314-319.

160 Ghaffarzadeh, M. 1995. Potential uses of annual berseem clover in livestock production. *Proc. Rotational Grazing*, a conference sponsored by The Leopold Center for Sustainable Agriculture, Feb. 5-6, 1995. Published by Iowa State Univ. Extension. See also Demonstration of an annual forage crop integrated with crop and livestock enterprises. *In Progress Report*. March 1998. The Leopold Center for Sustainable Agriculture 7:6-10.

161 Gill, G. S. 1995. Development of herbicide resistance in annual ryegrass populations (*Lolium rigidum* Gaud.) in the cropping belt of Western Australia. *Austral. J. of Exp. Ag.* 35:67-72.

162 Graves, W. L. et al. 1996. *Berseem Clover:A Winter Annual Forage for California Agriculture.* Univ. of California, SAREP. Div. of Agriculture and Natural Resources. Pub. 21536. Davis,Calif.

163 Green, B.J. and V.O. Biederbeck. 1995. *Farm Facts: Soil Improvement with Legumes, Including Legumes in Crop Rotations.* Canada-Saskatchewan Agreement on Soil Conservation, Regina, SK.

164 Greene, D.K. et al. 1992. Research report. *New Crop News*.Vol. 3. Purdue Univ.,West Lafayette, Ind.

165 Griffin, J.L. and S.M. Dabney. 1990. Preplant postemergence herbicides for legume cover-crop control in minimum tillage systems. *Weed Tech.* 4:332-336.

166 Griffin, T. 2007. Personal communication. USDA

Agricultural Research Service, Orono, Maine.

167 Griffith, K. and J. Posner. 2001. Comparing Upper Midwest farming systems: Results from the first 10 years of the Wisconsin Integrated Cropping Systems Trial (WICST). Univ of Wisconsin, Center for Integrated Agricultural Systems. www.cias. wisc.edu/wicst/pubs/ tenyear_report.pdf

168 Grinsted, M.J. et al. 1982. Plant-induced changes in the rhizosphere of rape (*Brassica napus* var. Emerald)seedlings. I. pH change and the increase in P concentration in the soil solution. *New Phytol*. 91:19.

169 Groff, S. 1997. Cedar Grove Farm. www.cedarmeadowfarm.com

170 Grubinger, V.P. and P.L. Minotti. 1990. Managing white clover living mulch for sweet corn production with partial rototilling. *Amer. J. Alt. Ag*. 5:4-11.

171 Halvorson, A.D. et al. 2006. Nitrogen and tillage effects on irrigated continuous corn yields. *Agron. J*. 98: 63-71.

172 Halvorson, A.D. and C.A. Reule. 2006. Irrigated corn and soybean response to nitrogen under no-till in northern Colorado. *Agron. J*. 98:1367-1374.

173 Hanson, J.C. et al. 1993. Profitability of notillage corn following a hairy vetch cover crop. *J. Prod.Ag*. 6:432-436.

174 Hanson, J.C. et al. 1997.Organic versus conventional grain production in the mid-Atlantic: An economic and farming system overview. *Amer. J.Alt.Ag*. 12:2-9.

175 Hao, J.J and K.V. Subbarao. 2006. Dynamics of lettuce drop incidence and *Sclerotinia minor* inoculum under varied crop rotations. *Plant Dis*. 90:269-278.

176 Haramoto, E.R. and E.R. Gallandt. 2004. *Brassica* cover cropping for weed management: A review. *Renewable Ag. Food Sys*. 19:187-198.

177 Haramoto, E.R. and E.R. Gallandt. 2005. *Brassica* cover cropping: I. Effects on weed and crop establishment. *Weed Sci*. 53:695- 701.

178 Haramoto, E.R. and E.R. Gallandt. 2005. *Brassica* cover cropping: II. Effects on growth and interference of green bean (*Phaseolus vulgaris*) and redroot pigweed (*Amaranthus retroflexus*). *Weed Sci*. 53: 702-708.

179 Harlow, S. 1994. Cover crops pack plenty of value. *Amer. Agriculturalist* 191:14.

180 Harper, L.A. et al. 1995.Clover management to provide optimum nitrogen and soil water conservation. *Crop Sci*. 35:176-182.

181 Hartwig, N.L. and H.U. Ammon. 2002. Cover crops and living mulches.*Weed Sci*. 50:688-699.

182 Helm, J.L. and D. Meyer. 1993. *Sweetclover production and management*. North Dakota Extension Service Publication R-862. Fargo, N.D.

183 Hendricks L.C. 1995. Almond growers reduce pesticide use in Merced County field trial. *Calif.Ag*. 49:5-10.

184 Hendrix, P.F. et al. 1986. Detritus food webs in conventional and no-tillage agroecosystems. *Bioscience* 36:374-380.

185 Hermel, R. 1997. Forage Focus:Annual legume makes comeback. pp. 24-25.*Beef*. January, 1997.

186 Herrero, E.V. et al. 2001.Use of cover crop mulches in a no-till furrow-irrigated processing tomato production system. *Hort. Tech*. 11:43-48.

187 Hiltbold, A.E. 1991.Nitrogen-fixing bacteria essential for crimson clover. *Alabama Agricultural Experiment Station* 38:13. Auburn, Ala.

188 Hoffman, M.L. et al. 1993. Weed and corn responses to a hairy vetch cover crop. *Weed Tech.* 7:594-599.

189 Hoffman, M. L. et al. 1996. Interference mechanisms between germinating seeds and between seedlings: Bioassays using cover crop and weed species. *Seed Sci.* 44:579-584.

190 Hofstetter, B. 1988. *The New Farm*'s cover crop guide: 53 legumes, grasses and legume- grass mixes you can use to save soil and money. *The New Farm* 10:17-22, 27-31.

191 Hofstetter, B. 1992. Bank on buckwheat. *The New Farm* 14:52-53.

192 Hofstetter, B. 1992. How sweet it is: Yellowblossom sweetclover fights weeds, adds N and feeds livestock. *The New Farm* 14:6-8.

193 Hofstetter, B. 1992. Reliable ryegrass. *The New Farm* 14:54-55, 62.

194 Hofstetter, B. 1993a. Meet the queen of cover crops. *The New Farm* 15:37-41.

195 Hofstetter, B. 1993b. Fast and furious. *The New Farm* 15:21-23, 46.

196 Hofstetter, B. 1993c. Red clover revival. *The New Farm* 15:28-30.

197 Hofstetter, B. 1993d. A quick & easy cover crop. *The New Farm* 15:27-28.

198 Hofstetter, B. 1993e. Reconsider the lupin. *The New Farm* 15:48-51.

199 Hofstetter, B. 1994a. The carefree cover. *The New Farm* 16:22-23.

200 Hofstetter, B. 1994b. Bring on the medics! *The New Farm* 16:56, 62.

201 Hofstetter, B. 1994c. Warming up to winter peas. *The New Farm* 16:11-13.

202 Hofstetter, B. 1995. Keep your covers in the pink. *The New Farm* 17:8-9.

203 Holderbaum, J.F. et al.1990. Fall-seeded legume cover crops for no-tillage corn in the humid East. *Agron. J.* 82:117-125.

204 Holle, O. 1995. Compare the agronomic and economic benefits of 3 or 4 annual alfalfa varieties to sweetclover for forage and soil building purposes in a feed grain, soybeans, wheat/ legume rotation. SARE Project Report #FNC92-004. North Central Region SARE. St. Paul, Minn. www.sare. org/ projects

205 House, G.J and M.D.R. Alzugaray. 1989. Hairy vetch. Univ. of Calif. SAREP Cover Crops Resource Page. www.sarep.ucdavis. edu/ccrop

206 Howieson, J. and M.A. Ewing. 1989. Medics, general. Univ. of Calif. SAREP Cover Crops Resource Page. www.sarep. ucdavis.edu/ccrop.

207 Hoyt, G.D. and W.L. Hargrove. 1986. Legume cover crops for improving crop and soil management in the southern United States. *Hort.Sci.* 21:397-402.

208 Hutchinson, C.M. and M.E. McGiffen. 2000. Cowpea cover crop mulch for weed control in desert pepper production. *Hort.Sci.* 35: 196-198.

209 Ingels,C.A. et al. 1994. Selecting the right cover crop gives multiple benefits. *Calif.Ag.* 48:43-48.

210 Ingels, C.A. 1995. Cover cropping in vineyards. *Amer. Vineyard.* 6/95, 8/95, 9/95, 10/95. *In* Chaney,David and Ann D.Mayse. 1997. Cover Crops:Resources for Education and Extension. Univ. of California, Div. of Agriculture and Natural Resources, Davis,Calif.

211 Ingels, C.A. et al. 1996. *Univ. of California*

Cover Crop Research & Education Summaries, March 1996. UC SAREP, Davis, Calif.

212 Ingham, R.E. et al. 1994. Control of *Meloidogyne chitwoodi* with crop rotation, green manure crops and nonfumigant nematicides. *J.Nematol.* 26:553.

213 Iyer, J.G., S.A.Wilde and R.B.Corey. 1980. Green manure of sorghum-sudan: Its toxicity to pine seedlings. *Tree Planter's Notes* 31:11-13.

214 Izaurralde, R.C. et al. 1990. Plant and nitrogen yield of barley-field pea intercrop in cryoboreal-subhumid central Alberta. *Agron. J.* 82:295-301.

215 Jackson, L.E. 1995. Cover crops incorporated with reduced tillage on semi-permanent beds: Impacts on nitrate leaching, soil fertility, pests and farm profitability. SARE Project Report #AW92-006. Western Region SARE. Logan,Utah. www.sare. org/projects.

216 Jacobs, E. 1995. Cover crop breathes life into old soil: Sorghum-sudangrass, used as an onion rotation crop on organic soils, cuts pesticide costs, rejuvenates soil and increases yields. *Amer. Agriculturist* 192:8.

217 Jensen, E.S. 1996. Barley uptake of N deposited in the rhizosphere of associated field pea. *Soil.Biol.Biochem.* 28:159-168.

218 Jeranyama, P., O.B. Hesterman and C.C. Sheaffer. 1998.Medic planting date effect on dry matter and nitrogen accumulation when clearseeded or intercropped with corn. *Agron. J.* 90:616-622.

219 Jordan, J.L. et al. 1994. An Economic Analysis of Cover Crop Use in Georgia to Protect Groundwater Quality. Research Bulletin#419. Univ. of Georgia,College of Agric. and Environ. Sciences,Athens,Ga. 13.

220 Kandel,H.J., A.A. Schneiter and B.L. Johnson. 1997. Intercropping legumes into sunflower at different growth stages. *Crop Sci.* 37:1532-1537.

221 Kandel,H.J., B.L. Johnson and A.A. Schneiter. 2000. Hard red spring wheat response following the intercropping of legumes into sunflower. *Crop Sci.* 40:731-736.

222 Kaspar, T.C., J.K. Radke and J.M. Laflen. 2001. Small grain cover crops and wheel traffic effects on infiltration, runoff, and erosion. *J. Soil Water Conserv.* 56:160-164.

223 Kelly, T.C. et al. 1995. Economics of a hairy vetch mulch system for producing fresh-market tomatoes in the Mid-Atlantic region. *Hort. Sci.* 120:854-869.

224 Kimbrough, E., L. and W.E. Knight. *Forage 'Bigbee' Berseem Clover.* Mississippi State Univ. Extension Service. http://ext. msstate. edu/pubs/is1306.htm.

225 King, L.D. 1988. Legumes for nitrogen and soil productivity. *Stewardship News* 8:4-6.

226 Kirchmann, H. and H. Marstop. 1992. Calculation of N mineralization from six green manure legumes under field conditions from autumn to spring. *Acta Agriculturae Scand.* 41:253-258.

227 Knight, W.E. 1985.Crimson clover.Univ. of Calif. SAREP Cover Crops Resource Page. www.sarep. ucdavis.edu/ccrop.

228 Knorek, J. and M. Staton. 1996. Red Clover. Cover Crops: MSU/KBS (fact sheet packet), Michigan State Univ. Extension, East Lansing, Mich. www. covercrops. msu. edu/CoverCrops/red_clover.htm

229 Koala, S. 1982. Adaptation of Australian ley farming to Montana dryland cereal production. M.S. thesis.Montana State Univ., Bozeman.

230 Koch, D.W. 1995. *Brassica* utilization in sugarbeet rotations for biological control of cyst nematode. SARE Project Report # LW91-022. Western Region SARE. Logan, Utah. www.sare.org/projects. See also www. uwyo. edu/Agexpstn/research.pdf.

231 Koike, S.T. et al. 1996. Phacelia, Lana Woollypod vetch and Austrian winter pea: three new cover crop hosts of *Sclerotina minor* in California. *Plant Dis*. 80:1409-1412.

232 Koume, C.N. et al. 1988. Screening subterranean clover (*Trifolium* spp.) germplasm for resistance to *Meloidogyne* species. *J.Nematol*. 21(3):379-383.

233 Kremen, A. and R.R. Weil. 2006. Monitoring nitrogen uptake and mineralization by *Brassica* cover crops in Maryland. 18th World Congress of Soil Science. http://crops.confex.com/ crops/wc2006/ techprogram/P17525.htm

234 Krishnan, G., D.L. Holshauser and S.J. Nissen. 1998. Weed control in soybean (*Glycine max*) with green manure crops.*Weed Tech*. 12:97-102.

235 Kumwenda, J.D.T. et al. 1993. Reseeding of crimson cover and corn grain yield in a living mulch system. *Soil Sci. Soc.Am. J.* 57:517-523.

236 Langdale, G.W. and W.C. Moldenhauer. 1995. Crop Residue Management to Reduce Erosion and Improve Soil Quality. USDA-ARS, Conservation Research Report No. 39. Washington, D.C.

237 Langdale, G.W. et al. 1992. Restoration of eroded soil with conservation tillage. *Soil Tech*. 1:81-90.

238 Lanini, W.T. et al. 1989. Subclovers as living mulches for managing weeds in vegetables. *Calif. Agric*. 43:25-27. Larkin, R.P. See #458, 459, 460.

239 Leach, S.S. 1993. Effects of moldboard plowing, chisel plowing and rotation crops on the *Rhizoctonia* disease of white potato. *Amer. Potato J*. 70:329-337.

240 LeCureux, J.P. 1996. Integrated system for sustainability of high-value field crops. SARE Project Report #LNC94-64. North Central Region SARE. St. Paul, Minn. www.sare.org/projects.

241 Leroux, G.D. et al. 1996. Effect of crop rotations in weed control, *Bidens cernua* and *Erigeron canadensis* populations, and carrot yields in organic soils. *Crop Protection* 15:171-178.

242 Lichtenberg, E. et al. 1994. Profitability of legume cover crops in the mid-Atlantic region. *J. Soil Water Cons*. 49:582-585.

243 Linn, D.M. and J.W. Doran. 1984. Effect of water-filled pore space on carbon dioxide and nitrous oxide production in tilled and nontilled soil. *Soil Sci. Soc.Am. J.* 48:1267-1272.

244 Litterick, A.M. et al. 2004.The role of uncomposted materials, composts,manures, and compost extracts in reducing pest and disease incidence and severity in sustainable temperate agricultural and horticultural crop production-A review. *Critical Reviews in Plant Sci*. 23:453-479.

245 Liu, D.L. and J.V. Lovett. 1994. Biologically active secondary metabolites of barley. I. Developing techniques and assessing allelopathy in barley. *J. Chem. Ecol*. 19: 2217-2230.

246 Liu, D.L. and J.V. Lovett. 1994. Biologically active secondary metabolites of barley. II. Phytotoxicity of barley allelochemicals. *J. Chem. Ecol.* 19: 2231-2244.

247 Lovett, J.V. and A.H.C. Hoult. 1995. Allelopathy and self-defense in barley. pp. 170-183. *In*

Allelopathy: Organisms, Processes, and Applications. American Chemical Society, Washington, D.C.

248 MacGuidwin, A.E. and T.L. Layne. 1995. Response of nematode communities to sudangrass and sorghum-sudangrass hybrids grown as green manure crops. *J. Nematol*. 27:609- 616.

249 Madden, N.M. et al. 2004. Evaluation of conservation tillage and cover crop systems for organic processing tomato production. *Hort. Tech*. 14(2):73-80.

250 Mackay, J.H.E. 1981. Medics, general. Univ. of Calif. SAREP Cover Crops Resource Page. www.sarep.ucdavis.edu/ccrop

251 Magdoff, F. and H. van Es. 2001. *Building Soils for Better Crops, 2nd Edition*. Sustainable Agriculture Network. Beltsville, MD. www.sare. org/ publications/soils.htm

252 Mahler, R.L. 1989. Evaluation of the green manure potential of Austrian winter pea in northern Idaho. *Agron. J.* 81:258-264.

253 Mahler, R.L. 1993. Evaluation of the nitrogen fertilizer value of plant materials to spring wheat production. *Agron. J.* 85: 305-309.

254 Malik,N. and J.Waddington. 1988. Polish rape seed as a companion crop when establishing sweetclover for dry matter production. *Can. J.Plant. Sci.* 68:1009- 1015.

255 Marks, C.F. and J.L. Townsend. 1973. Buckwheat. Univ. of Calif. SAREP Cover Crops Resource Page. www.sarep. ucdavis. edu/ccrop

256 Marshall, H. G. and Y. Pomeranz. 1982. Buckwheat: description,breeding,production and utilization. pp.157-210. *In Advances in Cereal Science and Technology Y. Pomeranz*,. Amer. Assn.of Cereal Chemists. St.Paul, Minn.

257 Matheson, N. et al. 1991. Cereal-legume cropping systems: Nine farm case studies in the dryland northern plains, Canadian prairies and intermountain Northwest. Alternative Energy Resources Organization (AERO), Helena, Mont. 75.

258 Matthews, A. 1997. Alternative rotation system for vegetables. SARE Project Report #FNE96-146. Northeast Region SARE. Burlington,Vt. www. sare. org/ projects

259 Matthiessen, J.N. and J.A. Kirkegaard. 2006. Biofumigation and enhanced biodegradation: Opportunity and challenge in soilborne pest and disease management. *Critical Reviews in Plant Sci*. 25:235-265.

260 McCraw, D. et al. 1995. Use of Legumes in Pecan Orchards. Oklahoma Cooperative Extension Service. Current Report CR- 06250, 4 pp. Stillwater, OK.

261 McGuire, C.F. et al. 1989. Nitrogen contribution of annual legumes to the grain protein content of'Clark'barley (*Hordeum disticum* L.) production. *Applied Ag.Res*. 4:118-121.

262 McLeod, E. Medics, general. Univ. of Calif. SAREP Cover Crops Resource Page. www. sarep.ucdavis.edu/ccrop

263 McSorley, R. and R.N. Gallagher. 1994. Effect of tillage and crop residue management on nematode densities on corn. *J.Nematol*. 26:669-674.

264 Meisinger, J.J. et al.1991. Effects of cover crops on groundwater quality. pp. 57-68. *In* W.L. Hargrove. *Cover Crops for CleanWater*. Soil and Water Conservation Society.Ankeny, Iowa.

265 Melakeberhan, H. et al. 2006. Potential use of arugula (*Eruca sativa* L.) as a trap crop for

Meloidogyne hapla. *Nematol.* 8:793-799.

266 Merrill, S.D. et al. 2006. Soil coverage by residue as affected by ten crop species under no-till in the northern Great Plains. *J. Soil Water Conserv.* 61:7-13.

267 Merwin, I.A. and W.C. Stiles. 1998. Integrated weed and soil management in fruit plantings. Cornell Cooperative Extension Information Bulletin 242. http:// dspace.library.cornell.edu/ handle/ 1813/3277

268 Meyer, D.W. and W.E. Norby. 1994. Seeding rate, seeding-year harvest, and cultivar effects on sweetclover productivity. *North Dakota Farm Res*. 50:30-33.

269 Michigan State Univ. Extension. Cover Crops Program. East Lansing,Mich. www.covercrops.msu.edu

270 Michigan State Univ. 2001. Sustainable Agriculture. Futures(newsletter).Volumes 18 and 19. http://web1.msue.msu.edu/ misanet/futures01.pdf.

271 Miller, M.M. 1997. Reduced input, diversified systems. Press release via electronic transmission from Univ. of Wisconsin Extension-Agronomy, Madison, Wis. 7/21/97.

272 Miller, P.R. et al. 1989. *Cover Crops for California Agriculture*. Univ of California, SAREP. Div. of Agriculture and Natural Resources.Davis, Calif. 24.

273 Miller,M.H. et al. 1994. Leaching of nitrogen and phosphorus from the biomass of three cover crops. *J. Environ.Qual.* 23:267-272.

274 Miller, P.R. 1989. Medics, general. Univ. of Calif. SAREP Cover Crops Resource Page. www.sarep.ucdavis.edu/ccrop

275 Millhollon, E.P. 1994. Winter cover crops improve cotton production and soil fertility in Northwest Louisiana. *La.Ag.* 37:26-27.

276 Mishanec, J. 1996. Use of sorghumsudangrass for improved yield and quality of vegetables produced on mineral and muck soils in NewYork: Part II—Sudan trials on muck soils in Orange County. Research report. Cornell Cooperative Extension. Ithaca, N.Y.

277 Mississippi State Univ. http://ext. msstate.edu/pubs.

278 Mitchell, J.P. et al. 1999a. Cover crops for saline soils. *J.Agron. Crop Sci*. 183: 167-178.

279 Mitchell, J.P., D.W. Peters and C. Shennan. 1999b. Changes in soil water storage in winter fallowed and cover cropped soils. *J. Sustainable Ag*. 15:19-31.

280 Mitchell, J.P. et al. 2005. Surface residues in conservation tillage systems in California. Abstract. *In Conservation tillage, manure and cover crop impact on agricultural systems*. ASA/CSSA/SSSA 2005.November 6-10, 2005, Salt Lake City,Utah.

281 Mohler, C.L. 1995. A living mulch(white clover)/dead mulch (compost) weed control system for winter squash. *Proc. Northeast Weed Sci. Soc*. 49:5-10.

282 Mojtahedi, H. et al. 1991. Suppression of root-knot nematode populations with selected rapeseed cultivars as green manure. *J. Nematol.* 23:170-174.

283 Mojtahedi, H. et al. 1993a. Managing *Meloidogyne chitwoodi* on potato with rapeseed as green manure. *Plant Dis*. 77:42-46.

284 Mojtahedi, H. et al. 1993b. Suppression of

Meloidogyne chitwoodi with sudangrass cultivars as green manure. *J. Nematol.* 25: 303-311.

285 Moomaw, R.S. 1995. Selected cover crops established in early soybean growth stage. *J. Soil Water Cons.* 50:82-86.

286 Morse, R. 1998. Keys to successful production of transplanted crops in high-residue, no-till farming systems. *Proceedings of the 21st Annual Southern Conservation Tillage Conference for Sustainable Agriculture.* July, 1998.

287 Mosjidis, J.A. and C.M. Owsley. 2000. Legume cover crops development by NRCS and Auburn Univ. http://plant- materials.nrcs.usda.gov/pubs/gapmcpo3848.pdf.

288 Moynihan, J.M. et al. 1996. Intercropping barley and annual medics. *In Cover Crops Symposium Proceedings.* Michigan State Univ., W.K. Kellogg Biological Station, Battle Creek, Mich.

289 Munawar, A. et al. 1990. Tillage and cover crop management for soil water conservation. *Agron. J.* 82:773-777.

290 Munoz, F.N. 1987. *Legumes for Orchard, Vegetable and Cereal Cropping Systems.* Coop. Ext., Univ. of California, San Diego, Calif.

291 Munoz, F.N. 1988. Medics, general. Univ. of Calif. SAREP Cover Crops Resource Page. www.sarep.ucdavis.edu/ccrop.

292 Munoz, F.N. and W.Graves. Medics, general. Univ. of Calif. SAREP Cover Crops Resource Page. www.sarep.ucdavis.edu/ ccrop.

293 Murphy, A.H. et al. 1976. Bur Medic. Univ. of Calif. Cover Crops Resource Page. www.sarep.ucdavis.edu/ccrop

294 Mutch, D.R. et al. 1996a. Evaluation of lowinput corn system. *In Cover Crops Symposium Proceedings.* Michigan State Univ., W.K. Kellogg Biological Station. Battle Creek, Mich.

295 Mutch, D.R. et al. 1996b. Evaluation of overseeded cover crops at several corn growth stages on corn yield. *In Cover Crops Symposium Proceedings.* Michigan State Univ., W.K. Kellogg Biological Station, Battle Creek, Mich.

296 Mutch, D., T. Martin and K. Kosola. 2003. Red clover (*Trifolium pratense*) suppression of common ragweed (*Ambrosia artemisiifolia*) in winter wheat (*Triticum aestivum*). *Weed Tech.* 17:181-185.

297 Mwaja, V.N., J.B. Masiunas and C.E. Eastman. 1996. Rye and hairy vetch intercrop management in fresh-market vegetables. *Hort. Sci.* 121:586-591.

298 Myers, R.L. and L.J. Meinke. 1994. *Buckwheat: A Multi-Purpose, Short-Season Alternative.* MU Guide G 4306. Univ. Extension, Univ. of Missouri-Columbia.

299 Nafziger, E.D. 1994. Corn planting date and plant population. *J.Prod.Agric.* 7:59-62.

300 National Assn. of Wheat Growers Foundation. 1995. *Best Management Practices for Wheat: A Guide to Profitable and Environmentally Sound Production.* National Assn. of Wheat Growers Foundation. Washington, D.C.

301 Nelson, L.R. 2007. Personal communication. Texas Agricultural Experiment Station. Overton, TX.

302 The NewFarm. www.newfarm.org/depts/notill/index.shtml.

303 Ngouajio, M. and D.R. Mutch. 2004. *Oilseed radish:A new cover crop for Michigan.* Michigan State Univ Extension Bulletin E2907. www.

covercrops. msu.edu/Cover Crops/O_Radish/extension_bulletin_E2907.pdf.

304 Nimbal, C.I. et al. 1996. Phytotoxicity and distribution of sorgoleone in grain sorghum germplasm. *J.Agric. Food Chem.* 44:1343-1347.

305 Ocio, J.A. et al. 1991. Field incorporation of straw and its effects on soil microbial biomass and soil inorganic N. *Soil Biol. Biochem.* 23:171-176.

306 Oekle, E.A. et al. 1990. Rye. *In Alternative Field Crops Manual.* Univ. of Wisc-Ext. and Univ. of Minnesota, Madison, Wis. and St. Paul, Minn.

307 Orfanedes, M.S. et al. 1995. *Sudangrass trials-What have we learned to date?* Cornell Cooperative Extension Program, Lake Plains Vegetable Program.

308 Oregon State Univ. Forage Information System. http://forages.oregonstate.edu.

309 Ott, S.L. and W.L. Hargrove. 1989. Profit and risks of using crimson clover and hairy vetch cover crops in no-till corn production. *Amer. J. Alt.Ag.* 4:65-70.

310 Oyer, L.J. and J.T. Touchton. 1990. Utilizing legume cropping systems to reduce nitrogenfertilizer requirements for conservation-tilled corn. *Agron. J.* 82:1123-1127.

311 Paine, L. et al. 1995. Establishment of asparagus with living mulch. *J.Prod.Agric.* 8:35-40.

312 Parkin, T.B., T.C.Kaspar and C.A. Cambardella. 1997. Small grain cover crops to manage nitrogen in the Midwest. *Proc.Cover Crops, Soil Quality, and Ecosystems Conference.* March 12-14, 1997. Sacramento, Calif. Soil and Water Conservation Society, Ankeny, Iowa.

313 Paxton, J.D. and J.Groth. 1994. Constraints on pathogens attacking plants. *Critical Rev. Plant Sci.* 13:77-95.

314 Paynter, B.H. Medics, general. Univ. of Calif. SAREP Cover Crops Resource Page. www.sarep.ucdavis.edu/ccrop

315 Peet, M. 1995. *Sustainable Practices for Vegetable Production in the South.* Summer annuals and winter annuals lists. www2.ncsu.edu/ncsu/cals/sustainable/peet.

316 Pennington, B. 1997. *Seeds & Planting* (3rd Ed.) Pennington Seed, Inc., Madison, Ga.

317 Peterson, G.A. et al. 1998. Reduced tillage and increasing cropping intensity in the Great Plains conserves soil C. *Soil & Tillage Research* 47:207-218.

318 Peterson, G.A. et al. 1996. Precipitation use efficiency as impacted by cropping and tillage systems. *J.Prod.Agric.* 9:180-186.

319 Petersen, J. et al. 2001. Weed suppression by release of isothiocyanates from turnip-rape mulch. *Agron. J.* 93:37-43.

320 Phatak, S.C. 1987a. Tillage and fertility management in vegetables. *Amer. Vegetable Grower* 35:8-9.

321 Phatak, S.C. 1987b. Integrating methods for cost effective weed control. *Proc. Integ. Weed Manag. Symp.* Expert Committee on Weeds. Western Canada. 65 pp.

322 Phatak, S.C. 1992. An integrated sustainable vegetable production system. *Hort. Sci.* 27:738-741.

323 Phatak, S.C. 1993. Legume cover crops-cotton relay cropping systems. *Proc. Organic Cotton Conf.* pp. 280-285. Compiled and edited by California Institute for Rural Studies, P.O. Box 2143, Davis, Calif. 95617.

324 Phatak, S.C. et al. 1991.Cover crops effects on weeds diseases, and insects of vegetables. pp. 153-154. In W.L.Hargrove. *Cover Crops for Clean Water*. Soil and Water Conservation Society. Ankeny, Iowa.

325 Pieters, A.J. 1927. *Green Manuring*. John Wiley & Sons, N.Y.

326 Pledger, D.J. and D.J. Pledger Jr. 1951. *Cotton Culture on Hardscramble Plantation*. Hardscramble Plantation. Shelby, Miss.

327 Posner, J. et al. 2000. Using small grain cover crop alternatives to diversify crop rotations. SARE Project Report #LNC97- 116.North Central Region SARE. St. Paul,Minn. www.sare.org/projects.

328 Porter, S. 1994. Increasing options for cover cropping in the Northeast. SARE Project Report #FNE93-014. Northeast Region SARE. Burlington, Vt. www.sare. org/projects.

329 Porter, S. 1995. Increasing options for cover cropping in the Northeast. SARE Project Report #FNE94-066.Northeast Region SARE. Burlington, Vt. www.sare. org/projects.

330 Power, J.F. 1991. Growth characteristics of legume cover crops in a semiarid environment. *Soil Sci. Soc.Am. J*. 55:1659- 1663.

331 Power, J.F. 1994. Cover crop production for several planting and harvest dates in eastern Nebraska. *Agron. J*. 86:1092-1097.

332 Power, J.F. et al. 1991. Hairy vetch as a winter cover crop for dryland corn production. *J.Prod.Ag*. 4:62-67.

333 Power, J.F. and J.A. Zachariassen. 1993. Relative nitrogen utilization by legume cover crop species at three soil temperatures. *Agron. J*. 85:134-140.

334 Price, A.J., D.W.Reeves and M.G. Patterson. 2006. Evaluation of weed control provided by three winter cover cereals in conservation- tillage soybean. *Renew.Agr. Food Sys*. 21(3):159-164.

335 Przepiorkowski, T. and S.F. Gorski. 1994. Influence of rye (*Secale cereale*) plant residues on germination and growth of three triazineresistant and susceptible weeds. *Weed Tech*. 8:744-747.

336 Quesenberry,K.H., D.D.Baltensperger and R.A.Dunn. 1986. Screening *Trifolium* spp. for response to *Meloidogyne* spp. *Crop Sci*.26:61-64.

337 Quinlivan, B.J. et al. Medics, general. Univ. of Calif. SAREP Cover Crops Resource Page. www.sarep.ucdavis.edu/ccrop

338 Ramey, B.E. et al. 2004. Biofilm formation in plant-microbe associations. *Current Opinion in Microbiol*. 7:602-609.

339 Rajalahti, R.M. and R.R. Bellinder. 1996. Potential of interseeded legume and cereal cover crops to control weeds in potatoes. pp. 349-354. *Proc. 10th Int.Conf. on Biology of Weeds*, Dijon, France.

340 Rajalahti, R. and R.R. Bellinder. 1999.Time of hilling and interseeding of cover crop influences weed control and potato yield. *Weed Sci*. 47:215-225.

341 Ranells, N.N. and M.G. Wagger. 1993. Crimson clover management to enhance reseeding and no-till corn grain production. *Agron. J*. 85:62-67.

342 Ranells, N.N. and M.G. Wagger. 1996. Nitrogen release from grass and legume cover crop

343 Ranells, N.N. and M.G. Wagger. 1997a. Grasslegume bicultures as winter annual cover crops. *Agron. J.* 89:659-665.

344 Ranells, N.H., and M.G. Wagger. 1997b. Winter annual grass-legume bicultures for efficient nitrogen management in no-till corn. *Agric. Ecosyst. Environ.* 65:23-32.

345 Reddy, K.N., M.A. Locke and C.T. Bryson. 1994. Foliar washoff and runoff losses of lactoben, norflurazon and fluemeteron under simulated conditions. *J.Agric. Food Chem.* 42:2338-2343.

346 Reeves, D.W. 1994. Cover crops and rotations. *In* J.L. Hatfield and B.A. Stewart. *Advances in Soil Science*: *Crops Residue Management*. 125-172. Lewis Publishers, CRC Press Inc., Boca Raton, FL.

347 Reeves, D.W. and J.T. Touchton. 1994. Deep tillage ahead of cover crop planting reduces soil compaction for following crop. p. 4. *Alabama Agricultural Experimental Station Newsletter.* Auburn, Ala. www. ars. usda. gov/SP2UserFiles/ lace/66120900/Reeves/ Reeves_1991_Deep Tillage. pdf.

348 Reeves,D.W., A.J. Price and M.G. Patterson. 2005. Evaluation of three winter cereals for weed control in conservation-tillage non- transgenic cotton. *Weed Tech.* 19:731-736.

349 Reynolds, M.O. et al. 1994. Intercropping wheat and barley with N-fixing legume species: A method for improving ground cover,N-use efficiency and productivity in low-input systems. *J.Agric. Sci.* 23:175-183.

350 Rice, E.L. 1974. *Allelopathy*. Academic Press, Inc. N.Y.

351 Rife, C.L. and H. Zeinalib. 2003. Cold tolerance in oilseed rape over varying acclimation durations. *Crop Sci.* 43:96-100.

352 Riga, E. et al. 2003. Green manure amendments and management of root knot nematodes on potato in the Pacific Northwest of USA. *Nematol.Monographs & Perspectives* 2:151-158.

353 Robertson, T. et al. 1991. Long-run impacts of cover crops on yield, farm income, and nitrogen recycling. pp. 117-120. *In* W.L. Hargrove. *Cover Crops for CleanWater*. Soil and Water Conservation Society. Ankeny, Iowa.

354 Robinson, R.G. 1980. *The Buckwheat Crop in Minnesota.* Station Bulletin 539. Agricultural Experiment Station,Univ. of Minnesota, St. Paul, Minn.

355 Rogiers, S.Y. et al. 2005. Effects of spray adjuvants on grape (*Vitis vinifera*) berry microflora, epicuticular wax and susceptibility to infection by *Botrytis cinerea. Australasian Plant Pathol*. 34: 221-228.

356 Rothrock, C.S. 1995.Utilization of winter legume cover crops for pest and fertility management in cotton. SARE Project Report #LS94-057. Southern Region SARE. Griffin,Ga. www.sare.org/projects

357 Roylance, H.B. and K.H.W. Klages. 1959. *Winter Wheat Production.* Bulletin 314. College of Agriculture, Univ. of Idaho, Moscow, Idaho.

358 Saini, M., A.J. Price and E. van Santen. 2005. Winter weed suppression by winter cover crops

in a conservation-tillage corn and cotton rotation. *Proc. 27th Southern Conservation-Tillage Conf.* 124-128.

359 Sarrantonio, M. 1991. *Methodologies for Screening Soil-Improving Legumes*.Rodale Institute.Kutztown, Pa.

360 Sarrantonio, M. 1994. *Northeast Cover Crop Handbook*. Soil Health Series.Rodale Institute, Kutztown, Pa.

361 Sarrantonio, M. and E. Gallandt. 2003. The role of cover crops in North American cropping systems. *J. Crop Prod.* 8:53-74.

362 Sarrantonio, M. and T.W. Scott. 1988. Tillage effects on availability of nitrogen to corn following a winter green manure crop. *Soil Sci. Soc. Am. J.* 52:1661-1668.

363 Sattell, R. et al. 1999. *Cover Crop Dry Matter and Nitrogen Accumulation inWestern Oregon*. Extension publication #EM 8739. Oregon State Univ Extension. http://extension.oregonstate.edu/catalog/html/em/em8739.

364 Sattell, R. et al. 1998. *Oregon cover crops: rapeseed*. http://extension.oregonstate.edu/catalog/html/em/em8700.

365 Schmidt, W.H., D.K. Myers and R.W. van Keuren. 2001. *Value of legumes for plowdown nitrogen*. Ohio State Univ Extension Fact Sheet AGF-111-01. http://ohioline.osu.edu/agf-fact/0111.html

366 Sholberg, P. et al. 2006. Fungicide and clay treatments for control of powdery mildew influence wine grape microflora. *Hort. Sci.* 41: 176-182.

367 Schomberg, H.H. et al. 2005. Enhancing sustainability in cotton production through reduced chemical inputs, cover crops and conservation tillage. SARE Project Report #LS01-121. Southern Region SARE. Griffin, Ga. www.sare.org/projects.

368 Schonbeck, M. and R. DeGregorio. 1990. Cover crops at a glance. *The Natural Farmer*, Fall-Winter 1990.

369 Scott, J.E. and L.A. Weston. 1991. Cole crop (*Brassica oleracea*) tolerance to Clomazone. *Weed Sci.* 40:7-11.

370 Shaffer, M.J. and J.A. Delgado. 2002. Essentials of a national nitrate leaching index assessment tool. *J. Soil Water Conserv.* 57:327-335.

371 Shipley, P.R. et al. 1992. Conserving residual corn fertilizer nitrogen with winter cover crops. *Agron. J.* 84:869-876.

372 Sheaffer, C. 1996. Annual medics: new legumes for sustainable farming systems in the Midwest. SARE Project Report #LNC93-058. North Central Region SARE. St. Paul,Minn. www.sare.org/projects.

373 Sheaffer, C.C., S.R. Simmons and M.A. Schmitt. 2001.Annual medic and berseem clover dry matter and nitrogen production in rotation with corn. *Agron. J.* 93:1080-1086.

374 Shrestha, A. et al. 1996. Annual Medics. *In Cover Crops*: *MSU/KBS* (factsheet packet). Michigan State Univ. Extension. East Lansing, Mich.

375 Shrestha, A. et al. 1998. Annual medics and berseem clover as emergency forages. *Agron. J.* 90:197-201.

376 Sideman, E.1991.Hairy vetch for fall cover and nitrogen:A report on trials by MOFGA in Maine. *Maine Organic Farmer & Gardener* 18:43-44.

377 Sims, J.R. 1980. "Seeding George black medic,"

"George black medic in rotation," "George black medic as a green manure." *In Timeless Seeds.* Conrad, Mont.

378 Sims, J.R. 1982. Progress Report. Montana Ag. Extension Service. Research Project #382. Bozeman, Mont.

379 Sims, J.R. 1988. *Research on dryland legume-cereal rotations in Montana.* Montana State Univ. Bozeman, Mont.

380 Sims, J.R. et al. 1991. Yield and bloat hazard of berseem clover and other forage legumes in Montana. *Montana Ag. Research* 8:4-10.

381 Sims, J.R. 1995. Low input legume/cereal rotations for the northern Great Plains- Intermountain Region dryland and irrigated systems. SARE Project Report #LW89-014. Western Region SARE. Logan, Utah. www.sare.org/projects.

382 Sims, J. 1996. *Beyond Summer Fallow.* Prairie Salinity Network Workshop, June 6, 1996, Conrad, Mont. Available from Montana Salinity Control Association, Conrad, Mont. 59425.

383 Singer, J.W., M.D. Casler and K.A. Kohler. 2006. Wheat effect on frost-seeded red clover cultivar establishment and yield. *Agron. J.* 98:265-269.

384 Singer, J.W. et al. 2004. Tillage and compost affect yield of corn, soybean, and wheat and soil fertility. *Agron. J.* 96: 531- 537.

385 Singer, J. and P. Pedersen. 2005. *Legume Living Mulches in Corn and Soybean.* Iowa State Univ Extension Publication, Iowa State Univ, Ames Iowa. http://extension.agron.iastate.edu/soybean/documents/PM_mulches_2006.pdf

386 Singogo, W., W.J. Lamont Jr. and C.W. Marr. 1996. Fall-planted cover crops support good yields of muskmelons. *Hort. Sci.* 31: 62-64.

387 Smith, R.F. et al. 2005. Mustard cover crops to optimize crop rotations for lettuce production. California lettuce research board. Annual Report. 212-219. http://ucce.ucdavis.edu/files/filelibrary/1598/29483.pdf.

388 Smith, S.J and A.N. Sharpley. Sorghum and sudangrass. Univ. of Calif. SAREP Cover Crops Resource Page. www.sarep.ucdavis.edu/ccrop.

389 Snapp, S. et al. 2005. Evaluating cover crops for benefits, costs and performance within cropping system niches. *Agron. J.* 97:1-11.

390 Snapp, S. et al. 2006. *Mustards—A Brassica Cover Crop for Michigan.* Extension Bulletin E-2956. Michigan State Univ.

391 Snider, J. et al. 1994. Cover crop potential of white clover: Morphological characteristics and persistence of thirty-six varieties. *Mississippi Agricultural and Forestry Experiment Service Research Report* 19: 1-4.

392 Soil Science Society of America. 1997. Glossary of soil science terms. Madison, WI.

393 Stark, J.C. 1995. Development of sustainable potato production systems for the Pacific NW. SARE Project report #LW91-029. Western Region SARE. Logan, Utah. www.sare.org/projects.

394 Stiraker, R.J. et al. 1995. No-tillage vegetable production using cover crops and alley cropping. 466-474. *In Soil Management in Sustainable Agriculture. Proc. Third Int'l Conf. on Sustainable Agriculture.* 31 August to 4 September 1993. Wye College, Univ of London, UK.

395 Stivers, L.J. and C. Shennan. 1991. Meeting the nitrogen needs for processing tomatoes through winter cover cropping. *J. Prod Ag.* 4:330-335.

396 Stoskopf, N.C. Barley. Univ. of Calif. SAREP

Cover Crops Resource Page. www.sarep.ucdavis.edu/ccrop.

397 Stute, J.K. 2007. Personal communication. Michael Fields Agricultural Institute. EastTroy, Wis.

398 Stute, J. 1996. *Legume Cover Crops in Wisconsin.* Wisconsin Department of Agriculture, Sustainable Agriculture Program. Madison, Wis. 27.

399 Stute, J.K. and J.L. Posner. 1993. Legume cover crop options for grain rotations in Wisconsin. *Agron. J.* 85:1128-1132.

400 Stute, J.K. and J.L. Posner. 1995a. Legume cover crops as a nitrogen source for corn in an oat-corn rotation. *J.Prod.Agric.* 8: 385-390.

401 Stute, J.K. and J.L. Posner. 1995b. Synchrony between legume nitrogen release and corn demand in the upper Midwest. *Agron. J.* 87:1063-1069.

402 Sumner, D.R., B. Doupik Jr. and M.G. Boosalis. 1981. Effects of reduced tillage and multiple cropping on plant diseases. *Ann. Rev. Phytopathol.* 19:167-187.

403 Sumner, D.R. et al. 1983. Root diseases of cucumber in irrigated,multiple-cropping systems with pest management. *Plant Dis.* 67:1071-1075.

404 Sumner, D.R. et al. 1986a. Interactions of tillage and soil fertility with root diseases in snap bean and lima bean in irrigated multiple-cropping systems. *Plant Dis.* 70:730-735.

405 Sumner, D.R. et al. 1986b. Conservation tillage and vegetable diseases. *Plant Dis.* 70:906-911.

406 Sumner, D.R. et al. 1991. Soilborne pathogens in vegetables with winter cover crops and conservation tillage. *Amer. Phytopathol.* Soc.Abstracts.

407 Sumner, D.R., S.R. Ghate and S.C. Phatak. 1988. Seedling diseases of vegetables in conservation tillage with soil fungicides and fluid drilling. *Plant Dis.* 72:317-320.

408 Sustainable Agriculture Network. 2005. *Manage Insects onYour Farm: A Guide to Ecological Strategies.* Beltsville, MD. www.sare.org/publications/insect.htm.

409 Teasdale, J.R. et al.1991.Response of weeds to tillage and cover crop residue. *Weed Sci.* 39:195-199.

410 Teasdale, J.R. and C.L. Mohler. 1993. Light transmittance, soil temperature and soil moisture under residue of hairy vetch and rye. *Agron. J.* 85: 673-680.

411 Teasdale, J.R. 1996. Contribution of cover crops to weed management in sustainable agriculture systems. *J.Prod.Ag.* 9:475-479.

412 Temple, S. 1995. A comparison of conventional, low input and organic farming systems:The transition phase and long term viability. SARE Project Report #LW89-18. Western Region SARE. Logan, Utah. www.sare.org/projects.

413 Temple, S. 1996. A comparison of conventional, low input or organic farming systems: Soil biology, soil chemistry, soil physics, energy utilization, economics and risk. SARE Project Report #SW94-017. Western Region SARE. Logan, Utah. www.sare.org/projects.

414 Theunissen, J., C.J.H. Booij and A.P. Lotz. 1995. Effects of intercropping white cabbage with clovers on pest infestation and yield. *Entomologia Experimentalis et Applicata* 74:7-16.

415 Tillman, G. et al. 2004. Influence of cover crops on insect pests and predators in conservation tillage cotton. *J. Econ. Entom.* 97:1217-1232.

416 Townsend, W. 1994. No-tilling hairy vetch into crop stubble and CRP acres. SARE Project

417 Truman, C. et al. 2003. Tillage impacts on soil property, runoff, and soil loss variations from a Rhodic Paleudult under simulated rainfall. *J. Soil Water Cons*. 58:258-267.

418 Truman, C.C., J.N. Shaw and D.W. Reeves. 2005.Tillage effects on rainfall partitioning and sediment yield from an Ultisol in central Alabama. *J. Soil Water Conserv*. 60:89-98.

419 Tumlinson, J.H., W.J. Lewis and L.E.M.Vet. 1993. How parasitic wasps find their hosts. *Sci. American* 26:145-154.

420 Univ. of California Cover Crops Working Group. March 1996. *Cover Crop Research and Education Summaries*. Davis, Calif. 50 .

421 Univ. of Calif. SAREP Cover Crops Resource Page. www.sarep.ucdavis.edu/ccrop.

422 Unger, P.W. and M.F. Vigil. 1998. Cover crops effects on soil water relationships. *J. Soil Water Cons*. 53:241-244.

423 van Bruggen, A.H.C. et al. 2006. Relation between soil health, wave-like fluctuations in microbial populations, and soil-borne plant disease management. *European J. of Plant Path*. 115:105-122.

424 van Santen, E. 2007. Personal communication. Auburn Univ, Alabama.

425 Varco, J.J., J.O. Sanford and J.E. Hairston. 1991. Yield and nitrogen content of legume cover crops grown in Mississippi. *Research Report*. Mississippi Agricultural and Forestry Experiment Station 16:10.

426 Wagger, M.G. 1989. Cover crop management and N rate in relation to growth and yield of notill Report #FNC93-028.North Central Region SARE. St. Paul, Minn. www. sare. org/projects. corn. *Agron. J*. 81:533-538.

427 Wagger, M.G. and D.B. Mengel. 1988. The role of nonleguminous cover crops in the efficient use of water and nitrogen. 115-128. *In* W.L. Hargrove. *Cropping Strategies for Efficient Use of Water and Nitrogen*. ASA Spec. Publ. 51. ASA, CSSA, SSSA, Madison, Wisc.

428 Wander, M.M. et al. 1994. Organic and conventional management effects on biologically active soil organic matter pools. *Soil Sci. Soc.Am. J*. 58:1120-1139.

429 Washington State Univ. 2007. Mustard green manures. WSU Cooperative Extension. www.grant-adams.wsu.edu/agriculture/covercrops/green_manures.

430 Weaver, D.B. et al. 1995. Comparison of crop rotation and fallow for management of *Heterodera glycines* and *Meloidogyne* spp. in soybean. *J.Nematol*. 27:585-591.

431 Weil, R. 2007. Personal communication. Univ of Maryland, College Park, MD.

432 Weil, R. and S. Williams. 2006. *Brassica* cover crops to alleviate soil compaction. www.enst.umd.edu/weilbrassicacovercrops.doc.

433 Welty, L. et al. 1991. Effect of harvest management and nurse crop on production of five small-seeded legumes. *Montana Ag. Research* 8:11-14.

434 Weitkamp, B. 1988, 1989. Medics, general. Univ. of Calif. SAREP Cover Crops Resource Page. www.sarep.ucdavis. edu/ccrop.

435 Weitkamp, B. and W.L.Graves. Medics, general. Univ. of Calif. SAREP Cover Crops Resource Page. www.sarep.ucdavis. edu/ccrop.

436 Wendt, R.C. and R.E. Burwell. 1985. Runoff and

soil losses for conventional, reduced, and no-till corn. *J. Soil Water Conserv.* 40:450-454.

437 Westcott, M.P. et al. 1991. Harvest management effects on yield and quality of small-seeded legumes in western Montana. *Montana Ag. Research* 8:18-21.

438 Westcott, M.P. 1995. Managing alfalfa and berseem clover for forage and plowdown nitrogen in barley rotations. *Agron. J.* 87: 1176-1181.

439 Weston, L.A., C.I. Nimbal and P. Jeandet. 1998. Allelopathic potential of grain sorghum (*Sorghum bicolor* (L.) Moench) and related species. *In Principles and Practices in Chemical Ecology.* CRC Press, Boca Raton, Fla.

440 Weston, L.A. 1996. Utilization of allelopathy for weed management in agroecosystems. *Agron. J.* 88:860-866.

441 Wichman, D. et al. 1991. Berseem clover seeding rates and row spacings for Montana. *Montana Ag. Research* 8:15-17.

442 Willard, C.J. 1927. *An Experimental Study of Sweetclover.* Ohio Agricultural Station Bulletin No. 405, Wooster, Ohio.

443 William, R. 1996. Influence of cover crop and non-crop vegetation on symphlan density in vegetable production systems in the Pacific NW. SARE Project Report #AW94-033.Western Region SARE. Logan,Utah. www.sare.org/projects.

444 Williams, W.A. et al. 1990. Ryegrass. Univ. of Calif. SAREP Cover Crops Resource Page. www.sarep.ucdavis.edu/ccrop.

445 Williams, S.M. and R.R.Weil. 2004. Crop cover root channels may alleviate soil compaction effects on soybean crop. *Soil Sci. Soc. Am. J.* 68:1403-1409.

446 Williams, W.A. et al. 1991. Water efficient clover fixes soil nitrogen, provides winter forage crop. *Calif. Ag.* 45:30-32.

447 Wingard, C. 1996. Cover Crops in Integrated Vegetable Production Systems. SARE Project Report #PG95-033. Southern Region SARE. Griffin,Ga. www.sare.org/ projects.

448 Wisconsin Integrated Cropping Systems Trial (WICST). www.cias.wisc.edu/wicst.

449 Wolfe, D. 1994. Management strategies for improved soil quality with emphasis on soil compaction. SARE Project Report #LNE94-044. Northeast Region SARE. Burlington,Vt. www.sare. org/ projects.

450 Wolfe, D. 1997. *Soil Compaction: Crop Response and Remediation.* Report No. 63. Cornell Univ., Department of Fruit and Vegetable Science, Ithaca, N.Y.

451 Worsham, A.D. 1991. Role of cover crops in weed management and water quality. 141-152. *In* W.L.Hargrove. *Cover Crops for Clean Water.* Soil and Water Conservation Society. Ankeny, Iowa.

452 Wright, S.F. and A.Upadhaya. 1998. A survey of soils for aggregate stability and glomalin, a glycoprotein produced by hyphae of arbuscular mycorrhizal fungi. *Plant Soil* 198:97-107.

453 Yenish, J.P., A.D. Worsham and A.C.York. 1996. Cover crops for herbicide replacement in no-tillage corn (*Zea mays*).*Weed Tech.* 10:815-821.

454 Yoshida, H. et al. 1993. Release of gramine from the surface of barley leaves. *Phytochem.* 34:1011-1013.

455 Zhu,Y. et al. 1998. Dry matter accumulation and

dinitrogen fixation of annual *Medicago* species. *Agron. J.* 90: 103-108.

456 Zhu, Y. et al. 1998. Inoculation and nitrogen affect herbage and symbiotic properties of annual *Medicago* species. *Agron. J.* 90:781- 786.

457 Larkin, R.P. and T.S. Griffin. 2007. Control of soilborne potato diseases with *Brassica* green manures. *Crop Protection* 26: 1067-1077. http://dx.doi.org/10.1016/j.cropro.2006.10.004.

458 Larkin, R.P., T.S. Griffin and C.W. Honeycutt. 2006. Crop rotation and cover crop effects on soilborne diseases of potato. *Phytopath.* 96:S48.

459 Larkin, R.P. and C.W. Honeycutt. 2006. Effects of different 3-year cropping systems on soil microbial communities and *Rhizoctonia* disease of potato. *Phytopath.* 96:68-79.

附录 G　SARE 出版物

SARE 的印刷出版物和在线资源内容涵盖范围很广泛，从耕作工具的选择到地区土壤测试方法的说明都有，有些出版物都可以在以下网址：www.sare.org/publications 查看到完整原文。

BOOKS

Building a Sustainable Business, 280 pp, $17

A business planning guide for alternative and sustainable agriculture entrepreneurs that follows one farming family through the planning, implementation, and evaluation process.

Building Soils for Better Crops, 240 pp, $19.95

How ecological soil management can raise fertility and yields while reducing environmental impact.

How to Direct Market Your Beef, 96 pp, $14.95

How one couple used their family's ranch to launch a profitable, grass-based beef operation focused on direct market sales.

Manage Insects on Your Farm: A Guide to Ecological Strategies, 128 pp, $15.95

Manage insect pests ecologically using crop diversification, biological control and sustainable soil management.

The New American Farmer 2nd Edition, 200 pp, $16.95

Profiles 60 farmers and ranchers who are renewing profits, enhancing environmental stewardship and improving the lives of their families and communities by embracing new approaches to agriculture.

The New Farmers' Market, 272 pp, $24.95

Covers the latest tips and trends from leading sellers, managers, andmarket planners to best display and sell product. (Discount rates do not apply.)

Steel in the Field, 128 pp, $18

Farmer experience, commercial agricultural engineering expertise and university research combine to tackle the hard questions of how to reduce weed management costs and herbicide use.

How to Order Books

Visit www.sare.org/WebStore;call(301)374-9696 or specify title and send check or money order to Sustainable Agriculture Publications, PO Box 753, Waldorf MD 20604.

Shipping & Handling: Add $5.95 for first book, plus $2 for each additional book shipped within the U.S.A. Call(301)374-9696 for shipping rates on orders of 10 or more items, rush orders, or international shipments. Please allow 3-4 weeks for delivery.MD residents add 5% sales tax. (Prices are subject to change.)

Bulk Discounts: Except as indicated above, 25% discount applies to orders of 10-24 titles; 50% discount for orders of 25 or more titles.

BULLETINS

Diversifying Cropping Systems, 20 pp.

Helps farmers design rotations, choose new crops, and manage them successfully. *Exploring Sustainability in Agriculture*, 16 pp. Defines sustainable agriculture by providing snapshots of different producers who apply sustainable principles on their farms and ranches.

How to Conduct Research on Your Farm or Ranch, 12 pp.

Outlines how to conduct research at the farm level, offering practical tips for both crop and livestock producers.

Marketing Strategies for Farmers and Ranchers, 20 pp.

Offers creative alternatives to marketing farm products, such as farmers markets, direct sales, and cooperatives.

Meeting the Diverse Needs of Limited Resource Producers, 16 pp.

A guide for agricultural educators who want to better connect with and improve the lives of farmers and ranchers who often are hard to reach.

Profitable Pork, Strategies for Hog Producers, 16pp. (También disponible en español.)

Alternative production and marketing strategies for hog producers, including pasture and dry litter systems, hoop structures, animal health and soil improvement.

Profitable Poultry, Raising Birds on Pasture, 16 pp.

Farmer experiences plus the latest marketing ideas and research on raising chickens and turkeys sustainably, using pens, moveable fencing and pastures.

Rangeland Management Strategies, 16 pp.

Methods for managing forage and other vegetation, guarding riparian areas, winter grazing and multi-species grazing to manage weeds.

SARE Highlights, 16 pp.

Features cutting-edge SARE research about profitable, environmentally sound farming systems that are good for communities.

Smart Water Use on Your Farm or Ranch, 16 pp.

Strategies for farmers, ranchers and agricultural educators who want to explore new approaches to conserve water.

Transitioning to Organic Agriculture, 20 pp.

Lays out promising transition strategies, typical organic farming practices, and innovative marketing ideas.

A Whole Farm Approach to Managing Pests, 20 pp.

Lays out ecological principles for managing pests in real farm situations.

How to Order Bulletins:

Visit www.sare.org/WebStore; call (301) 504-5411 or e-mail san_assoc@sare.org. Standard shipping for bulletins is free. Please allow 2-5 weeks for delivery. Rush orders that must be received within three weeks will be charged shipping fees at cost. All bulletins can be viewed in their entirety at www.sare.org/publications prior to placing your order. Bulletins are available in quantity for educators at no cost.

Visit SARE Online

SARE's web site at www.sare.org identifies grant opportunities available through the Sustainable Agriculture Research and Education (SARE) program, reports research results, posts events and hosts electronic materials such as a database-driven direct marketing resource guide.